中央高校基本科研业务费专项资金（2021QN1075）资助

软件缺陷预测及缺陷库挖掘方法研究

孙中彬／著

中国矿业大学出版社
· 徐州 ·

内容提要

本书针对软件缺陷预测及缺陷库挖掘中的若干问题进行研究，分析了公共软件缺陷预测数据集中的数据质量问题，提出了项目内和跨项目缺陷预测方法，研究了软件缺陷库中缺陷报告的分派和定位方法。

通过阅读本书，读者可以获得软件缺陷预测、分派及定位相关研究的研究进展；高校教师、软件工程专业本科生及研究生和其他科研工作者可以通过本书了解软件缺陷预测、分派及定位的前沿知识，开拓新的研究思路，发现新的研究问题。

图书在版编目(CIP)数据

软件缺陷预测及缺陷库挖掘方法研究 / 孙中彬著. 徐州 ：中国矿业大学出版社，2024. 11. — ISBN 978 - 7 - 5646 - 6569 - 2

Ⅰ. TP311.55

中国国家版本馆 CIP 数据核字第 2024FM8898 号

书　　名	软件缺陷预测及缺陷库挖掘方法研究
著　　者	孙中彬
责任编辑	何晓明　李　敬
出版发行	中国矿业大学出版社有限责任公司 (江苏省徐州市解放南路　邮编 221008)
营销热线	(0516)83885370　83884103
出版服务	(0516)83995789　83884920
网　　址	http://www.cumtp.com　**E-mail**:cumtpvip@cumtp.com
印　　刷	苏州市古得堡数码印刷有限公司
开　　本	787 mm×1092 mm　1/16　**印张** 13　**字数** 255 千字
版次印次	2024 年 11 月第 1 版　2024 年 11 月第 1 次印刷
定　　价	58.00 元

(图书出现印装质量问题，本社负责调换)

前　言

在当今社会各个领域，软件产品已经被广泛地应用，随着计算机技术的飞速发展，软件系统和项目变得越来越庞大、复杂。复杂的软件系统意味着为了保证软件的可靠性，在产品发布前大量的测试工作需要开发和测试人员完成。而软件缺陷在软件产品中的出现是不可避免的。作为影响软件产品可靠性的重要因素之一，软件缺陷受到了人们的广泛关注。软件缺陷的存在可能导致相关软件系统失效和崩溃，造成一些无法挽回的损失。在软件系统和项目的开发生命周期中，修复缺陷的成本会随着检测出缺陷时间的越晚而越高，因此缺陷问题发现得越早越好，且发现后修复得越快越好。

当前研究人员关注的重点在于如何尽快地发现和修复软件缺陷，因而本书关注软件缺陷预测及缺陷库挖掘。缺陷预测是对软件模块的缺陷情况进行预测，这将帮助开发人员尽快发现软件缺陷。软件缺陷被发现后，通常以缺陷报告的形式记录在缺陷库中，而挖掘缺陷库中的信息有助于加快缺陷的修复进度。本书的缺陷库挖掘关注软件缺陷分派及定位。缺陷分派是将缺陷报告自动分派给合适的开发人员，缺陷定位则是自动找到包含缺陷问题的源代码文件。

软件缺陷预测是指对软件项目或产品中的缺陷分布情况进行预测，其目的主要是通过挖掘和分析软件数据库中的历史开发数据来检测潜在有缺陷的软件模块。当前的软件缺陷预测方法主要分为项目内缺陷预测和跨项目缺陷预测。项目内缺陷预测根据同一项目中的历史版本数据(即缺陷分布数据和软件度量,如静态代码特征、代码的历史更改记录和过程度量),利用机器学习算法进行学习构建预测器,进而实现缺陷模块的预测。跨项目缺陷预测则是利用来自其他项目(源项目)的数据来构建模型,并将其应用于预测当前项目(目标项目)中的缺陷。因此,项目内缺陷预测主要适用于项目的历史缺陷数据比较充裕的情况,而跨项目缺陷预测则适用于项目的历史缺陷数据较为稀缺的场景。无论是项目内缺陷预测还是跨项目缺陷预测,都对软件质量的提高有着至关重要的作用。

软件缺陷库(又称缺陷追踪系统)是软件开发人员设计用来追踪管理软件缺陷的一个工具,如 Bugzilla 和 JIRA 等。在这些缺陷库中,软件缺陷是以缺陷报告的形式存储的,其中记录了缺陷发生的软件版本以及对缺陷问题的详细描述等信息。当缺陷报告被提交到软件缺陷库中后,缺陷库管理人员会将缺陷报告分派给合适的开发人员。然而由于每天提交的缺陷报告数量可能会很多,所以这种人工分派软件缺陷报告的方法效率很低且容易出错。因此近年来人们关注研究软件缺陷报告的自动分派,希望提升人工分派的工作效率。

缺陷追踪系统管理人员根据自己的经验将新的缺陷报告分派给合适的软件开发者,随后这些开发者利用缺陷报告中提供的信息和自己的专业知识,在软件源代码中寻找缺陷出现的位置(软件缺陷定位)。然而在实际的软件缺陷定位过程中,由于源代码的数量很多,开发者往往很难快速准确地找到缺陷所对应的源代码位置。因此,如何对软件缺陷进行快速准确的定位成为软件工程领域中研究人员关注的热点。

当前,在国内还没有出现专门的著作来对软件缺陷预测及缺陷库挖掘的研究成果进行总结，众多的研究者也只是从零乱的文献资料中进行离散的查阅检索，不能形成系统完整的知识体系，比较费时且效率低下。本书对软件缺陷预测及缺陷库挖掘的研究主要体现在以下五个方面：一是研究分析了NASA和Jureczko两个公共软件缺陷预测数据集的数据质量问题，并提出了相应的数据清洗方法，清洗后的数据集可供项目内缺陷预测及跨项目缺陷预测相关研究使用，提升相关研究结果的可靠性。二是针对项目内缺陷预测中存在的二类不均衡问题，分别提出了一个基于多类编码学习的软件缺陷预测方法和一个基于二类集成学习的软件缺陷预测方法。三是针对跨项目缺陷预测方法研究中源项目选择以及方法预测性能不佳的问题，本书首先提出了基于协同过滤的源项目选择方法来为目标项目选择更适合的源项目。其次提出基于集成学习的跨项目缺陷预测方法提高缺陷预测性能。四是提出了一种基于开发者优先化的缺陷分派方法，将缺陷报告分派给对该缺陷感兴趣的开发者，提高人工分派的工作效率。五是提出了一种集成相似报告分析和源文件查询的缺陷定位方法，帮助开发者尽快找到缺陷所对应的源代码位置，提升缺陷定位的性能。

本书的完成得到了很多热心朋友和同事的帮助，他们对本书的编写和出版给予了大力支持，在此谨向他们表示衷心的感谢。另外，还要向家人表示感谢，他们始终如一的支持是本书得以完成的有力保障。

由于水平有限，书中不妥之处在所难免，期待各位专家、同仁和读者不吝批评指教。

本书得到了中央高校基本科研业务费专项资金(2021QN1075)的支持。

著　者

2024年5月

目 录

第1章　绪　论

1.1　研究背景

随着信息技术的飞速发展,软件产品已经被广泛地应用到社会的各个领域,因而软件产品的质量也成为人们共同关注的焦点。软件缺陷(bug)作为影响软件产品质量的重要因素之一,自然也受到了人们的广泛关注。然而在软件的开发和维护过程中,由于种种客观原因的限制,必然会出现大量的缺陷。如果这些缺陷得不到及时的修正,随着它们的不断累积,缺陷的数量会变得越来越多,这样不但会导致软件开发进度失控和软件的开发费用增大,还会使软件的可靠性变差甚至导致相关系统出错、失效和崩溃,造成一些无法挽回的损失。例如,1996年6月,欧洲“阿里亚娜”号航天飞机坠毁,造成了数亿美元的巨大损失,其原因就是导航系统的计算机软件出现故障;2011年7月23日,我国甬温线两辆动车D301和D3115发生追尾事故,共造成40人死亡、172人受伤,事后调查原因后发现是列车控制中心设备存在着缺陷。因此如何尽快地发现和修复缺陷成为人们研究的重点。

本书主要研究软件缺陷预测及缺陷库挖掘。软件缺陷预测是通过软件中已经发现存在的缺陷对软件中潜在的缺陷进行预测[1-2],现有的软件缺陷预测研究包括两大类,分别是项目内缺陷预测和跨项目缺陷预测。软件缺陷被发现后,通常以缺陷报告的形式记录在缺陷库中,等待开发人员的修复,而挖掘缺陷库中的有用信息有助于加快缺陷的修复进度。本书的缺陷库挖掘关注软件缺陷分派及定位。软件缺陷分派是将缺陷分派给合适的开发人员去修复;软件缺陷定位是在源代码文件库中搜索包含缺陷问题的源代码文件。软件缺陷预测的目的是尽快地发现缺陷,已经发现的软件缺陷需要尽快地得到修复,而软件缺陷分派和定位的目的则是加快缺陷修复的进程。因此,本书的三项研究是前后相承的,它们的最终目的都是缩短软件开发周期,降低软件开发和维护成本。

为了保证软件产品的可靠性，软件开发人员使用软件测试技术来发现软件中存在的缺陷并及时修正这些软件缺陷，包括单元测试、集成测试和系统测试等方法。然而任何一种软件测试方法都不能够发现及排除所有的缺陷问题，总会有一些未知原因导致缺陷产生，而这些潜在却未被发现的缺陷势必会影响软件产品的质量。和软件测试技术相比，软件缺陷预测是一种成本更低廉且效率更高的方法，它通过对软件度量相关数据进行分析，预测软件产品中潜在缺陷的分布情况，进而帮助开发人员合理地分布测试资源，以确保快速准确地找出缺陷所在。因此，研究如何准确地预测哪些软件模块有缺陷非常有价值和意义。

在现代大型软件项目中，每天都会有大量的缺陷以缺陷报告的形式被记录到缺陷仓库(如 Bugzilla、JIRA 等)中。据统计，从 2014 年 1 月 1 日至 2014 年 12 月 31 日，Eclipse 项目记录了31 684个 bug，平均每天86.81个；而 Mozilla 项目记录了161 031个 bug，平均每天441.18个，因此项目经理每天可能会分配几十个甚至上百个 bug 报告。据调查，Mozilla 公司的一个项目经理每天需要去人工分配接近 300 个 bug[3]，这对于项目经理来说是一个非常巨大的工作量。此外，Eclipse项目和 Firefox 项目的软件开发者数量也是非常多的，其中 Eclipse 的开发者为 234 个，Firefox 的开发者为 192 个[3]。项目经理需要准确地知道每个开发者的能力，才能够将 bug 报告分配给合适的开发者，这对于项目经理来说也是一个非常大的挑战。因此，针对项目经理在人工分派 bug 报告过程中遇到的两大难题，研究如何有效地分派变得十分有意义，这对于提升他们的工作效率将会有很大的帮助。

对于开发者来说，他们每天会收到项目经理分配的很多个 bug 报告，而其中有一些 bug 报告的信息是不完整的，这些报告并没有提供出现错误的源代码文件信息，这对于开发者快速地找到包含缺陷代码的源代码文件是一个巨大的挑战。此外，针对每一个 bug 报告，开发者需要人工从成千上万个源代码文件中找到包含缺陷代码的源代码文件，这不仅费时费力而且可能会找到很多无关的源代码文件，极大地降低了开发者的工作效率。因此，针对开发者在人工寻找包含缺陷代码的源文件过程中遇到的这两个难题，研究软件缺陷定位是有必要的，这有助于减轻开发者的工作量，让开发者将更多的时间和精力投入后续的修复工作中。

综上所述，软件缺陷预测、分派和定位能够帮助开发人员尽早地发现软件缺陷和修复软件缺陷，不仅能缩短软件的开发周期，还能帮助降低软件开发和维护的成本，最终为提升软件产品的可靠性提供保障。总而言之，软件缺陷预测、分派和定位的研究是非常重要且必要的。

1.2 国内外研究现状

1.2.1 项目内缺陷预测

许多传统的分类方法已经被广泛应用于项目内软件缺陷预测[4-5]，包括基于树的方法[6-8]、基于实例的方法[9-10]、神经网络[11-12]、贝叶斯方法[13-15]和支持向量机[16]等。王青等[4]对主流的软件缺陷预测技术进行了分类讨论和比较，并对典型的软件缺陷分布模型给出了案例研究。刘旸[17]在软件缺陷预测研究中分析比较了数据挖掘的多种分类算法。王辉等[18]首先从软件信息库中收集缺陷数据，然后使用线性回归和逻辑回归方法来进行软件缺陷预测。Menzies 等[6]通过实验发现在 NASA 公共缺陷预测数据集上朴素贝叶斯的预测性能要好于基于规则和基于树的分类学习方法。此外，他们发现在软件缺陷预测问题中，学习方法的选择要比实验数据集重要得多。然而，Lessmann 等[19]在 10 个 NASA 缺陷预测数据集上通过实验验证发现，采用的 22 个分类算法中的 17 个得到的缺陷预测性能没有明显的差异，这意味着分类方法的选择并没有 Menzies 等说的那么重要。Song 等[7]认为 Menzies 等[6]提出的缺陷预测方法框架存在着问题，可能会得到一些错误的实验结果，因而提出了一个更可信的软件缺陷预测框架。

前面介绍的软件缺陷预测研究并没有考虑软件缺陷预测问题中的二类不均衡问题。在软件缺陷预测研究中，大多数软件模块是没有缺陷的，只有少数软件模块是包含缺陷的，因此软件缺陷预测研究中使用的数据通常是二类不均衡的。Menzies 等[20]也提出了软件缺陷预测研究中的类不均衡问题，并指出诸如数据抽样和 Boosting 方法可以用来提升基本分类算法的预测性能。此外，在软件缺陷预测中，已经有很多研究使用不同的方法来处理类不均衡问题，这些方法包括抽样[21-23]、代价敏感学习[24-25]、集成学习方法 Bagging[26-27]和 Boosting[28-29]。

抽样方法用于均衡不平衡数据集的类分布，可划分为两个大类：欠抽样和过抽样。欠抽样方法删除不均衡数据集中的多数类实例，过抽样方法则是增加不均衡数据集中的少数类实例。这两种抽样方法的目的都是想得到一个期望的类分布，并且结果已经被应用于软件缺陷预测研究中。Pelayo 等[21]使用一种基于分层的抽样方法来进行软件缺陷预测，他们对多数类实例进行无放回的欠抽样，对少数类实例使用虚拟少数类抽样技术 SMOTE[30]。Seiffert 等[22]使用多个不同的分类算法和数据抽样技术来研究软件缺陷预测中类不均衡和噪声数据的影响，他们的研究结果显示抽样方法并不会影响所有的分类算法，此外，随机过抽样方法（ROS）要好于其他的抽样方法。常瑞花等[31]则使用过抽样方法SMOTE来处理软件缺陷数据集中的不均衡问题。然而，本书认为抽样方法会改变软件缺陷数据的原始类分布，进而会导致数据问题的出现。例如，欠抽样方法有可能删除数据中一些潜在有用的数据信息，而过抽样方法则有可能出现过拟合问题。

通常来说，数据挖掘和机器学习算法假设所有的分类错误代价都是相同的。然而在实际应用中，少数类的错分代价往往要大于多数类的错分代价。比如，有缺陷软件模块的错分代价往往要高于无缺陷软件模块的错分代价，因为开发人员可能需要花费更多的时间和精力来查找那些被错分的有缺陷的软件模块。代价敏感学习方法为少数类和多数类赋予不同的错分代价，已经被广泛应用于软件缺陷预测领域。李勇等[32]使用了代价敏感学习的方法来处理软件缺陷预测中的类不均衡问题。Khoshgoftaar等[25]比较了Boosting和cost-Boosting算法。cost-Boosting算法是对Boosting算法的改进，在Boosting的权值更新时考虑了错分代价，实验发现cost-Boosting算法能够提升Boosting算法的效能。Zheng[24]采用了三种代价敏感的Boosting神经网络算法来进行软件缺陷预测。对于代价敏感学习方法，本书认为如何确定准确的错分代价是非常困难的，而当前的许多研究在使用代价敏感学习方法来研究软件缺陷预测时，都是人为地确定错分代价，这是有问题的。

Bagging和Boosting两种方法并不是专门为解决类不均衡问题提出的，却在解决类不均衡问题时取得了显著的成果[34-35]。这两种集成学习方法也已经用于软件缺陷预测问题的研究。何亮等[36]使用Boosting集成k-NN的方法来对软件模块的缺陷情况进行预测。Seliya等[26]使用RBBag算法来构建软件缺陷预测模型。RBBag算法结合了Bagging方法和抽样技术来提升Bagging算法在学习不均衡数据时的分类性能，实验结果表明RBBag算法能够有效地解决类不均衡问题，而且显著地好于基本分类算法。Seiffert等[28]对抽样方法和Boosting方法进行了一次系统全面的比较，发现抽样方法能够提升缺陷预测的性能，而Boosting方法比最好的抽样方法都要好。李勇[37]结合欠抽样和Bagging方法来进行软件缺陷预测。然而本书认为Bagging和Boosting在处理不均衡问题时还存在着一些问题，即在Bagging和Boosting方法的每一次迭代过程中，基本分类算法仍然在学习类不均衡数据，因为这两种方法的每次迭代过程并没有改变原始数据集中的类分布。

上述的许多软件缺陷预测研究都使用了NASA公共缺陷数据集，Hall等[38]就发现在208个软件缺陷预测研究中，超过四分之一的研究使用了NASA缺陷数据集。然而NASA缺陷数据集中存在着数据不完整和不一致等问题，但这些研究忽视了NASA缺陷数据集的数据质量问题。尽管Gray等[39]提出了13个公共的NASA软件缺陷数据集出现的一些问题,但他们的研究不够深入和具体。举个例子,NASA数据集总共有14个,但他们仅仅考虑了13个数据集。因此,本书在Gray等研究的基础上,对NASA缺陷数据集的数据质量问题进行了深入分析,并提出了一个NASA缺陷数据集预处理方法来处理该数据集中的问题实例和问题属性,为后面的缺陷预测研究提供可靠的数据基础。

此外,在软件缺陷预测研究中,常用的不均衡数据处理方法在解决软件缺陷预测中的二类不均衡问题时会遇到各种不同的问题,比如删除一些潜在有用的信息、改变原始数据的真实分布等。因此,本书提出了两种不同的缺陷预测方法,分别是基于多类编码学习的缺陷预测方法和基于二类集成学习的缺陷预测方法,其中多类编码学习方法将一个二类不均衡学习问题转化为一个多类均衡学习问题来处理,而二类集成学习方法将一个二类不均衡学习问题转化为多个二类均衡学习问题来处理,它们是解决软件缺陷预测研究中二类不均衡问题的完全不同的两种问题解决思路。

1.2.2 跨项目缺陷预测

近年来,跨项目缺陷预测已经引起了软件工程研究人员的广泛关注。现有的跨项目缺陷预测研究话题[40-46]非常广泛,包括不同编程语言、不同粒度和不同公司下的验证。这些研究大大提高了对跨项目缺陷预测实用价值的理解。跨项目缺陷预测已经成为软件缺陷预测研究中一个十分活跃的研究领域[47-50]。然而,尽管跨项目缺陷预测的可行性已经有了来自准确性、成本敏感性、实用性等的初步验证[49-51],但与项目内缺陷预测相比仍然需要提高整体的预测性能。Herbold等[52]和Hosseini等[53]也得出结论:跨项目的缺陷预测仍然是一个挑战,需要在应用到实践之前进行更多的研究。

许多跨项目缺陷预测的研究工作主要集中在验证跨项目缺陷预测方法的可行性上。Briand等[40]最先提出了跨项目缺陷预测,研究了跨项目缺陷预测方法在面向对象软件项目中的适用性,使用开源软件Xpose的缺陷数据对Jwriter进行预测。其结果表明,在一个项目上构建的模型应用在另一个项目上时,虽然产生了较差的分类性能,但具有良好的排名性能,即初步验证了如果使用得当,跨项目缺陷预测是对缺陷预测有帮助且有一定可行性的。

Zimmermann等[41]更大规模地研究了跨项目缺陷预测模型是否可行,他们首次研究了可能影响跨项目缺陷预测成功的三个因素,包括数据、域和预测过程,对来自12个开源和28个商业项目的622对数据集测试了跨项目缺陷预测方法。在设定精度、召回率和准确度均大于0.75即为成功的情况下,发现跨项目预测的成功率非常低，仅为3.4%。这意味着，如果训练数据选择得不够好，则大多数情况下预测是失败的。此外，Zimmermann等[41]还发现了在进行跨项目预测时，项目之间是不对称的，因为来自Firefox项目的数据可以用来预测Internet Explorer项目的缺陷，但反过来的预测并不成立。因此，这些学者认为源项目的选择是跨项目缺陷预测方法成功的一个关键因素。

Turhan等[54]发现，盲目选择跨项目缺陷预测的源项目很容易导致预测效果的降低。此外，Hosseini等[55]也已经表明，对源项目进行有效的选择可以在跨项目缺陷预测中获得更好的预测性能。因此，许多研究人员开始将研究重点放在如何为目标项目选择适当的源项目数据上。源项目数据的选择方法有两种层级，包括实例级别的选择和源项目级别的选择。

在实例选择级别中，Zhang等[56]使用最近邻过滤方法选择适合的实例来构建跨项目缺陷预测模型，他们发现如果使用所有可用的源项目数据，预测性能反而会更低。最近邻过滤方法是使用测试实例来引导训练数据选择的方法，在对源项目数据应用最近邻过滤方法后，Zhang等发现预测模型的预测性能得到了显著改善。

Lessmann等[19]提出了一种采用流行聚类算法的局部聚类引导选择方法，然后基于此处提出的过滤器，Kawata等[57]提出了一种最近邻聚类引导的训练数据选择方法。此外，Wu等[58]提出了一种基于k均值聚类算法的训练实例引导选择方法。在该方法中，将训练数据和测试数据组合成数据集，然后使用k均值聚类算法来获得不同的聚类，保留包含至少一个测试实例的集群，并且为每个训练实例在同一集群中找到的最近测试实例标记相应的训练实例；对于测试实例，使用欧几里得距离选择训练实例中最近的实例，且该实例已经被测试实例标记；最后将所有选定的训练实例组合为训练数据以构建预测模型。

在源项目选择的研究中，He等[59]研究发现，如果通过具有后验知识的策略来选择一组可用项目中最适合目标项目的三个源项目作为训练数据，则可以实现超过50%的缺陷预测成功率。然后，针对训练数据和测试数据的分布特性，提出了一种基于决策树的源项目选择策略。但是，他们的方法不能随着数据集的数量改变而变化，且运行时间是指数级的。因此，基于相似的分布可以获得更好的跨项目缺陷预测结果的假设，Herbold[60]通过使用可用数据的分布特征提出了两种基于距离的策略来选择源项目。结果表明，尽管预测性能仍无法与项目内缺陷预测竞争，但其选择方法已经显著提高了跨项目缺陷预测成功率。

此外，Khoshgoftaar等[61]建议将多种分类器和来自多个项目的数据结合使用。他们证明了在多个数据集上训练的多个预测器的预测组合可以提高在单个数据集上构建的预测器的预测性能。Aarti等[62]研究了跨项目缺陷预测的预测精度,并指出跨项目预测可以通过组合不同的源项目提供更好的预测准确性。

Cruz 等[63]用开源项目(Mylyn)训练了缺陷预测模型,并在其他6个不同的项目中测试了同一预测模型的准确性。在训练和测试模型之前,他们通过对数变换对数据进行转换以在训练数据和测试数据中获得相似的分布,证实了使用转换后的训练和测试数据可以产生更好的跨项目缺陷预测性能。类似的,Watanabe 等[64]使用度量值的转换来训练C++项目的缺陷预测器,该预测器使用从Java项目中获得的数据,加入转换能够增加在不同设置中使用的缺陷预测模型的召回率。虽然这两种方法与本书研究方法不同,但基本假设和动机是相同的,即相似的分布可以为跨项目预测带来更好的预测结果,不同的是本书的研究不对数据进行转换,而是尝试在已有数据中选择更加相似的数据。

综上,目前跨项目缺陷预测研究为解决先前缺陷预测方法所面临的训练数据有限的问题提供了新的视角,但跨项目数据质量较低以及源项目与目标项目分布差异过大仍是影响跨项目缺陷预测结果的重要原因。已有的研究大都关注实例选择,却忽视了源项目选择的重要性,而源项目选择恰恰是前者的基础和前提,因此本书将研究重点放在基于源项目选择的跨项目缺陷预测集成学习方法研究上是十分必要的。

1.2.3 软件缺陷分派

为了有效地管理日益增加的软件缺陷,软件开发人员已经开发了软件缺陷追踪系统(又称缺陷管理系统或者缺陷库)[65],如Bugzilla和JIRA[66-67]。用户和开发人员都可以使用这种缺陷追踪系统来报告自己在使用和开发软件过程中遇到的缺陷问题。在缺陷追踪系统中,缺陷问题通常是以缺陷报告的形式记录的,包含了详细的缺陷信息、对应的软件版本以及重生该缺陷的步骤介绍[3]。在当前许多缺陷追踪系统中,缺陷报告都是人工分派给开发者进行处理的,这种分派方法不仅效率很低,而且容易出错[68],因此近十年来已经有不少研究关注软件缺陷报告的自动分派[69-81]。

Murphy 等[70]首次提出将bug分派转化为文本分类问题来解决。该方法认为每一个bug报告是一个文档,而对应的开发者作为该文档的类标签。他们指出bug报告中的“assigned-to”值不能够作为该报告的类标签值,而是提出了一个智能化搜索方法来确定该bug报告对应的开发人员。Anvik 等[69,82]在Murphy 等[70]的基础上提出了一种半自动的bug分派方法。对于每一个新的bug报告,该方法不是像Murphy 等[70]那样为其找到一个开发者,而是推荐最可能的多个开发者。项目经理可以根据该推荐列表参考开发者的具体情况选出最合适的开发者来处理这个bug。Xuan 等[83]提出了一种半监督的bug分派方法，该方法不仅采用了有类标签的 bug 报告，还在训练过程中加入了大量无类标签的 bug 报告，得到了比 Murphy 等[70]更高的分派准确度。

李丽坤[84]主要研究了基于主动学习的缺陷自动分派方法。张静[85]主要使用了多特征缺陷再分配图的方法来研究软件缺陷报告的自动分派。Zou 等[86]第一个提出通过减少训练集的规模来提高 bug 分派的精度，该研究结合使用了属性选择算法和实例选择算法从两个维度来减小训练集的规模，从而减少 bug 仓库中冗余和噪声对 bug 分派的影响。邹卫琴[87]同样重点研究了软件缺陷报告自动分派问题中的数据集约减问题。黄小亮等[88]提出了基于 LDA 主题模型的软件缺陷分派方法，提升了传统的基于向量空间模型的软件缺陷分派方法。Tamrawi 等[89-90]提出了一种基于模糊集的 bug 分派方法，适合大规模 bug 分派。Lin 等[91]是第一个使用国内缺陷数据来进行 bug 分派研究的。Zhang 等[92]提出了基于概念简况和社会网络的开发者推荐算法来处理 bug 分派的问题。韩广乐等[93]则针对缺陷报告的自动分派问题提出了一种基于主题模型和异构网络的 BUTTER 方法，该方法创新性地建立了一个包含提交者、缺陷报告和开发者三种节点以及其相互关系的异构网络。Zhang 等[94]使用了一种结合聚类和 K 近邻搜索的方法来确定 bug 报告的推荐开发者。

上述研究关注建立新缺陷报告和每个开发者之间一对一的关联关系，即将缺陷报告分派给一个最合适的开发者来修复。然而 Wu 等[95]认为一个缺陷报告虽然最后可能是由一个开发人员修复的，但在该缺陷报告的处理过程中，其他感兴趣的开发人员也会对该缺陷报告的处理提供合理的修复建议，即缺陷报告的处理过程是一个社会过程，需要开发人员之间的相互合作。因此，他们提出了基于 K 近邻搜索和专业能力排名的开发者分派算法 DREX，实验结果表明基于 OutDegree 的 DREX 方法比简单的文本分类方法要好。然而本书认为，DREX 方法存在着一个很明显的问题，即网络中的开发者节点非常容易出度相同的情况，在这种情况下，DREX 无法区分这些出度相同的开发者，这可能会影响最终的缺陷分派结果。本章提出了一种基于开发者优先化的缺陷分派方法，该方法对 DREX 进行了改进，使用 Xuan 等[96]提出的开发者优先化算法为每个潜在感兴趣的开发者赋予一个不同的优先化权值，从而解决了 DREX 方法面临的窘境。

1.2.4 软件缺陷定位

软件缺陷报告被分派给合适的开发人员后，开发人员会根据缺陷报告提供的信息和自己的开发经验来对缺陷进行修复。在修复之前，开发人员需要找到缺陷所在，即软件缺陷定位。事实上，开发人员往往很难迅速准确地找到缺陷所在的位置[97-99]。因此，软件缺陷定位是软件维护工作中至关重要的一项任务，在过去的几十年中得到了广泛的关注和研究[100-107]。曹鹤玲等[108]对软件缺陷定位的相关研究进行了总结和综述。王克朝等[109]形式化地描述了软件缺陷定位相关概念，并调研了国内外最新的研究进展，指出了未来可能的研究方向。当前的软件缺陷定位研究划分为两类：动态分析和静态分析。动态分析主要是基于测试用例的执行来定位缺陷位置，其方法包括基于频谱的缺陷定位方法[107,110-112]和基于程序不变量的缺陷定位方法[100,113]。静态分析则不需要运行源程序来定位缺陷，其方法可分为程序切片[114-116]和软件库挖掘[97,117]。本书研究的重点是软件库挖掘方法，因此更关注那些使用软件库挖掘技术来定位软件缺陷的方法。

数据挖掘分类算法已经被用于软件缺陷的定位。Kim 等[118]提出了一个两阶段推荐模型来定位与当前 bug 报告相关的源代码文件，通过数据挖掘分类算法构建了两个分类模型。其中，阶段 1 的分类模型是检测当前的 bug 报告是否包含足够多的信息用于推荐；如果当前 bug 报告包含足够充分的信息，阶段 2 则推荐那些与当前 bug 报告相关的源代码文件。Davies 等[119]提出了分类算法和文本挖掘方法相结合的思想来解决软件缺陷的定位，他们首先使用分类的方法构建分类模型将每个源代码文件划分为是否与当前的 bug 报告相关，然后通过 VSM 模型计算该 bug 报告与每个源代码文件之间的相似度，最终根据前面得到的相关性和相似度值对源文件进行综合排名，排名高的作为当前 bug 报告的推荐修复文件。

在基于软件库挖掘技术的软件缺陷自动定位研究中，文本挖掘方法已经被广泛应用。Marcus 等[120]首次提出使用信息检索方法 LSI(latent semantic indexing)来解决软件缺陷的自动定位问题。Lukins 等[121]首次提出使用 LDA (latent dirichlet allocation)模型来进行 bug 的自动定位。Rao 等[122]比较了普通文本模型和组合文本模型在 bug 定位研究中的应用，其中使用的普通文本模型包括 VSM(vector space model)、LSA(latent semantic analysis)、UM (unigram model)、LDA 和 CBDM(cluster-based document model)。通过实验研究，他们发现简单的文本模型如 VSM 和 UM，通常要优于对应的复杂文本模型 LSA 和 LDA，甚至优于一些组合模型。陈理国等[123]提出了基于高斯过程的软件缺陷定位方法，取得了比 LDA 更好的缺陷定位性能。王旭等[124]提出了基于缺陷修复历史的两阶段缺陷定位方法，其中第一阶段使用基于信息检索的缺陷定位方法，第二阶段在第一阶段研究的基础上利用代码修复等特征对第一阶段的排序结果进行重新排序而提高定位的准确率。Saha 等[125]提出了一个结合 VSM 模型和结构化信息的方法来进行缺陷定位，该方法认为在缺陷定位过程中要考虑源代码的结构化信息，即源代码可以划分为 4 个分等级结构，包括类名、方法名、变量名和注释。Thomas 等[117]研究了不同的文本检索模型对 bug 定位性能的影响，包括三种不同的文本检索模型 VSM、LSI 和 LDA。他们发现简单的文本模型 VSM 通常要优于复杂的文本模型 LSI 和 LDA。此外，他们还观察到将不同的文本模型组合使用会提升单个文本模型定位的性能。

上述研究仅仅挖掘了缺陷报告和源代码文件之间的关联关系，却忽视了相似缺陷报告提供的有用信息，即相似缺陷报告可能需要修复相似的源代码文件。Nguyen 等[126]提出了一个基于主题的缺陷定位方法 BugScout。BugScout 首先通过 LDA 方法来构建 bug 报告和其对应源代码文件之间的共享主题关系，其次考虑了相似的缺陷报告可能对应相似的源代码文件。Zhou 等[97]提出了一个比 BugScout 更好的方法 BugLocator。BugLocator 首先通过改进的向量空间模型计算 bug 报告和所有源代码文件之间的相似度，然后计算该 bug 报告与其相似报告集对应的源代码文件之间的相似度，最后将这两个相似度值进行加权汇总，得到 bug 报告与每个源代码文件之间的相似度，并且根据这个相似度对源代码文件进行排名，排名靠前的源代码文件作为该 bug 报告潜在的待修复文件。但 BugLocator 方法的缺点在于仅仅考虑相似缺陷报告可能需要修复相同的源代码文件，却忽视了相似的缺陷报告还可能需要修复相似的源代码文件，即 BugLocator 方法忽视了源代码文件之间的相似关系。因此，在本书研究中将对 BugLocator 方法进行改进，提出了基于相似报告分析和源文件查询的缺陷定位方法，而且在相似报告分析中不仅利用了缺陷报告之间的相似关系以及缺陷报告和源代码文件之间的对应修复关系，还利用了所有源代码文件之间的相似关系。

1.3 本书主要内容

本书的核心内容是软件缺陷预测、分派和定位。首先，在软件缺陷预测研究中，本书首先提出了一个公共缺陷数据集预处理方法；针对项目内缺陷预测，提出一个基于多类编码学习的缺陷预测方法和一个基于二类集成学习的缺陷预测方法；针对跨项目缺陷预测，提出一个基于协同过滤的源项目选择方法和一个基于集成学习的跨项目缺陷预测方法。其次，针对软件缺陷的自动分派问题，本书提出了一种基于开发者优先化的软件缺陷分派方法，将每个新缺陷报告自动分派给那些感兴趣的开发者，而不是最终修复缺陷的开发者。最后，针对软件缺陷的自动定位问题，本书提出了一种集成相似报告分析和源文件查询的缺陷定位方法，用于为每个缺陷报告尽快找到其对应需要修复的源代码文件。具体的研究内容如下。

(1) 缺陷数据预处理方法

本书分别研究了 NASA 和 Jureczko 两个公共软件缺陷预测数据集的质量问题。首先详细介绍了 NASA 公共预测数据集中存在的数据不完整和数据不一致等问题,并分析了这些问题对缺陷预测研究可能带来的影响,随后针对这些问题提出了 NASA 公共缺陷数据集预处理方法,对该数据集中的问题实例和问题属性进行了对应的处理,得到了一个相对干净的 NASA 缺陷数据集,该 NASA 缺陷预测数据集可用于后续的项目内软件缺陷预测方法研究。其次详细介绍了 Jureczko 数据集中存在的数据质量问题,并对这些质量问题进行预处理后得到一个相对干净的 Jureczko 数据集,该数据集可用于后续的跨项目缺陷预测方法研究。

(2) 项目内缺陷预测方法

本书提出了基于多类编码学习的软件缺陷预测方法,该方法将软件缺陷预测中的二类不均衡问题转化为一个多类均衡问题来处理,总共包括三个步骤,分别是类别转化、多类分类器建模和分类。类别转化是将多数类划分成与少数类实例数量相同的多个子集,并为每个子集赋予一个新的类标签,这样就能够将原来的二类不均衡数据转化为一个多类均衡数据。多类分类器建模是使用基于编码的方法来对多类均衡数据进行学习,构建一个多类分类器,研究中使用了三种编码方法,分别是 one-against-all 编码、random correction code 编码和 one-against-one 编码。分类是将多类分类器得到的分类结果转化为二类分类结果,即软件缺陷预测问题中的是否包含缺陷。

此外,本书还提出了基于二类集成学习的软件缺陷预测方法,该方法将软件缺陷预测中的二类不均衡问题转化为多个二类均衡问题来进行处理,总共包括三个步骤,分别是均衡划分、分类器建模和集成分类。均衡划分是将原先的二类不均衡数据集划分为多个均衡的二类数据集,其方法是将多数类实例划分成多个实例相同的子集,然后将每个子集和原先的少数类实例一起组合成为多个不同的二类均衡数据集。分类器建模是使用数据挖掘的基本分类算法对这些二类均衡数据集进行学习,构建多个不同的二类分类器。对于新数据来说,每个二类分类器都会得到一个分类结果,而集成分类则是使用特定的集成规则将这些不同的分类结果集成为最终的分类结果。本书采用基于距离的加权机制,对已有的 5 个集成规则进行了改进,提出了 5 个改进后的集成规则,并使用这 5 个改进后的集成规则来进行集成分类。

(3) 跨项目缺陷预测方法

越来越多的平台提供了大量免费的公开缺陷数据,但关注适用源项目选择的研究非常少。当前已有的源项目选择方法 EucPS 仅计算了项目间的相似性关系，选择目标项目的近邻作为源项目。本书研究发现：① 很多项目的最相似项目并不是其最适用源项目；② 很多相似项目之间存在相同的适用源项目。因此提出了源项目选择方法 CFPS。首先计算在历史项目中每个项目作为源项目时的适用性得分；其次计算目标项目与每个历史项目之间的相似度得分；最后基于协同过滤思想提出由适用性和相似度得分计算的推荐得分，并选择得分最高的 K 个项目作为适用源项目。实验中使用预处理后的 Jureczko 数据集中的 14 个数据。此外，实验使用 5 种分类算法及 3 个推荐指标来评估 CFPS 方法性能。实验结果表明，本书提出的方法相较于 EucPS 方法的推荐性能提升十分明显，当评估指标为 F-Measure@N、MAP 和 MRR 时，提升比例分别为 38％～55％、74％～102％和 29％～54％。

尽管源项目选择方法选择出了一些适用源项目，但这些源项目不同的使用方式会导致缺陷预测性能的不同。考虑不同源项目和目标项目之间的数据分布差异明显不同，本书基于集成学习的思想提出了一种跨项目缺陷预测方法。首先用源项目选择方法 CFPS 选择当前目标项目的 K 个适用源项目，将这些源项目分别学习构建得到 K 个基分类器；然后，以目标项目与每个当前构建基分类器的源项目之间的相似度作为投票权重，使用加权概率投票策略对基分类器进行集成；最后使用集成预测器对目标项目进行缺陷预测。在实验中选用 AUC 和 F-Measure 作为缺陷预测性能评估指标。实验结果表明，使用加权概率投票策略优于不使用加权概率投票策略。此外，实验结果证明了本书提出的集成学习方法能够有效提升未使用集成学习方法的预测性能。最后本书还与 3 种跨项目缺陷预测方法的预测性能在 5 种分类算法下进行了对比。实验结果表明，本书方法明显提升了这 3 种跨项目缺陷预测方法的预测性能。

（4）缺陷分派方法

本书研究提出了一个基于开发者优先的软件缺陷分派方法。该方法是为对新缺陷报告潜在感兴趣的开发者们计算不同的优先化权值，并根据该优先化权值将新缺陷报告分派给那些对该缺陷真正感兴趣的开发人员。方法可分为三步：相似报告搜索、开发者评价网络构建和开发者优先化。相似报告搜索是根据新缺陷报告的内容在历史缺陷报告中搜索与其相似的缺陷报告，根据相似报告中的评论人员信息，可得到对新缺陷报告潜在感兴趣的开发者们。开发者评价网络构建是利用相似报告中的评论信息，构建了一个以开发者为节点、评论关系为连接的同构网络。开发者优先化则是基于开发者评价网络，使用基于 Leader-Rank 的开发者优先化算法为网络中的每个节点计算一个优先化权值。

(5) 缺陷定位方法

本书研究提出了一个基于相似报告分析和源文件查询的软件缺陷定位方法。该方法是将相似报告分析方法和源文件查询方法的缺陷定位结果通过加权的方式集成起来,为每个缺陷报告尽快找到其对应需要修复的源代码文件。该缺陷定位方法可分为三步:相似报告分析、源文件查询和加权集成。相似报告分析利用了缺陷报告间的相似关系、源代码文件间的相似关系以及缺陷报告和源代码文件间的对应修复关系,计算新缺陷报告和每个源代码文件间的相关性分值。源代码文件查询是直接计算新缺陷报告和每个源代码文件间的相关性分值。加权集成是将前面得到的两个相关性分值通过一个权值因子集成为一个相关性分值,该分值为使用当前缺陷定位方法计算出来的新缺陷报告和每个源代码文件的最终相关性分值。根据得到的相关性分值对源代码文件进行降序排序,排名靠前的源代码文件被认为是与新缺陷报告更相关的源代码文件,即这些源代码文件更可能包含该新缺陷报告描述的缺陷问题。

1.4 本书组织结构

本书包括八章,除本章外,其余各个章节的组织如下:

第 2 章介绍软件缺陷公共数据集预处理方法,包括 NASA 数据集和 Jureczko 数据集。首先介绍 NASA 公共缺陷数据集的数据质量问题,并介绍针对这些问题提出的 NASA 公共缺陷数据集预处理方法,给出了使用该预处理方法预处理后得到的 NASA 缺陷数据集;其次介绍 Jureczko 数据集的数据质量问题以及相应的预处理方法,并给出了预处理后得到的 Jureczko 缺陷数据集。

第 3 章介绍基于多类编码学习的软件缺陷预测方法,将软件缺陷预测中的二类不均衡学习问题转化为多类均衡学习问题。首先给出了多类编码方法框架,然后介绍三种基于不同编码方案的多类学习方法,最后通过实验验证了该方法的有效性。

第 4 章介绍基于二类集成学习的软件缺陷预测方法,将软件缺陷预测中的二类不均衡学习问题转化为多个二类均衡学习问题来处理。首先给出了二类集成学习方法框架,然后详细介绍了本书提出的 5 种改进集成规则,最后通过实验验证了该方法的有效性。

第 5 章介绍基于协同过滤的源项目选择方法。首先分析了现有源项目选择算法的优缺点并提出本章方法的研究动机,其次详细描述了本章提出的源项目选择方法的每个步骤及实现方法,最后针对三个研究问题对该方法进行对比实验,引入评估预测性能和推荐性能的指标,并对推荐性能进行分析,充分验证了本章方法在推荐性能上的明显提升。

第 6 章介绍基于集成学习的跨项目缺陷预测方法。首先分析了跨项目缺陷预测方法性能较差的原因，针对存在的问题，提出了基于集成学习的跨项目缺陷预测方法，随后详细介绍方法的整体框架以及三个主要步骤，最后针对四个研究问题进行四组对比实验，充分表明了本章方法是有效且有意义的。

第 7 章介绍基于开发者优先的软件缺陷分派方法。首先介绍了软件缺陷报告以及其对应的生命周期，然后给出了缺陷分派方法框架，并详细介绍了缺陷分派方法的三个步骤，最后通过实验验证了该缺陷分派方法的有效性。

第 8 章介绍基于相似报告分析和源文件查询的软件缺陷定位方法。首先给出了缺陷定位方法的框架，然后详细介绍了该方法中的相似报告分析、源文件查询以及加权集成方法，最后通过实验验证了该缺陷定位方法的有效性。

第 2 章　软件缺陷预测数据集预处理

2.1　引言

当前使用数据挖掘和机器学习方法来构造缺陷预测系统已经引起了人们广泛的研究兴趣，这些缺陷预测系统可以用来将软件模块预测为有缺陷的或者没有缺陷的。由于缺陷预测结果越准确，软件测试资源的预算才能越准确，因此构建精确的缺陷预测系统是十分有用的。2009 年的一篇综述[127]汇总了 74 个相关的缺陷预测的研究，而 2012 年的另一个综述[38]报告称截止至 2010 年软件缺陷预测相关研究已经增长到了 208 个，可见软件缺陷预测研究已经吸引了越来越多研究人员的关注。当前的这些软件缺陷预测研究采用了不同的数据挖掘方法，如贝叶斯、支持向量机和基于实例的学习等，并将这些数据挖掘方法应用到不同的软件缺陷数据集来构建缺陷预测模型[128-130]。

考虑到当前如此广泛的软件缺陷预测研究是方法各异的，因而将这些研究的缺陷预测结果集成为一个连贯的知识体系显然是非常有必要的。为了实现这个目标，需要在不同的缺陷预测研究之间进行合理的比较，这在使用相同缺陷数据集的研究中进行是非常容易的，但前提是保证这些研究中使用的缺陷数据集有意义没有明显的问题。

在当前的项目内软件缺陷预测研究中，NASA 公共缺陷数据集已经被广泛地使用，如 Hall 等[38]就发现在 208 个软件缺陷预测研究中，超过四分之一的研究使用了 NASA 缺陷数据集。然而 Gray 等[39]提出了 13 个公共的 NASA 软件缺陷数据集出现的一些问题，但他们的研究不够深入和具体。事实上 NASA 总共有 14 个公共缺陷数据集，包括 CM1、JM1、KC1、KC2、KC3、KC4、MC1、MC2、MW1、PC1、PC2、PC3、PC4 和 PC5。此外，NASA 数据集有两个不同的版本，分别存储在 MDP 和 Promise 数据库中，其中 KC2 在 MDP 数据库中没有提供，而 KC4 在 Promise 数据库中也没有提供。这两个版本的 NASA 缺陷数据集中都存在着数据不完整和数据不一致等问题，这些问题将会破坏软件缺陷预测研究中实验验证和可重复性的科学依据，因此迫切需要得到解决。本章研究在 Gray 等[39]研究的基础上，深入分析研究了两个版本的 NASA 缺陷数据集(MDP 版本和 Promise 版本)中存在的各种问题，然后针对这些问题设计了一种数据预处理方法来对 NASA 缺陷数据集进行预处理，从而得到了 NASA 缺陷数据集的净化版本。

在跨项目缺陷预测研究中，据 Hosseini 等研究统计，Jureczko 数据集[131-132]是目前跨项目缺陷预测研究中使用最广泛的公共缺陷数据集，占比 56%[53,133-134]。Rodriguez 等[135]研究发现，在进行项目内缺陷预测时，这两个数据集之间存在明显的性能差异。但到目前为止，还没有研究关注最广泛用于跨项目缺陷预测的 Jureczko 数据集的质量问题。跨项目缺陷预测研究中的数据质量是一个关键问题，它可能极大地影响预测性能。因此，本章将对 Jureczko 数据集的数据质量问题进行分析探讨，并对该数据集进行预处理，得到净化后的 Jureczko 数据集。

2.2 NASA 缺陷数据集

2.2.1 NASA 缺陷数据集特征

众所周知，数据挖掘和机器学习是以数据为基础进行的研究，因此研究人员彼此之间经常会共享数据集。就这一点而言，Promise 数据库在使软件工程数据集可公用方面充当了很重要的角色。例如，截至 2012 年 6 月 14 日，Promise 上共提供了 96 个可用的软件缺陷数据集，其中就包括 NASA 14 个数据集中的 13 个。此外，NASA 的 MDP(metrics data program)网站也提供了 NASA 14 个数据集中的 13 个。当前很多软件缺陷预测研究使用的 NASA 数据集都是来源于这两个数据库。因此 NASA 缺陷数据集可分为两个不同的版本，即 MDP 版本和 Promise 版本。

表 2-1 给出了两个版本(MDP 和 Promise)的 NASA 缺陷数据集的数据信息比较，包括实例数量和属性数量的比较。所有的数据都是通过 MDP 和 Promise 网站下载得到的原始数据，并没有进行任何预处理。表 2-1 中，“/”代表不存在的。由表 2-1 可以看出，KC2 数据集仅可在 Promise 上得到，而 KC4 数据集仅可在 MDP 上得到。此外，两个版本的 NASA 缺陷数据集中，没有两个数据集在实例数量和属性数量上是完全一样的。本书还通过观察比较两个版本的数据集实例得知：两个版本的数据集实例顺序也是不一样的。而在软件缺陷

预测研究中，如果采用了 n 折交叉验证方法而没有采用随机化，不一样的实例顺序也可能会得到不一样的实验结果。因此，在软件缺陷预测研究中，说明使用的 NASA 缺陷数据集来源于哪个版本是十分有必要的。

表 2-1　两个版本的 NASA 缺陷数据集比较

数据集	实例数量		属性数量	
	MDP	Promise	MDP	Promise
CM1	505	498	43	22
JM1	10 878	10 885	24	22
KC1	2 107	2 109	27	22
KC2	/	522	/	22
KC3	458	458	43	40
KC4	125	/	43	/
MC1	9 466	9 466	42	39
MC2	161	161	43	40
MW1	403	403	43	38
PC1	1 107	1 109	43	22
PC2	5 589	5 589	43	37
PC3	1 563	1 563	43	38
PC4	1 458	1 458	43	38
PC5	17 186	17 186	42	39

2.2.2 NASA 缺陷数据集问题

在 2.2.1 小节中，表 2-1 给出了 MDP 和 Promise 两个版本的 NASA 缺陷数据集的实例和属性特征。在本小节中，将重点分析 NASA 缺陷数据集中可能会出现的数据质量问题。表 2-2 提供了一些数据质量问题，以及对每个数据质量问题简单的描述和样例。为了方便后面的介绍，在表 2-2 中为每个数据质量问题定义了一个列标签。

表 2-2　数据质量问题简介

列标签	数据质量问题	描述	样例
A	相同属性	两个或多个属性在所有实例上对应的属性值相同	F1＝F2＝F3 且 F4＝F5→3 个属性是相同的

表2-2(续)

列标签	数据质量问题	描述	样例
B	常量属性	某个属性在所有实例上的值是一样的,即没有增加任何有用信息	
C	残缺值属性	包含一个或者多个残缺值的属性	F1 有 10 个残缺值且 F3 有 3 个残缺值→2 个残缺值属性
D	冲突值属性	违背一些一致性条件的属性	F1= F2+F3,但数据集中不是→3 个冲突值属性
E	不可能值属性	违背一些完整性条件的属性	F1≥0,但存在 F1 值小于 0→1 个不可能值属性
F	所有问题属性	统计 A～E 中至少出现一个的问题属性	由于某些属性出现的问题不止一个,因此该值不一定是 A～E 的总和
G	相同实例	两个或者多个实例含有相同的属性值,包括类标签值也相同	
H	不一致实例	两个或者多个实例含有相同的属性值,但类标签值不相同	两个相同的模块 M1 和 M2,M1 为 fault-free,但 M2 为 faulty
I	残缺值实例	实例中至少有一个属性值是残缺的	
J	冲突值实例	实例中的某些属性值违背了一些一致性条件约束	依据列 D
K	不可能值实例	实例中的某些属性值违背了一些完整性条件约束	依据列 E
L	所有问题实例	统计列标签 I～K 中至少出现一个的问题实例	
M	所有问题实例	统计列标签 G～K 中至少出现一个的问题实例	

在表 2-2 中,列标签 A、B、C、D 和 E 代表了数据集中的一些属性问题,而列标签 G、H、I、J、K 代表了数据集中的一些实例问题。此外,列标签 F 代表了所有属性问题的汇总,即统计 A～E 中至少出现一个的问题属性数量,而列标签 L 代表统计 I～K 中至少出现一个的问题实例数量,列标签 M 代表 G～K 中至少出现一个的问题实例数量。

列标签 A 代表了对于所有的实例来说,两个或者多个属性含有全部一样的属性值,即数据集中存在着一些重复属性。列标签 B 代表某个属性的所有值都是相同的，即数据集中的一些属性的值是固定不变的，在所有实例上都是同一个值，这对于一个数据集来说，没有增加任何有用的信息，因此这样的属性是可以删除的。此外，列标签 G 代表了多个实例在所有属性和类标签上的值是完全相同的，即数据集中存在着一些重复实例，列标签 H 代表了多个实例在所有属性上的值相同，而类标签却是不相同的。

在对数据集进行预处理时，可以从属性角度也可以从实例角度对数据集进行处理，因此本书从两个角度都指出了数据集中存在的一些问题。例如，列标签 C 代表了属性中包含了一些残缺值，列标签 I 则与列标签 C 相对应，统计了包含了一些残缺值属性的实例。列标签 D 和列标签 J 分别统计了冲突值属性和冲突值实例，分别从属性和实例角度指出了一些违背了数据一致性条件的属性和实例。此外，列标签 E 和列标签 K 统计了不可能值的属性和实例，这些属性和实例违背了一些完整性条件。表 2-3 给出了数据完整性和数据一致性检查条件，其中数据完整性检查条件是 3 个，而数据一致性检查条件则是 18 个。

表 2-3 数据完整性和一致性条件

完整性条件	1. LOC_TOTAL 大于 0
	2. 任何属性的值大于或等于 0
	3. 任何计数量都是一个整数
一致性条件	1. NUMBER_OF_LINES≥ LOC_TOTAL
	2. NUMBER_OF_LINES≥ LOC_BLANK
	3. NUMBER_OF_LINES≥ LOC_CODE_AND_COMMENT
	4. NUMBER_OF_LINES≥ LOC_COMMENTS
	5. NUMBER_OF_LINES≥ LOC_EXECUTABLE
	6. LOC_TOTAL≥ LOC_EXECUTABLE
	7. LOC_TOTAL≥ LOC_CODE_AND_COMMENT
	8. NUM_OPERANDS≥ NUM_UNIQUE_OPERANDS
	9. NUM_OPERATORS≥ NUM_UNIQUE_OPERATORS
	10. HALSTEAD_LENGTH = NUM_OPERANDS+NUM_OPERATORS
	11. CYCLOMATIC_COMPLEXITY≤ NUM_OPERATORS+1
	12. CALL_PAIRS≤ NUM_OPERATORS
	13. HALSTEAD_VOLUME = (NUM_OPERANDS+NUM_OPERATORS) * $\log_2$(NUM_UNIQUE_OPERANDS+NUM_UNIQUE_OPERATORS)

表 2-3(续)

一致性条件	14. HALSTEAD_LEVEL = (2/NUM_UNIQUE_OPERATORS) * (NUM_UNIQUE_OPERANDS/NUM_OPERANDS)
	15. HALSTEAD_DIFFICULITY = (NUM_UNIQUE_OPERATORS/2) * (NUM_OPERANDS/NUM_UNIQUE_OPERANDS)
	16. HALSTEAD_CONTENT = HALSTEAD_VOLUME/ HALSTEAD_DIFFICULITY
	17. HALSTEAD_EFFORT = HALSTEAD_VOLUME * HALSTEAD_DIFFICULITY
	18. HALSTEAD_PROG_TIME = HALSTEAD_EFFORT/18

基于表 2-2 给出的数据质量问题，本书使用表 2-3 给出的数据完整性和数据一致性条件对 MDP 版本以及 Promise 版本的 NASA 缺陷数据集进行了检查，分别统计了这两个版本的 NASA 缺陷数据集中问题属性和问题实例的数量。表 2-4 从属性角度给出了两个版本的 NASA 缺陷数据集中每个属性问题(表 2-2 中列标签 A～F)的数量，而表 2-5 则从实例角度给出了两个版本的 NASA 缺陷数据集中每个实例问题(表 2-2 中列标签 G～M)的数量。

表 2-4　基于属性的 NASA 缺陷数据集质量分析

数据集	A		B		C		D		E		F	
	MDP	Pro	MDP	Pro	MDP	Pro	MDP	Pro	MDP	Pro	MDP	Pro
CM1	2	0	3	0	1	0	2	14	0	6	6	15
JM1	0	0	0	0	0	5	9	15	0	6	9	16
KC1	0	0	0	0	0	0	4	15	0	6	4	16
KC2	/	0	/	0	/	0	/	14	/	6	/	15
KC3	0	0	1	0	1	0	0	0	1	1	3	1
KC4	27	/	26	/	0	/	3	/	0	/	30	/
MC1	0	0	1	0	0	0	3	3	1	1	5	4
MC2	0	0	1	0	1	0	0	0	0	0	2	0
MW1	2	0	3	0	1	0	0	0	0	0	4	0
PC1	2	0	3	0	1	0	4	14	1	6	8	15
PC2	3	0	4	0	1	0	2	2	1	1	8	3
PC3	2	0	3	0	1	0	2	2	1	1	7	3
PC4	2	0	3	0	0	0	7	7	1	1	11	8
PC5	0	0	1	0	0	0	3	3	1	1	5	4

表 2-5 基于实例的 NASA 缺陷数据集质量分析

数据集	G		H		I		J		K		L		M	
	MDP	Pro	MDP	Pro	MDP	Pro	MDP	Pro	MDP	Pro	MDP	Pro	MDP	Pro
CM1	26	94	0	2	161	0	2	3	0	1	161	3	178	61
JM1	2 628	2 628	889	889	0	5	1 287	1 294	0	1	1 287	1 294	3 158	3 165
KC1	1 070	1 070	253	253	0	0	12	14	0	1	12	14	945	947
KC2	/	182	/	118	/	0	/	38	/	1	/	38	/	197
KC3	12	170	0	2	258	0	0	0	29	29	258	29	264	142
KC4	10	/	9	/	0	/	125	/	0	/	125	/	125	/
MC1	7 972	7 972	106	106	0	0	189	189	4 841	4 841	4 841	4 841	7 619	7 619
MC2	4	6	0	2	34	0	0	0	0	0	34	0	36	5
MW1	15	36	5	7	139	0	0	0	0	0	139	0	152	27
PC1	85	240	13	13	348	0	3	26	48	49	355	74	411	196
PC2	984	1 621	0	100	4 004	0	129	129	1 084	1 084	4 055	1 163	4 855	4 297
PC3	79	189	6	9	438	0	2	2	52	52	444	54	490	138
PC4	166	166	3	3	0	0	60	60	111	111	112	112	182	182
PC5	15 730	15 730	1 725	1 725	0	0	185	185	1 772	1 772	1 782	1 782	15 507	15 507

从表 2-4 和表 2-5 中可看出:对于两个版本的 NASA 缺陷数据集来说,每个数据集都或多或少存在着一些问题实例和问题属性。因此,在软件缺陷预测研究中,为了得到更加真实可靠的缺陷预测结果,需要对这些缺陷数据集进行预处理。

此外,由表 2-5 可知,所有的 NASA 缺陷数据集都受到重复实例(G 列)的影响。一些软件工程领域的研究人员把重复的实例认为是一个问题,他们认为这些相同的实例在训练和验证阶段中都可能会使用到[39,128]。对此观点,本书并不完全赞同,而是认为这依赖于我们的研究目标。如果一个研究关注将研究成果推广到其他的实验设置和数据集上,则删除数据集中重复的实例是有必要的,因为重复的实例并不是在所有的数据集中都会出现的,而且重复的实例会导致学习器能力的过分乐观。而如果一个研究的目标是关注某个分类算法在一个特定的研究领域或者环境下表现如何,则那些本来就存在的重复实例则有助于学习过程。对于那些不一致的实例和冲突值实例,也同样存在着类似的争议,这对任何一个研究人员来说都是一个巨大的挑战。因此,研究人员要根据自己的研究目标来对数据集进行预处理。

表 2-6 给出了 2007 年以来发表在软件工程领域顶级国际期刊 TSE(IEEE

Transactions on Software Engineering)上5篇实证研究论文。在这期间当然还有很多软件缺陷预测的相关论文发表在其他期刊上，为简洁起见，本书仅仅关注了软件工程领域的顶级期刊TSE上发表的论文。在这5篇论文中，3篇论文使用了MDP版本的NASA数据集，1篇论文中使用了Promise版本的NASA数据集。值得注意的是，这几个研究在数据集版本和预处理方法上是不相同的，这将导致很难将这些研究的结论整合起来形成一个完整的知识体系。如果不解决NASA缺陷数据集中存在的各种问题，不能够统一数据集的版本，任何使用元分析方法来汇总缺陷预测研究结果的尝试都是不妥当的。因此，本书提出了一种NASA缺陷数据集预处理方法，并在下一节进行介绍。

表2-6 TSE上使用NASA缺陷数据集的研究

研究	年份	版本	预处理		
			残缺值属性	冲突值属性	重复实例
Menzies 等[6]	2007	Promise	×	×	×
Zhang 等[129]	2007	/	/	/	/
Lessman 等[19]	2008	MDP	×	×	×
Liu 等[130]	2010	MDP	√	√	×
Song 等[7]	2011	MDP	√	×	×

2.2.3 NASA预处理方法

据本书了解，NASA缺陷数据集的MDP版本是NASA缺陷数据集的原始版本，而Promise版本是软件工程研究人员对MDP版本处理后得到的缺陷数据集版本，因此NASA的MDP版本提供了比Promise版本更为详细的数据集相关信息，比如对每个属性详细的介绍，这些信息都将帮助本书对NASA数据集进行更详细的数据完整性和数据一致性检查。因此，本书提出了一种针对MDP版本的NASA缺陷数据集预处理方法。

本书提出的NASA缺陷数据集预处理方法先处理问题实例，然后处理问题属性。从表2-2中可看出，相同属性和常量属性是肯定需要处理的，相同实例和不一致实例是可选择处理的。而残缺值属性、冲突值属性、不可能值属性和残缺值实例、冲突值实例、不可能值实例是分别相互对应的，分别从属性角度和实例角度来描述数据质量问题。因此，只需要从这两个角度中选择一个来对数据集进行预处理。本书选择了从实例角度来处理数据集，因为这样删除的数据点要相对少一些。需要说明的是，该方法先处理实例后处理属性的步骤是不可改变的，同样是基于删除数据点少的考虑。

在该预处理方法中，首先删除数据集中存在的一些问题实例，如含有不可能值的实例和含有冲突属性值的实例，随后本书需要处理相同的实例和不一致的实例。基于上一节的分析，这一类型的数据可删除也可保留，可根据研究人员的研究目的来决定是否来删除缺陷数据集中的这类数据，因此在本书的预处理方法中采用了这两种处理方案供研究人员来选择使用。原始的数据集 Data 通过这两种不同的处理方法，就可以转化为 DS′或者 DS″，其中 DS′代表保留了相同实例和不一致实例，而 DS″则删除了相同实例和不一致实例。接下来本书需要对残缺值实例进行处理。最后本书需要删除一些常量属性和相同属性。算法 2-1 给出了本书针对 MDP 版本的 NASA 缺陷数据集预处理方法的详细流程。

算法 2-1　NASA 缺陷数据集预处理方法

```
输入：Data—原始的 NASA MDP 数据集
      Flag—其值为 true 或者 false，代表是否删除相同实例和不一致实例
输出：DS′—预处理后的 NASA MDP 数据集，保留相同实例和不一致实例
      DS″—预处理后的 NASA MDP 数据集，删除相同实例和不一致实例
/*    DS—Data 中的某个数据集
      M—DS 中的实例数量；N—DS 中的属性数量
      DS.Value[i][j]—DS 中实例 i 的 j 属性值
*/
```

```
1  Data'=NULL;
2  删除属性 MODULE_ID 和 ERROR_DENSITY，并将 ERROR_COUNT 属性转化为二值类标签属性，
   属性值分别为 defective 和 non-defective
3  for 每个 DS∈Data do
4    for i = 1 到 M do                          //step 1：删除不可能值实例
5      for j = 1 到 N do
6        if DS.Value[i][j]是不可能的值 then
7          DS = DS−DS.Value[i][1…N]；
8    for i = 1 到 M do                          //step 2：删除冲突值实例
9      if DS.Value[i][1…N]包含冲突的属性值 then
10       DS = DS−DS.Value[i][1…N]；
11    if Flag then
12     for i = 1 到 M−1 do                      //step3：删除相同实例
13       for k = i+1 到 M do
14         if DS.Value[i][1…N]≡DS.Value[k][1…N] then
15           DS = DS−DS.Value[k][1…N]；
16     for i = 1 到 M−1 do                      //step4：删除不一致实例
17       for k = i+1 到 M do
18        if DS.Value[i][1…N−1]≡DS.Value[k][1…N−1]且 DS.Value[i][N]≠DS.Value[k][N] then
```

算法 2-1(续)

```
19              DS = DS－DS.Value[i][1…N];
20              DS = DS－DS.Value[k][1…N];
21  for i = 1 到 M do                          //step5:删除残缺值实例
22    for j = 1 到 N do
23      if DS.Value[i][j]是一个残缺值 then
24        DS = DS－DS.Value[i][1…N];
25  for j = 1 到 N do                          //step6:删除常量属性
26    if DS.Value[1…M][j]是常量 then
27      DS = DS－DS.Value[1…M][j];
28  for j = 1 到 N－1 do                       //step 7:删除相同属性
29    for k = j＋1 到 N do
30      if DS.Value[1…M][j]≡DS.Value[1…M][k] then
31        DS = DS－DS.Value[1…M][k];
32  将 DS 加入 Data'中;
33  if (! Flag) then DS' = Data' else DS'' = Data';
```

由算法 2-1 可以看出,本书的 NASA 缺陷数据集预处理方法可划分为两个部分:第一部分主要从实例角度来对数据集进行预处理(行 4～24),而第二部分主要从属性角度来对数据集进行相应的预处理(行 25～31)。具体来说,不可能值实例和含有冲突属性值的实例在逻辑上显然是错误的,因此在该预处理方法中本书首先删除这两个类型的实例(行 4～10)。行 11～20 将由研究人员来选择是否对相同实例和不一致实例进行处理。如果处理的话,行 12～15 删除了数据集中的相同实例,而行 16～20 则删除了数据集中所有的不一致实例。值得说明的是,这两类实例的预处理步骤是不能交换的,否则一些不一致的实例将不能够被删除。举个例子来说,假设实例 i 和 j 是一对不一致实例,实例 k 与实例 i 是相同的实例,且 $i<j<k$,则实例 j 与实例 k 也是一对不一致实例,这三个实例都应该被删除。然而,如果实例 i 和实例 j 先被删除了,则实例 k 则可能没有删除,因为剩余的实例中可能没有与实例 k 相同或者不一致的实例了。行 21～24 删除了一些含有残缺值属性的实例。最后,常量属性和相同属性在行 25～31 被删除了。

值得注意的是,Gray 等[39]也提出了一个预处理方法。但是本书认为,他们的预处理方法受到顺序的影响,即在预处理过程中应该首先删除一些错误的实例而不是先删除一些错误的属性,这样将会保证预处理后得到的数据集和原数据集相比丢失更少的数据。这样的考虑体现了本书预处理方法的微妙之处。

2.2.4 NASA 预处理后数据集

本书将前面给出的 NASA 缺陷数据集预处理方法应用到 MDP 版本的

NASA 缺陷数据集上，从而得到每个缺陷数据集对应的干净版本数据集。值得注意的是，经过本书预处理方法处理后的 MDP 干净缺陷数据集可由网站 http://j.mp/scvvIU 得到。表 2-7 给出了经过预处理后的 MDP 缺陷数据集的属性和实例特征，其中 DS′包含了相同实例和不一致实例，而 DS″删除了相同实例和不一致实例。

表 2-7　预处理后的 MDP 数据集特征

数据集	DS′		DS″	
	属性数量	实例数量	属性数量	实例数量
CM1	38	344	38	327
JM1	22	9 591	22	7 720
KC1	22	2 095	22	1 162
KC3	40	200	40	194
KC4	0	0	0	0
MC1	39	4 625	39	1 847
MC2	40	127	40	125
MW1	38	264	38	251
PC1	38	752	38	696
PC2	37	1 534	37	734
PC3	38	1 119	38	1 073
PC4	38	1 346	38	1 276
PC5	39	15 404	39	1 679

2.3　Jureczko 缺陷数据集

Jureczko 等[131-132]提供的在公共 PROMISE 存储库[133]中的 Jureczko 数据集，是跨项目缺陷预测中使用最广泛的公共缺陷数据。它由 33 个不同的开源软件开发项目组成，每个项目可能有几个不同的历史版本。在本实验中，为保证所有源项目与目标项目之间是跨项目的只选择每个项目的最新版本，即本书研究背景是在严格的跨项目缺陷预测下的，与目标项目属于相同项目的历史版本不被允许作为其源项目，且只选择实例数量大于 100 的项目，因此最终选择了 14 个来自不同软件项目的数据集。

在单个数据集中，每条实例代表相应版本的一个 Java 类，它包含两部分，分别为包括20个静态代码度量的特征值(或属性)和指示该条实例中缺陷数量的特征。在本研究中,如果某条实例的缺陷数量值大于或等于1,则将其标记为有缺陷类,如果缺陷数量等于0则标记为无缺陷类。因此,最终将获得具有20个特征和1个二分类标签(有缺陷或无缺陷)的数据集,这被视为原始的Jureczko数据集。表2-8提供了原始Jureczko数据集的简单统计摘要,包括项目名、版本号、实例数、有缺陷实例数(#有缺陷)和有缺陷实例数占总实例数的百分比(%有缺陷)。

表2-8 原始Jureczko数据集的统计摘要

ID	项目名	版本号	实例数	#有缺陷	%有缺陷
1	ant	1.7	745	166	22%
2	arc	1.0	234	27	12%
3	camel	1.6	965	188	19%
4	ivy	2.0	352	40	11%
5	jedit	4.3	492	11	2%
6	log4j	1.2	205	1 889	92%
7	lucene	2.4	340	203	60%
8	poi	3.0	442	281	64%
9	redaktor	1.0	176	27	15%
10	synapse	1.2	256	86	34%
11	tomcat	6.0	858	77	9%
12	velocity	1.6	229	78	34%
13	xalan	2.7	909	898	99%
14	xerces	1.4	588	437	74%

2.3.1 Jureczko数据质量问题

在本节中首先对实验所选择的Jureczko数据集中14个数据集的数据质量问题进行研究。数据质量问题包括相同实例和不一致实例的问题。下面,首先对相同实例和不一致实例进行描述。

相同实例:两个或更多实例包含所有相同的属性值和类标签。

不一致实例:两个或更多实例包含所有相同的属性值,但类标签不同。

表2-9提供了每个数据集的详细数据质量分析,包括相同实例的数量(#相同实例)和不一致实例的数量(#不一致实例)。

表 2-9　每个数据集的详细数据质量分析

ID	数据集	#相同实例	#不一致实例	ID	数据集	#相同实例	#不一致实例
1	ant1.7	0	36	8	poi3.0	9	70
2	arc	2	28	9	redaktor	1	10
3	camel1.6	4	117	10	synapse1.2	0	18
4	ivy2.0	0	14	11	tomcat	0	98
5	jedit4.3	32	24	12	velocity1.6	0	31
6	log4j1.2	0	6	13	xalan2.7	0	208
7	lucene2.4	0	6	14	xerces1.4	5	132

从表 2-9 中可以看出，14 个数据集中有 6 个数据集存在有相同实例的问题，且所有数据集都有不一致实例的问题。其中，有一些数据集有严重的不一致实例问题，如 xalan2.7 和 xerces1.4 不一致实例数占总实例数的 22.9%和 22.5%。训练数据的好坏会直接影响所构建预测模型的预测性能，尤其属性值相同但类标签不同的实例会对预测模型造成极大的干扰。因此，我们有足够的理由怀疑如此多相同和不一致的实例是否会对跨项目缺陷预测方法的预测性能产生不可知的影响。为了验证这种影响是否真实存在以及是否严重，在后续章节中对原始 Jureczko 数据集进行了清洗，得到了清洗后的数据集，分别使用原始的和清洗过的 Jureczko 数据集在跨项目缺陷预测方法上进行了对比实验，以验证数据清洗的必要性。

2.3.2　Jureczko 数据清洗

首先描述对数据进行清洗的详细过程，包括两个主要步骤：删除重复的实例和删除不一致的实例。第一步对相同的实例进行处理，即每次发现两个相同的实例时，删除与当前实例重复的后续实例。逐一比对两个实例的每个特征值和类标签，当两个实例的所有特征值和类标签均相同时，即被认定为相同的实例。将实例位置靠后的一个实例从数据集中移除，但仍保留实例位置靠前的一个实例。第二步移除两个不一致实例，同样逐一比对每两个实例的特征值，找到具有所有相同特征值但不同类标签的两个实例即为不一致实例，将这两个实例同时从数据集中移除。完成以上两步即可得到清洗后的 Jureczko 数据集。

值得注意的是，对相同实例处理的步骤和对不一致实例处理的步骤顺序不能交换，如果交换将会有一些不一致的实例无法被删除。举个例子：假设有相同的实例 I_1 和 I_2，以及和 I_1、I_2 相反的实例 I_3。正确的处理顺序为先将与 I_1 相同的 I_2 移除，再将互为不一致实例的 I_1 和 I_3 移除，即 I_1、I_2、I_3 三条实例均被移除。

如果顺序交换，先将互为相反实例的 I_1 和 I_3 移除，则在寻找相同实例时无法发现实例 I_2，但实例 I_2 和实例 I_3 也互为不一致实例而不应保留。

为了展示原始 Jureczko 数据集和清洗后 Jureczko 数据集之间的差异，表 2-10 提供了清洗后的 Jureczko 数据集的统计摘要。与表 2-8 展示内容不同的是，表 2-10 不仅展示了每个数据集名称、每个数据集对应的总实例数量和有缺陷实例的数量，还展示了每个数据集被删除实例的数量和被删除的有缺陷实例的数量。由于篇幅问题，在表中分别用简写 # Case、# dCase、# Def 和 # dDef 代表实例数、被删除的实例数、有缺陷的实例数和被删除的有缺陷实例数。

表 2-10　清洗后的 Jureczko 数据集的统计摘要

ID	数据集	# Case	# dCase	# Def	# dDef	ID	数据集	# Case	# dCase	# Def	# dDef
1	ant1.7	724	21	166	0	8	poi3.0	398	44	255	26
2	arc	213	21	25	2	9	redaktor	169	7	25	2
3	camel1.6	878	87	181	7	10	synapse1.2	245	11	86	0
4	ivy2.0	345	7	40	0	11	tomcat	796	62	77	0
5	jedit4.3	474	18	7	4	12	velocity1.6	211	18	76	2
6	log4j1.2	202	3	187	2	13	xalan2.7	740	169	732	166
7	lucene2.4	336	4	199	4	14	xerces1.4	486	102	376	61

在表 2-10 中，可以观察到所有数据集被删除的实例数量均大于 1，其中 xalan2.7 是被删除实例数量最多的，共删除 169 条实例。此外，有 10 个数据集删除的有缺陷实例数大于 1。综上所述，许多数据集都展示了与原始数据集实例数量的明显差异，这表明在将这两个数据集用于跨项目缺陷预测时很有可能会存在非常不同的性能差异。

为了验证在 Jureczko 数据集中去除不一致和重复实例的必要性，在原始 Jureczko 数据集和清洗过的 Jureczko 数据集之间进行了实例选择级别的对比。分别将两种数据集应用在相同的跨项目缺陷预测方法中，共选择了三种使用不同过滤器的跨项目缺陷预测方法，三种过滤器分别为 Global 过滤器[44]、Burak 过滤器[42]和 Peters 过滤器[136]。另外还使用了五种流行的分类算法以及两种广泛使用的性能评估度量以实现更加全面的对比，五种分类算法分别为 C4.5、LR、NB、RF 和 SMO，两种预测性能评估指标为 AUC 和 F-Measure，均为值越大代表预测性能越好。

图 2-1 和图 2-2 分别展示了在 AUC 指标和 F-Measure 指标下，使用清洗前数据和清洗后数据在三种不同跨项目缺陷预测方法下的预测性能对比，三种方

法在图中简写为 GF、BF 和 PF，其中每个大图包括五个子图，分别代表五种分类器，深色柱形代表使用清洗后数据集，浅色柱形代表原始数据集，图中数值为每个方法的预测性能在 14 个数据集上的平均值。

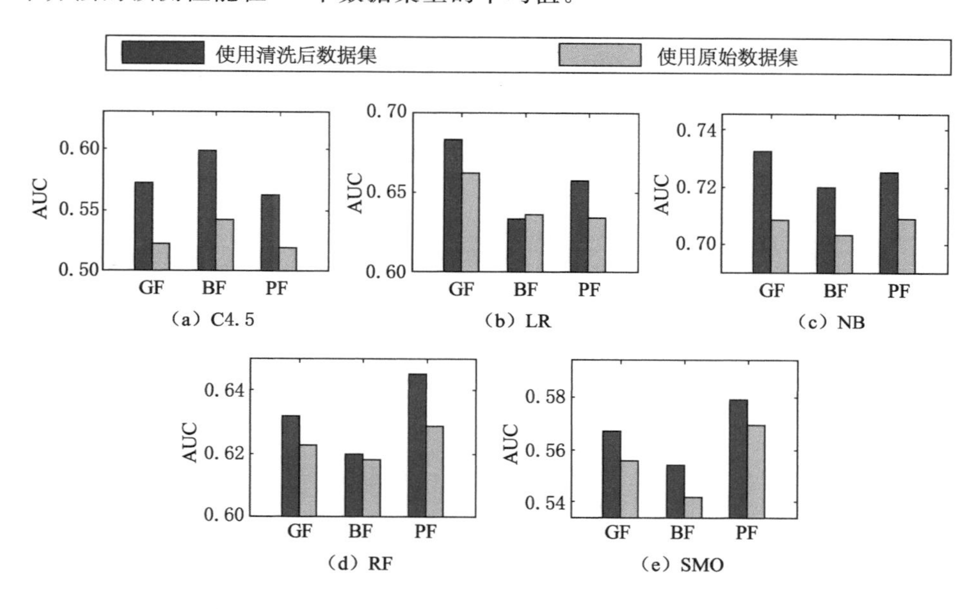

图 2-1　AUC 指标下使用清洗前后数据集预测性能变化

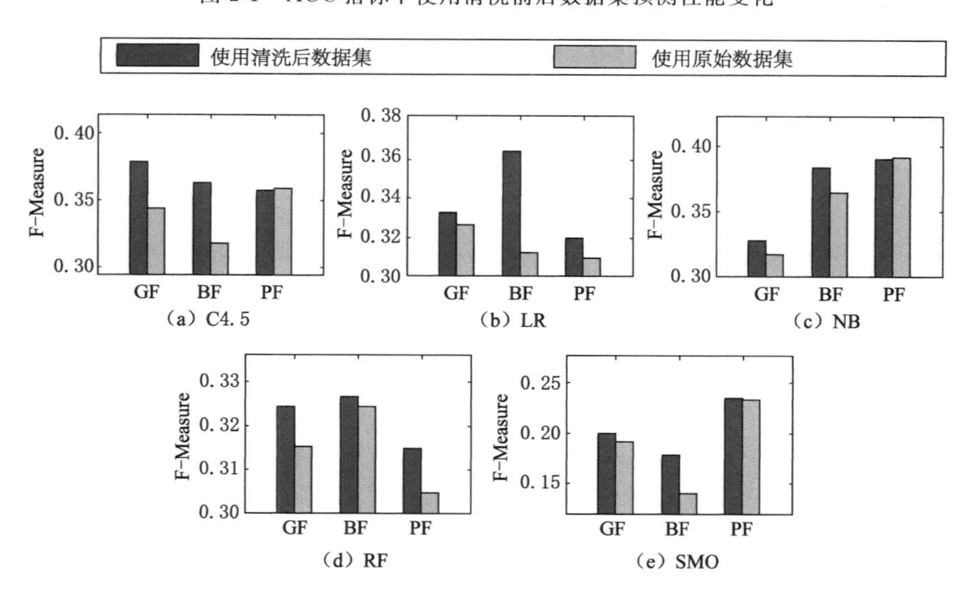

图 2-2　F-Measure 指标下使用清洗前后数据集预测性能变化

从图 2-1 中可以看出，使用 AUC 作为评估指标时，相同的跨项目缺陷预测方法在使用清洗前数据和清洗后数据时产生了明显不同的预测性能，且绝大多数使用清洗后数据的方法预测性能都有明显提高的趋势。每个数据集清洗前后对应的性能变化率从－19%（对应在 RF 分类算法下使用 PetersF 方法）到 61%（对应在 C4.5 分类算法下使用 BurakF 算法），且仅有 9.5%的数据集性能变化率不超过 1%，多数变化率为正数，即性能得到提升。这表明当使用 AUC 作为评估指标时，使用原始和已清理的 Jureczko 数据集带来的跨项目缺陷预测方法之间的性能差异是显而易见的。

从图 2-2 中可以看出，使用 F-Measure 作为评估指标时，大多数情况下的平均性能差异依然十分明显，且仅在使用基于 Peters 过滤器的跨项目缺陷预测方法时，分类算法为 C4.5 和 NB 下清洗后数据对应的实验结果有微弱下降，其余 13 个实验结果均有提升。统计每个数据集清洗前后对应的性能变化率发现，其中变化率不超过 1%的情况明显减少，在总共 210 个结果中仅有 6 个，即预测结果有了明显变化的数据集数量增多。且个别数据集下的变化率非常大，如数据集 poi 在分类算法为 SMO 且使用基于 Peters 过滤器的跨项目缺陷预测方法时性能变化率达到 287%。

综上表明，分别使用原始的和清洗后的 Jureczko 数据集时，绝大多数在清洗后数据集上的预测结果都与清洗前明显不同。这意味着这些数据集中相同和不一致实例的质量问题确实会影响跨项目缺陷预测方法的性能。也证明了在跨项目缺陷预测研究中，为了获得更加实际和可靠的预测性能，有必要对原始 Jureczko数据集中的质量问题进行处理。

2.4 分析讨论

本章中对软件缺陷预测研究中的数据集分析引出了两个重要的问题：① 在任何实际应用中，数据质量和数据集之间的差异是否重要；② 如果重要的话，研究人员如何来处理这些问题。

本章研究虽然对软件缺陷预测研究中广泛使用的 NASA 和 Jureczko 公共缺陷数据集提出了异议，但实际上本书认为这是对如何进行软件缺陷预测研究提出了更为重要的异议，其原因共有三点：① 在计算科学（包括数据挖掘和机器学习）中，所有的研究都应该能够可重现实验结果[137-138]，这毫无疑问是一件好事情，而其中的关键则是共享实验数据和源代码。由于同一个数据不同版本之间存在着的一些差异，这些差异可能由不同的预处理方法或者不同的版本控制系统导致，使得可重现实验结果的期望落空。如果研究人员没有意识到数据集中的这些差异,问题会变得更严重。② 尽管一些数据集的两个版本之间的差异非常小,然而这些微小的差异却有可能导致实验结果发生变化,进而导致通过实验结果分析来观察模型变得更困难。所有这些都将导致元分析的结论变得不可信。③ 训练数据集和验证数据集中的微小差异都可能导致有显著差异的实验结果[139]。

综上所述,本书认为数据质量和数据集之间的差异在研究中是非常值得注意的,接下来本书将探讨研究人员在研究中如何来处理这个问题:① 尽管在研究中共享数据是一件好事情,但是考虑数据在共享和传播的过程中可能会引入一些差异,开发人员最好注明它们的来源。② 随着计算科学中的算法变得越来越多,研究人员在关注算法的同时也需要给予实验数据足够的重视。由于许多机器学习方法非常复杂,研究人员需要花费大量的时间和精力在算法上,因而可能会忽视了实验数据的重要性。此外,数据的实际意义可能已经丢失,且研究人员往往不会关注这些数据的实际意义,但数据的实际意义对数据质量分析有着至关重要的影响。由于其他研究人员在使用数据的时候并不清楚数据的收集过程,因此对数据进行详细的文档记录是非常有必要的。③ 研究人员在他们的文献中还没有养成提供预处理数据方法的习惯,而数据之间的细微差异却有可能导致实验结果的极大不同,因此研究人员需要在文章中详细说明数据集的预处理方法,以便于其他研究人员重现实验结果。

总而言之,数据质量问题和数据集版本之间的差异问题可能非常小,但对实验结果的影响可能很大,因此研究人员在进行相应的研究之前必须先处理这些看起来很微小的问题,只有这样,研究人员才能得到更加稳定可靠的实验结果。此外,为了避免这些问题数据的出现,研究人员在共享数据的同时还需要注明数据来源,为数据提供详细的说明以及对数据预处理方法的详细介绍。

2.5　本章小结

在本章研究中,本书发现了在软件缺陷预测研究中被广泛使用的 NASA 公共缺陷数据集和 Jureczko 数据集中存在的问题,比如数据的不完整性和数据不一致性等问题。

针对 NASA 数据集,通过对 NASA 数据集的两个版本 MDP 和 Promise 数据的详细分析,从实例和属性两个角度提出了一些数据质量问题,并给出了 MDP 数据和 Promise 数据中的问题实例和问题属性的数量。在此基础上,本书提出了一个针对 MDP 数据的 NASA 公共数据集预处理方法,并利用该方法对 NASA 的 MDP 版本的缺陷预测数据集进行了相应的预处理,删除了数据集中的问题实例和问题属性。最后给出了经过处理后本书认为干净的缺陷预测数据集。在后续的项目内软件缺陷预测方法研究中,本书将使用经过本章预处理好的 NASA 缺陷数据集进行研究。

针对 Jureczko 数据集,首先对其数据质量问题进行研究,发现有大量相同和不一致实例的问题,因此对原始数据集进行清洗。为验证数据清洗的必要性,使用三种基于实例选择的跨项目缺陷预测方法和五种分类算法分别在原始和清洗后数据集下进行实验,并使用 F-Measure 和 AUC 指标对预测结果进行评估。结果表明,同样的方法在清洗前后数据集上得到了非常不同的缺陷预测性能,这证实了对数据质量问题的研究以及数据的清洗是必要的。

第 3 章　基于多类编码学习的缺陷预测方法

3.1　引言

随着软件规模和复杂度的不断增加，软件产品的质量保证变得越来越重要。软件缺陷预测是提升软件产品质量的一种有效途径，同时也是减少软件代码检测和软件测试工作量的有效方法。软件缺陷预测技术在软件开发和维护工作中被广泛应用，其作用是对软件中存在的缺陷进行预测，在这种情况下，开发人员仅仅需要检测或者测试预测为有缺陷的软件模块，而不需要去检测或者测试其他软件模块。通过使用软件缺陷预测技术，不仅能够合理地分配软件开发团队有限的资源，还能够最大限度地修复软件中存在的缺陷。因此，软件缺陷预测技术已经被广泛地研究，而且当前已经有很多方法来解决软件缺陷预测难题[6-7,140-145]。

在这些软件缺陷预测方法中，分类技术是一种比较常用的方法，其中包括基于实例的方法[9-10]、基于树的方法[8,146]、基于统计度量的方法[147-148]。这些分类方法都源自数据挖掘和机器学习领域，而且它们都使用从软件源代码中收集的软件静态代码进行度量来将软件模块预测为有缺陷的和没有缺陷的。具体来说，这些分类方法都是使用软件产品的历史缺陷数据来构造一个二类分类器，并将该二类分类器应用到新的软件模块上，从而预测该新软件模块是否为有缺陷的。

然而在软件缺陷数据中，类不均衡是一种常见的数据特性，即在软件缺陷数据中，有缺陷的模块占的比例很小，而没有缺陷的模块往往占很大的比重[149-150]。遗憾的是，大部分常用的分类方法，尽管已经用于软件缺陷预测，却没有考虑软件缺陷数据中的类不均衡问题。据研究，许多常用的分类方法在处理类不均衡问题时，分类性能都会受到影响，其中包括决策树方法[151-152]、最近邻方法[153]、神经网络方法[154]、支持向量机方法[155-156]和贝叶斯网络方法[157]等。

上述这些分类方法在构建分类模型的过程中试图去最大化分类精度，因此这些模型往往会忽视少数类[158-159]，而实际研究中少数类往往是我们更感兴趣的一类，如软件缺陷数据中的少数类(有缺陷的模块)。举个简单的例子，假设一个软件缺陷数据集中，1%的实例属于有缺陷的软件模块，而99%的实例属于没有缺陷的软件模块，如果一个简单的分类模型将所有的实例都划分为没有缺陷的，这将取得99%的分类精度。尽管这样一个简单的分类模型取得了很高的分类精度，但是我们想要精确预测到的那些少数的有缺陷的软件模块，在使用这样一个简单的分类模型时，全部被错分为没有缺陷的。因此，类不均衡问题会潜在地影响二类分类器的分类性能，从而使这些二类分类器不能够有效地来预测少数类(有缺陷的软件模块)。

实际上，类不均衡问题也存在于许多其他的现实世界领域，如通过卫星图片检测石油泄漏[160]、检测信用卡欺诈交易[161]等。因此，数据挖掘和机器学习组织也非常关注类不均衡问题。在2000年的国际人工智能协会大会(AAAI)和2003年的国际机器学习大会(ICML)上，专门组织了不均衡数据集学习的研讨会。此外，SIGKDD Exploration期刊的2004年第6期也专门用于报道不均衡问题的相关研究。当前许多研究认为：数据集中的不均衡特性会导致二类分类器忽视更有趣的少数类，从而降低了这些二类分类器识别少数类的能力；而当前的一些方法，包括采样、代价敏感学习、Bagging和Boosting，在处理不均衡问题时可能会取得一定的效果[162-163]。因此，在软件缺陷预测研究中，已经有很多研究人员关注使用这些不均衡数据处理方法来解决缺陷预测中的类不均衡问题。

然而本书认为这些常用的不均衡数据处理方法在处理不均衡的软件缺陷数据时也会遇到各种不同的问题。比如，采样方法会改变缺陷数据的原始分布，其中欠采样方法可能会删除一些非常有用的数据，而这些数据或许能够提升软件缺陷预测的性能，而过采样方法则增加了过拟合出现的概率。此外，对于代价敏感学习方法来说，想要精确地知道每类样本的错分代价是非常困难的，即使是非常有经验的领域专家也很难来确定每类样本的错分代价。对于Bagging和Boosting来说，它们在构造每个子分类器的过程中仍然在处理类不均衡问题，而且可能会发生过拟合问题。

本章提出了一种基于多类编码学习的方法来解决软件缺陷预测中的二类不均衡问题，该方法将缺陷预测中的二类不均衡问题转化为多类均衡问题来处理，然后使用基于编码的方法对多类均衡数据进行学习。具体来说，该方法首先通过类别转化方法将历史二类不均衡的数据转化为多类的均衡数据，然后使用基于编码的方法在多类均衡数据上构建分类模型，最后将该分类模型应用于新软件缺陷数据，识别其中有缺陷的软件模块。在本章研究中，使用了三种不同的编码方法来在多类均衡数据上构建分类模型，包括 one-against-one 编码[164]、random correction code 编码[165-166]和 one-against-all 编码[167]。和常用的不均衡数据处理方法相比，多类编码学习方法能够避免常用不均衡数据处理方法的缺点，进而可能提升这些方法的缺陷预测性能。

本章首先以 AUC 作为性能评估指标，使用 4 种基本分类算法（Naïve Bayes、C4.5、Ripper 和 Random Forest）在 Keel 的 46 个二类不均衡数据集上对多类编码学习方法的有效性进行了验证，发现在多类编码学习方法中 one-against-one 编码方法要好于其他两种编码方法。此外，还在 Keel 数据集上对比了使用 one-against-one 编码的多类编码学习方法和常用的不均衡数据处理方法，包括欠采样、过采样、SMOTE、代价敏感学习、Bagging 和 Boosting，发现多类编码学习方法好于大多数不均衡数据处理方法，从而验证了多类编码学习方法处理二类不均衡问题的有效性。

其次，本章使用基于 one-against-one 编码的多类编码学习方法在上一章预处理得到的 12 个 NASA 缺陷数据集上进行软件缺陷预测研究。实验结果显示：在软件缺陷预测中，使用 one-against-one 编码的多类编码方法能够显著提升一些常用不均衡数据处理方法的缺陷预测性能，尤其是在有缺陷的软件模块占比较小的缺陷数据集上（即高度不均衡缺陷数据集）。此外，本书使用 one-against-one 编码的软件缺陷预测方法能够显著提升 C4.5 和 Ripper 两种分类器的分类性能。

3.2　多类编码学习方法

3.2.1　框架

本书提出的多类编码学习方法将一个二类不均衡分类问题转化为一个均衡的多类分类问题来处理，从而解决了软件缺陷预测中的类不均衡问题。具体来说，首先将多数类数据（没有缺陷的软件模块）划分为多个子集，每个子集中含有和少数类数据（有缺陷的软件模块）相同数量的实例，并且为每个子集赋予一个新的类标签，这样就把原来的二类不均衡数据转化为了均衡的多类数据。随后，由于得到的多类数据分布是均衡的，所以本书使用该多类数据来构造一个多类分类器。最后使用该多类分类器对新缺陷数据进行预测，并将多类预测结果转化为二类预测结果，即有缺陷的和没有缺陷的。图 3-1 给出了本书的多类编码学习方法框架，该方法包含三部分：类别转化、多类分类器建模和分类。下面将详细介绍这三个部分。

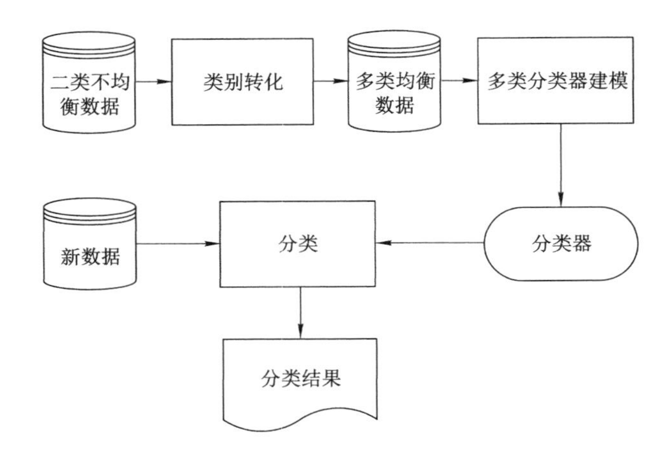

图 3-1 多类编码学习方法框图

(1) 类别转化

在软件缺陷预测研究中，一个软件模块可根据其是否包含缺陷将其标注为有缺陷的和没有缺陷的。从已有研究中可知软件系统的大部分缺陷包含在一小部分软件模块中，这意味着软件缺陷数据通常是不均衡的，而且在给定的一个软件缺陷数据集中没有缺陷的软件模块数量往往会远远超出有缺陷的软件模块数量。

类别转化的方法就是将原先的一个二类不均衡数据集转化为一个多类均衡数据集，多类数据集中每个类别的实例基本相同。其具体的转化方法如下：首先将没有缺陷的软件模块随机地划分为多个子集，其中每个子集含有相同数量的实例，且每个子集的实例数和有缺陷的软件模块实例数相同。举个例子，假设在历史缺陷数据集中有 100 个有缺陷的软件模块和 1 000 个没有缺陷的软件模块，根据本书的数据均衡处理方法，这 1 000 个没有缺陷的软件模块将会被随机划分成 1 000/100＝10 个子集，每个子集含有 100 个有缺陷的模块。其次，这些划分好的子集都被加上新的类标签。通过这样做，原先的二类数据被转化成为一个多类数据，而且在该多类数据中，每个类别包含相同数量的实例数，即该多类数据是均衡分布的。

(2) 多类分类器建模

当前数据挖掘和机器学习领域中的许多分类算法可直接应用于多类数据上，从而构造多类分类器。此外，还有一些其他的方法来学习多类数据，这些方法将一个多类学习问题转化为多个二类学习问题，其中每个二类学习问题均可以单独进行建模，这样的多类数据学习方法包含基于 one-against-all 编码的方法[168-169]、基于 error-correcting output code 编码的方法[170] 以及基于 one-against-one 编码的方法[168,171]。

在构造多类分类器时，本书采用的方法不是直接在多类数据上使用多类分类算法，而是采用了上述三种基于编码的方法。这三种基于编码的方法首先将一个多类数据转化为多个不同的二类数据集，然后在每个二类数据集上应用一个二类分类算法，从而构造了多个不同的二类分类器。最后将这些二类分类器通过特定的集成方法集成到一起，生成一个多类分类器，其中每一种编码方法都有其对应的分类器集成方法。

总而言之，本书的多类分类器建模方法可由三步组成：① 构造不同的二类数据集；② 使用这些二类数据集生成不同的二类分类器；③ 将生成的多个二类分类器集成为一个多类分类器。

(3) 分类

当对给定的新软件模块进行缺陷预测时，首先使用多类分类器对其预测，得到了一个多类分类结果。然而我们想要的最终结果是一个二类分类结果（有缺陷的和没有缺陷的），因此需要将这个多类分类结果转化为对应的二类分类结果。这需要考虑多类分类结果对应数据均衡处理后的那个子集。如果该结果对应没有缺陷的软件模块，那么我们认为其是没有缺陷的软件模块，否则认为其是有缺陷的软件模块。

举个例子，假设经过数据均衡处理后得到的多类数据集中有 5 个类，其中类标签 C_1 对应原始数据中有缺陷的软件模块，而类标签 C_2、C_3、C_4、C_5 对应原始数据中没有缺陷的软件模块。对于一个新的软件模块，如果多类分类器将其预测为 C_1，那么将该模块标注为有缺陷的，否则将其标注为没有缺陷的。

3.2.2　基于编码的多类分类器建模方法

在构造多类分类器时，首先通过特定的编码方法将多类数据集转化为多个不同的二类数据集。这些编码方法包括 one-against-all、random correction code (error-correcting output code 的一种方法)和 one-against-one 等三种编码方法，本书将在后面详细介绍这三种编码方法的编码方案。其次，在每个生成的二类数据集上使用一个相同的二类分类算法，因而得到了多个不同的二类分类器。最后，这些二类分类器通过某种方法集成为一个多类分类器。需要说明的是，不同的编码方法有不同的集成方法。图 3-2 给出了本书基于编码的多类分类器建模方法的详细流程。

为了更方便介绍这三种编码方法，本节提前假设在多类数据集中有 K 个类，且其对应的类标签为 $C_1, C_2, \cdots, C_K$。此外，对于那些由多类数据集转化来的二类数据集，其实例可划分为两个类别：pos 和 neg。

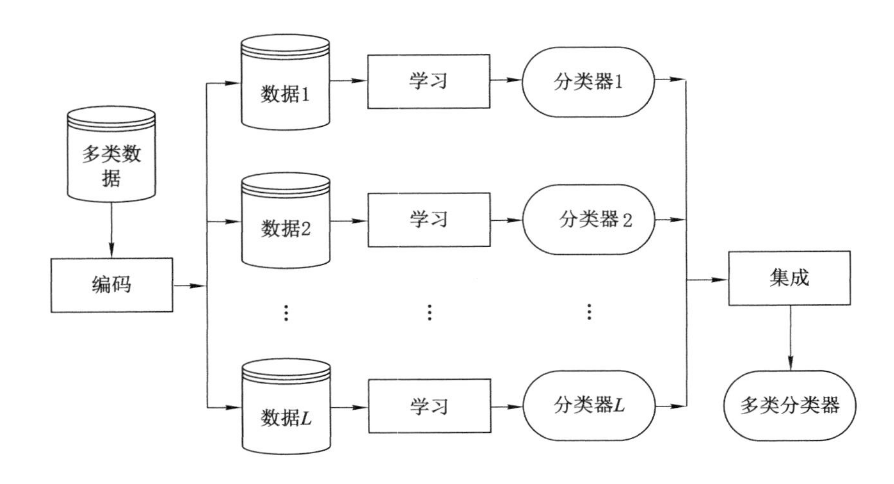

图 3-2　基于编码的多类分类器建模方法

(1) 基于 one-against-all 编码的方法

基于 one-against-all 编码的多类分类器建模方法是由 Nilsson[167] 提出的。该方法在 K 个不同的二类数据集上构造了 K 个不同的二类分类器 $P_1, P_2, \cdots, P_K$，其中 P_i 分类器是在第 i 个二类数据集上构造的，而这 K 个二类数据集可通过下面的方法从 K 类数据集中得到。

对于一个 K 类数据集来说，one-against-all 编码方法为每个类设计了一个长度为 K 的码字，其中该码字的每一位为 0 或者 1。因此，K 类数据集的所有类别的码字对应了一个 $K \times K$ 的二类矩阵。在该 $K \times K$ 的二类矩阵中，第 i 行的码字对应类别 C_i，C_i 的码字在第 i 列的值为 1，其他值均为 0。表 3-1 给出了一个 4 类样例数据集对应的 one-against-all 编码。

表 3-1　一个 4 类数据集的 one-against-all 编码

类别	码字			
C_1	1	0	0	0
C_2	0	1	0	0
C_3	0	0	1	0
C_4	0	0	0	1

矩阵的每一行都对应特定类的码字。例如表 3-1 中，类 C_2 的码字是(0,1,0,0)。此外，矩阵的每一列对应一个新的二类数据集，该二类数据集中包含了原始数据

集的所有特征属性以及新的类标签(pos 和 neg)。在每一列中,码元为 1 的类别对应的实例被重新标注为 pos,其他实例则被重新标注为 neg。通过这样的方法,K 个不同的二类数据集就得到了,并利用这 K 个二类数据集构造了 K 个不同的二类分类器 $P_1, P_2, \cdots, P_K$。

对应一条新实例,每一个分类器 P_i 将其预测为 pos 类的概率为 Pr_i,则预测为 neg 类的概率为 $1-Pr_i$。这意味着新实例被预测为类 C_i 的概率为 Pr_i,预测为其他类的概率为 $1-Pr_i$。因此,对于每个类来说,将 K 个分类器的预测概率加起来,得到一个最终的预测概率。每个类都有一个对应的最终预测概率值,预测概率值最大的类别认为是新实例被预测属于的类别。

(2) 基于 random correction code 编码的方法

random correction code 是一种随机产生的 error-correcting output code[170]。该编码方法和其他优秀的 error-correcting output code 编码方法一样好[165-166],而且可以用来替代广泛使用的 BCH 编码[172-173]。此外,random correction code 编码的生成方法要比 BCH 编码简单得多[174]。

对于 K 类数据集,random correction code 使用下面介绍的方法从 K 类数据集中生成 $L(L=R\times K$,R 是大于等于 2 的正整数)个不同的二类数据集,在这 L 个二类数据集上进行学习,从而构造了 L 个不同的二类分类器 $P_1, P_2, \cdots, P_L$。

random correction code 为每个类设计了一个长度为 L 的码字,其中每个码元的值为 1 或者 0。因此,对 K 类数据集来说,得到了一个 $K\times L$ 的二类矩阵。表 3-2 给出了一个 4 类数据集的 random correction code 编码($R=2$)。

表 3-2　一个 4 类数据集的 random correction code 编码($R=2$)

类别	码字							
C_1	1	1	0	1	0	0	1	0
C_2	0	1	1	0	0	0	1	1
C_3	1	0	1	1	1	1	1	1
C_4	1	0	1	0	1	0	0	0

与 one-against-all 编码一样,二类矩阵的每一行代表了某个类的对应码字,每一列对应了一个二类数据集。因此,这 L 个二类数据集可以构造 L 个二类分类器 $P_1, P_2, \cdots, P_L$。

对于一个新实例,每个分类器 P_i 将其预测为 pos 的概率为 Pr_i,而预测为 neg 的概率为 $1-Pr_i$。如果 $Pr_i>0.5$,该分类器输出结果为 1,否则为 0。这样,L 个二类分类器就输出了一个长度为 L 的二类位串。随后计算该二类位串和每个类别的码字之间的海明距离，海明距离的值越小，说明该二类位串和对应类别的码字越相似，即该新实例被预测为海明距离值最小的码字对应的类别。

(3) 基于 one-against-one 编码的方法

one-against-one 编码方法已经被广泛应用于解决多类学习问题[175-176]。该方法将一个多类学习问题转化为多个二类学习问题，其中每个二类学习问题中的两个类是原多类中的配对类。one-against-one 编码方法工作如下：对一个给定的 K 类数据集来说，对每一个配对类 $(C_i, C_j)(1 \leqslant i < j \leqslant K)$，属于类 C_i 和 C_j 的实例构成了一个二类数据集。属于 C_i 的实例在二类数据集被重新标注为 pos 类，属于 C_j 的实例在二类数据集中被重新标注为 neg 类。通过这样的方法，我们能够生成 $K(K-1)/2$ 个二类数据集。

事实上，one-against-one 编码为每个类设计了一个长度为 $K(K-1)/2$ 的码字，每个码字中的值可以为 1、0 和空。因此，对于 K 类数据集来说，使用 one-against-one 编码后能够得到一个 $K \times K(K-1)/2$ 的二类矩阵，其中的每一列对应一个配对类，即对应产生一个二类数据集。对配对类 (C_i, C_j) 来说，C_i 对应的码元为 1 而 C_j 对应的码元为 0，其他类的码元为空。表 3-3 给出了一个 4 类数据集的 one-against-one 编码，其中表中“/”代表对应位置的码元为空。

表 3-3　一个 4 类数据集的 one-against-one 编码

类别	码字					
C_1	1	1	1	/	/	/
C_2	0	/	/	1	1	/
C_3	/	0	/	/	/	1
C_4	/	/	0	0	0	0

通过 one-against-one 编码，我们得到了 $K(K-1)/2$ 个不同的二类数据集。在每个二类数据集上应用数据挖掘的基本分类算法进行学习，可得到 $K(K-1)/2$ 个不同的二类分类器 $P_{ij}(1 \leqslant i < j \leqslant K)$。对于一条新实例，使用 Pr_{ij} 代表分类器 P_{ij} 将其预测为类 C_i 的概率，则该分类器将其预测为类 C_j 的概率为 $1-Pr_{ij}$。将所有分类器的概率用特定的方法（下面将详细介绍）集成起来，可得到一个概率向量 $\vec{P}=(P_1, P_2, \cdots, P_K)$。最后在该概率向量中最大概率值对应的类标签是预测得到的新实例的类标签。

为了将这 $K(K-1)/2$ 个二类分类器的概率集成为一个最终的概率向量，Friedman[177] 提出了有名的 max wins 算法，该算法是基于投票方法的。在 max wins 算法中，每个二类分类器给概率大的类标签投了一票，因而最终的分类结果是拥有票数最多的类标签。但这种算法的缺点是在最终的分类结果中容易出现票数相同的类标签，因此在本章研究中没有使用 Friedman 提出的 max wins 算法。

此外，为了将这 $K(K-1)/2$ 个二类分类器的概率集成为一个最终的概率向量，Hastie 等[178]提出了一种新颖的成对耦合方法，该方法能够将配对类的预测概率集成为一个所有类的联合概率估计。因此，在本章研究中，本书将使用 Hastie 等提出的成对耦合方法，并将在下面详细介绍该方法，算法 3-1 给出了计算概率向量 $\vec{P}$ 的详细过程。

算法 3-1 计算概率向量 $\vec{P}$ 的迭代算法

输入：$\vec{P}$ —初始化随机赋予的正数值

输出：$\vec{P}$ —最终的预测概率向量

1. 计算最初的 $u_{ij}=P_i/(P_i+P_j)$
2. 对于 i 从 1 到 K，开始
3. $\quad P_i = P_i \times (\sum_{1\leqslant i<j\leqslant K} n_{ij}r_{ij} / \sum_{1\leqslant i<j\leqslant K} n_{ij}u_{ij})$
4. 结束
5. 重现计算对应的 $u_{ij}=P_i/(P_i+P_j)$
6. 如果不满足收敛条件式(3-2)和式(3-3)，则
7. $\quad \vec{P}=\vec{P}/(\sum_{i=1}^{K} P_i)$
8. $\quad$转到步骤 2
9. 结束
10. $\vec{P}=\vec{P}/(\sum_{i=1}^{K} P_i)$

在算法 3-1 中，本书用 n_{ij} 来代表配对类(C_i, C_j)对应的二类数据集中的实例数量，此外定义 $u_{ij}=P_i/(P_i+P_j)$。由此可以看出，r_{ij} 是已经构建好的预测器对新缺陷数据进行预测得到的真实概率分布，而 u_{ij} 则是一个估计概率分布。在 Hastie 等提出的成对耦合方法中，概率向量 $\vec{P}$ 是通过最小化 r_{ij} 和 u_{ij} 之间的 KL(Kullback-Leibler)距离计算得到的，KL 距离越小，说明估计分布 u_{ij} 越接近真实分布 r_{ij}。本书用 $l(\vec{P})$来表示该 KL 距离，其定义如下：

$$l(\vec{P}) = \sum_{1\leqslant i<j\leqslant K} n_{ij}\left[r_{ij}\log\frac{r_{ij}}{u_{ij}} + (1-r_{ij})\log\frac{1-r_{ij}}{1-u_{ij}}\right] \tag{3-1}$$

为了最小化 KL 距离 $l(\vec{P})$，概率向量 $\vec{P}$ 必须满足如下两个条件：

$$\sum_{1\leqslant i<j\leqslant K} n_{ij}r_{ij} = \sum_{1\leqslant i<j\leqslant K} n_{ij}u_{ij} \tag{3-2}$$

$$\sum_{i=1}^{K} P_i = 1,\ 且\ P_i \geqslant 0 \tag{3-3}$$

3.3 方法有效性验证

3.3.1 实验数据

在本节研究中，为了验证多类编码学习方法在处理二类不均衡问题上的有效性，使用了来自 Keel 数据库的 46 个二类不均衡数据集[179-180]。表 3-4 给出了这 46 个二类不均衡数据集的统计信息，包含数据集名称、属性数量（＃Attr.）、实例数量（＃Ins.）和少数类实例数量（＃Min.）。

表 3-4 Keel 二类不均衡数据的统计信息

ID	Data	＃Attr.	＃Ins.	＃Min.	ID	Data	＃Attr.	＃Ins.	＃Min.
1	yeast3	9	1 484	163	24	ecoli01vs5	7	240	20
2	ecoli3	8	336	35	25	glass06vs5	10	108	9
3	pageblocks0	11	5 472	559	26	glass0146vs2	10	205	17
4	ecoli034vs5	8	200	20	27	glass2	10	214	17
5	yeast2vs4	9	514	51	28	ecoli0147vs56	7	332	25
6	ecoli067vs35	8	222	22	29	cleveland0vs4	14	177	13
7	ecoli0234vs5	8	202	20	30	ecoli0146vs5	7	280	20
8	glass015vs2	10	172	17	31	shuttlec0vsc4	10	1 829	123
9	yeast0359vs78	9	506	50	32	yeast1vs7	8	459	30
10	yeast0256vs3789	9	1 004	99	33	glass4	10	214	13
11	yeast02579vs368	9	1 004	99	34	ecoli4	8	336	20
12	ecoli046vs5	7	203	20	35	pageblocks13vs4	11	472	28
13	ecoli01vs235	8	244	24	36	abalone918	9	731	42
14	ecoli0267vs35	8	224	22	37	glass016vs5	10	184	9
15	glass04vs5	10	92	9	38	shuttlec2vsc4	10	129	6
16	ecoli0346vs5	8	205	20	39	yeast1458vs7	9	693	30
17	ecoli0347vs56	8	257	25	40	glass5	10	214	9
18	yeast05679vs4	9	528	51	41	yeast2vs8	9	482	20
19	vowel0	14	988	90	42	yeast4	9	1 484	51
20	ecoli067vs5	7	220	20	43	yeast1289vs7	9	947	30
21	glass016vs2	10	192	17	44	yeast5	9	1 484	44
22	ecoli0147vs2356	8	336	29	45	ecoli0137vs26	8	281	7
23	led7digit02456789vs1	8	443	37	46	yeast6	9	1 484	35

在这46个二类不均衡数据集中，其中一些原本就是二类不均衡数据集，而其他的一些则是通过多类数据集人工构造出来的。构造方法是将一个或者多个类别的集合作为一个少数类，而将其他的类别作为多数类。如果想要更详细地了解这46个二类不均衡数据集，请参考网站 http://sci2s.ugr.es/keel/imbalanced.php。

3.3.2　实验设置

为了获得稳定且可靠的实验结果，在本节实验中，采用的是十折交叉验证方法。然而，Fisher 等[181]研究发现许多分类算法受到实例顺序的影响，特定的实例顺序可能提升分类器的性能，也可能降低分类器的性能。因此，在本章研究中，采用了重复进行10次十折交叉验证实验，其中在每次十折交叉验证之前都重新打乱实例的顺序。因此，本节得到的实验结果是100次实验结果的平均值。

在本节研究中，选用了4种不同的分类算法，分别是 Naïve Bayes、C4.5、Ripper 和 Random Forest。这4种不同的分类算法既可用于二类数据集的学习，也可用于多类数据集的直接学习。

本节使用了3种不同的编码来构造多类分类器，包括 one-against-all 编码、random correction code 编码和 one-against-one 编码。此外，由于本节的4种分类算法可直接用于多类数据的学习，因此，本节也使用了分类算法在多类均衡数据上的直接学习（后面用 None 来表示）。

本节还选择了6种常用的不均衡数据处理方法来和本书的多类编码学习方法进行比较，包括随机欠采样（RUS）、随机过采样（ROS）、SMOTE、代价敏感学习（MetaCost[182]）、Bagging 和 Boosting 等。此外，还选择了分类算法在二类不均衡数据集上的直接学习（后面用 Orig 来表示）。

本节使用的性能评估指标是 AUC。AUC 指标在不均衡数据学习中已经被广泛使用，而且不受类不均衡问题的影响，这一点要优于分类学习中常用的 Accuracy 指标。

3.3.3　实验设计

本节实验包含两个研究。第一个研究旨在发现哪一种编码方法在 Keel 的46个二类不均衡数据集上是最好的，而第二个研究在第一个研究的基础上，研究使用最好编码的多类编码学习方法是否能够提升常用的不均衡数据处理方法的分类性能。

① 研究1：哪一种数据编码方法最好？

该项研究旨在发现:在采用的三种数据编码方法中,哪种编码方法能够得到最好的分类性能。这需要通过比较本章方法使用三种编码方法在 Keel 数据集上得到的分类结果,还需要和直接使用多类学习算法得到的分类结果进行比较。

为了实现本项研究的目标,本节使用了 4 种分类算法来构造分类器。具体来说,在本章方法使用三种编码方法时,这 4 种分类算法用来构造多类分类器建模中的二类分类器,而在直接多类数据学习中,直接使用这 4 种分类算法来构造多类分类器。

② 研究 2:本章方法是否优于常用的不均衡数据处理方法?

该项研究用来发现本书提出的多类编码学习方法在处理二类不均衡数据问题时是否有效,这可以通过和常用的不均衡数据处理方法比较来实现。本项研究中使用的不均衡数据处理方法包括 RUS、ROS、SMOTE、MetaCost、Bagging 和 Boosting。

RUS 方法通过随机删除多数类的实例来减少不均衡数据集中的多数类实例数量,从而实现了不均衡数据集到均衡数据集的转化。ROS 方法通过随机复制少数类的实例来增加少数类实例的数量,从而实现了不均衡数据集中多数类实例和少数类实例数量的均衡。SMOTE 方法[30]基于每个少数类实例的最近 K 近邻来生成新的少数类实例,从而实现不均衡数据集的均衡化。在本章实验中,经过这三种采样方法预处理后,软件缺陷数据集中有缺陷的软件模块(少数类)数量占所有软件模块数量的 50%,即有缺陷的软件模块数量和没有缺陷的软件模块数量比例为 1∶1。

在构造二类分类器的过程中,代价敏感学习方法分别赋予两个类不同的错分代价。在本章实验中,采用了 MetaCost 算法,并将少数类错分代价和多数类错分代价之间的比值设置为多数类的实例数量和少数类实例数量的比值。

在本项研究中采用了两个不同的集成学习方法,分别是 Bagging 和 Boosting。在 Boosting 的每次迭代过程中,本书使用 AUC 来替代错误率来为错分的实例重新赋予权值。此外,Bagging 和 Boosting 的默认迭代次数都设置为 10。

本项研究中还评估比较了所有的 4 种分类算法在原始的二类不均衡数据集上学习得到的分类结果(Orig)。因此,本项研究共有 28 个学习方法,包括 6 种不均衡数据学习方法×4 种分类算法+4 种分类算法在原始二类不均衡数据集上的学习。所有的这些学习方法都在机器学习工具 Weka 里面实现。

3.3.4 结果与分析

(1) 本章方法在不同编码方法下的 AUC 结果

表 3-5 给出了多类编码学习方法使用不同的编码方法在 Keel 的 46 个二类不均衡数据集上得到的平均 AUC 结果。在表 3-5 中,“None”列代表将二类不均衡数据转化为多类均衡数据后,直接使用分类算法进行学习而不使用任何编码方法得到的平均 AUC 结果,“1-all”列代表使用 one-against-all 编码得到的平均 AUC 结果,“RCC”列代表使用 random correction code 编码得到的平均 AUC 结果,“1-1”列代表使用 one-against-one 编码得到的平均 AUC 结果。需要说明的是,在表 3-5 中,对于每一行的基本分类算法来说,在三种编码方法和“None”中最好的平均 AUC 结果已经用黑体标出。

表 3-5　多类编码学习方法在 Keel 数据上的平均 AUC 值

分类算法	编码方法			
	None	1-all	RCC	1-1
Naïve Bayes	0.863	0.853	0.861	**0.865**
C4.5	0.815	0.809	0.839	**0.910**
Ripper	0.779	0.788	0.877	**0.892**
Random Forest	0.894	0.890	0.908	**0.932**

由表 3-5 可以看出,在本节使用的所有 4 种分类算法上,one-against-one 编码方法都取得了最好的平均 AUC 结果。具体来说,当使用 Naïve Bayes 分类算法时,None 的分类性能被 1-1 提高了 0.24%,1-all 被 1-1 提高了 1.48%,RCC 被 1-1 提高了 0.53%;当使用 C4.5 作为基本分类算法的时候,1-1 提高了 None 的分类性能百分比为 11.58%,提高 1-all 的性能百分比为 12.46%,提高 RCC 的性能比为 8.41%;当使用 Ripper 分类算法时,None 方法被 1-1 提高了 14.49%,1-all被提高了 13.16%,RCC 被提高了 1.75%;当使用 Random Forest 作为基本分类算法时,None 的分类性能被 1-1 提高了 4.20%,1-all 被提高了 4.67%,RCC 被提高了 2.58%。

综上所述,对于本节采用的 4 个分类算法,one-against-one 编码要好于其他两种编码。对该结果解释如下:从这几种编码方案的编码方法来看,对于 one-against-all 编码,通过编码得到的 K 个不同的二类数据集仍旧是不均衡的。而对于 random correction code 来说,构造的 L 个不同的二类数据集既有均衡的数据集,也有不均衡的数据集。因此,这两种编码方案仍然受到不均衡数据的影响。然而对于 one-against-one 编码来说,其构造出来的二类数据集永远都是均衡的,因此,不受不均衡数据问题的影响。因此,在后面的研究中,都将使用基于 one-against-one 编码的多类编码学习方法。

(2) 本章方法和常用不均衡数据处理方法在 Keel 数据上的 AUC 结果

表 3-6 给出了基于 one-against-one 编码的多类编码学习方法和一些常用的不均衡数据处理方法在 Keel 的 46 个二类不均衡数据集上的平均 AUC 结果。在表 3-6 中,“1-1”列代表基于 one-against-one 编码的多类编码学习方法的平均 AUC 结果。此外,对表 3-6 中的每个基本分类算法来说(表中每一行),最好的平均 AUC 值已经用黑体标出。

表 3-6 不均衡数据处理方法在 Keel 数据上的平均 AUC 值

算法	Orig	RUS	ROS	SMOTE	MetaCost	Bagging	Boosting	1-1
Naïve Bayes	0.869	0.859	0.869	0.865	0.842	**0.876**	0.857	0.865
C4.5	0.798	0.835	0.815	0.850	0.836	0.884	0.900	**0.910**
Ripper	0.776	0.807	0.808	0.842	0.829	0.856	**0.894**	0.892
Random Forest	0.900	0.898	0.900	0.909	0.906	0.931	0.907	**0.932**

由表 3-6 可以看出,在使用分类算法 C4.5 和 Random Forest 时,基于 one-against-one 编码的多类编码学习方法得到了最好的 AUC 结果。具体来说,对于分类算法 C4.5,Orig 被 1-1 提升了 13.93%,RUS 被提升了 8.94%,ROS 被提升了 11.65%,SMOTE 被提升了 7.03%,MetaCost 被提升了 8.75%,Bagging 被提升了 2.88%,Boosting 被提升了 1.09%。当使用基本分类算法 Random Forest 时,1-1 Orig 被提升了 3.54%,RUS 被提升了 3.76%,ROS 被提升了 3.56%,SMOTE 被提升了 2.44%,MetaCost 被提升了 2.83%,Bagging 被提升了 0.12%,Boosting 被提升了 2.74%。

此外,由表 3-6 还可以看出,当使用分类算法 Ripper 时,1-1 方法要好于 7 种常用不均衡数据处理方法中的 6 种,分别是 Orig、RUS、ROS、SMOTE、MetaCost 和 Bagging。具体来说,这 6 种方法分别被 1-1 方法提升的性能百分比为 14.89%、10.57%、10.39%、5.90%、7.65%和 4.25%。而当使用分类算法 Naïve Bayes 时,1-1 方法好于三种常用的不均衡数据处理方法,包括 RUS、SMOTE 和 MetaCost。具体来说,当使用 Naïve Bayes 作为基本分类算法时,RUS 被 1-1 提升了 0.74%,SMOTE 被提升了 0.06%,而 MetaCost 被提升了 2.70%。

基于上述的分析结果,为了更清楚明白地展示本书使用 one-against-one 编码的多类编码学习方法和其他常用不均衡数据处理方法的具体比较,本节根据在 Keel 的 46 个二类不均衡数据集上得到的平均 AUC 结果对本节中的 8 种方法进行了排名,随后对每个方法在 4 种不同分类算法下的排名进行了统计,并给出最终的排名结果。表 3-7 给出了详细的排名结果。

表 3-7　不均衡数据处理方法在 Keel 数据上的性能排名

算法	Orig	RUS	ROS	SMOTE	MetaCost	Bagging	Boosting	1-1
Naïve Bayes	2	6	2	4	8	1	7	4
C4.5	8	6	7	4	5	3	2	1
Ripper	8	7	6	4	5	3	1	2
Random Forest	6	8	6	3	5	2	4	1
Sum	24	27	21	15	23	9	14	8
Rank	7	8	5	4	6	2	3	1

由表 3-7 可以看出，本章提出的基于 one-against-one 编码的多类编码学习方法在 Keel 的 46 个不均衡数据集上的分类性能综合排名第一，这意味着基于 one-against-one 编码的多类编码学习方法和常用的不均衡数据处理方法相比，性能更稳定，而且要好于这些常用的不均衡数据处理方法。因此，在后面多类编码学习方法在软件缺陷预测研究的应用中，将使用基于 one-against-one 编码的多类编码学习方法。

3.4　方法在缺陷预测中的应用

3.4.1　实验数据

在本节实验中，采用了 12 个 MDP 版本的 NASA 公共缺陷数据集来进行缺陷预测的实验研究。这 12 个缺陷数据集使用上一章介绍的 NASA 缺陷数据集预处理方法进行了预处理。表 3-8 给出了预处理后的这 12 个 NASA 缺陷数据集的统计量，包括每个软件使用的编程语言（Language）、所有的代码行数（LOC）、属性个数（# Attr）、实例个数（# Ins）、有缺陷的实例个数（# DefIns）、有缺陷的实例占所有实例的比重（%DefIns）。

表 3-8　NASA 缺陷数据集的统计信息

DataSet	Language	LOC	# Attr	# Ins	# DefIns	%DefIns
CM1	C	17 000	37	344	42	12.21%
JM1	C	457 000	21	9 591	1 759	18.34%
KC1	C++	43 000	21	2 095	325	15.51%
KC3	Java	8 000	39	200	36	18.00%

表3-8(续)

DataSet	Language	LOC	# Attr	# Ins	# DefIns	%DefIns
MC1	C++	66 000	38	4 625	68	1.47%
MC2	C++	6 000	39	127	44	34.65%
MW1	C	8 000	37	264	27	10.23%
PC1	C	26 000	37	752	61	8.11%
PC2	C	25 000	36	1 534	16	1.04%
PC3	C	36 000	37	1 119	140	12.51%
PC4	C	30 000	37	1 346	178	13.22%
PC5	C++	162 000	38	15 404	503	3.27%

在这 12 个缺陷数据集中，每个数据集都是由静态代码度量(属性)和类标签构成的实例组成的。事实上，每一条实例都代表一个软件模块，而其中的静态代码度量代表每个软件模块的一些基本统计特征信息，这些静态代码度量包含代码行数、可执行代码行数、注释行数、Macabe 圈复杂度和 Halstead 属性等信息。此外，每条实例的类标签都有两个属性值，分别是有缺陷的和没有缺陷的。

由表 3-8 还可以看出，所有软件缺陷数据集的属性个数和实例个数也是不相同的。此外，有缺陷的实例占所有实例的比重也是不相同的，但都小于 50%。其中，有缺陷的软件模块所占的最小比例为 1.04%(PC2 数据集)，而最大比例为 34.65%(MC2 数据集)，这说明所采用的 12 个软件缺陷数据集都是不均衡的数据集，而且它们的不均衡程度也是不一样的，有缺陷实例所占比重越小，不均衡程度越高。

3.4.2 实验设置

本节采用的实验验证方法同样是 10×10 折交叉验证，因此本节得到的实验结果也是 100 次实验结果的平均值。此外本节选用评价指标 AUC 来衡量软件缺陷预测的性能。

在本节研究中，同样选用了 4 种不同的分类算法(Random Forest、C4.5、Ripper 和 Naïve Bayes)以及 7 种常用的不均衡数据处理方法(Orig、RUS、ROS、SMOTE、MetaCost、Bagging 和 Boosting)。

由上一节分析可以得知 one-against-one 编码方法最好，因此在本节实验中仅仅选用了 one-against-one 编码。

3.4.3　实验设计

本章实验包含三个研究。第一个研究在上一节研究的基础上，使用 one-against-one 编码的多类编码学习方法验证是否能够提升常用的不均衡数据处理方法的缺陷预测性能。第二个研究是为了分析不同的缺陷数据不均衡比率对本章软件缺陷预测方法的影响。第三个研究是为了发现本章的缺陷预测方法对哪个分类算法提升最大。

① 研究 1:本章所提方法是否优于常用的不均衡数据处理方法?

该项研究用来发现本书提出的多类编码学习方法是否能够有效地处理软件缺陷预测中的二类不均衡问题。通过上一节的分析已知:使用 one-against-one 编码的多类编码学习方法在 Keel 数据集上能够提升大多数常用的不均衡数据处理方法的分类性能。因此，在本研究中将使用 one-against-one 编码的多类编码学习方法和常用的不均衡数据处理方法在 NASA 缺陷数据集进行预测结果比较，以此来验证在软件缺陷预测中本章所提方法是否优于常用的不均衡数据处理方法。

本项研究中使用的常用的不均衡数据处理方法包括 Orig、RUS、ROS、SMOTE、MetaCost、Bagging 和 Boosting。

② 研究 2:不同的不均衡数据比率对本章所提方法的影响。

该项研究旨在发现在软件缺陷预测中本章方法是否能够有效地处理软件缺陷预测数据集中的不均衡问题。由表 3-8 可以看出，NASA 缺陷数据集的不均衡比率从 1.04%到 34.65%。因此，这也为本书研究不同的不均衡数据比率对本章所提方法的影响提供了数据基础。通过比较研究 1 中的缺陷预测结果，并且结合每个缺陷数据集的不均衡数据比率，来分析不同的不均衡缺陷数据比率对本章所提方法的影响。

③ 研究 3:本章所提方法对哪个分类算法提升最大?

该研究旨在通过比较本章所提方法的缺陷预测结果以及对应在原始二类不均衡数据集上构建的二类分类器的缺陷预测结果，来发现在软件缺陷预测中，本章基于多类编码学习的缺陷预测方法对哪个分类算法提升最大。这通过从另一个角度来分析比较研究 1 中得到的缺陷预测结果来得到。

3.4.4　结果与分析

(1) 本章所提方法和常用不均衡数据处理方法在 NASA 上的 AUC 结果

从前面的分析中可知:在多类编码学习方法中，one-against-one 编码是最好的编码方案。因此，在本节分析中，将比较使用 one-against-one 编码方案得到的实验结果和常用的不均衡数据处理方法得到的实验结果，以验证多类编码学习方法是否能够有效地处理软件缺陷预测中的二类不均衡问题。

表 3-9～表 3-12 分别给出了在 4 种不同的分类算法下，使用 one-against-one 编码和常用的不均衡数据处理方法得到的 AUC 结果。同前面给出的结果一样，所有的 AUC 值都是 10×10 折交叉验证后得到的平均值。此外，在每个表中，“Avg”行代表了在所有 NASA 数据集上的平均值，并且最好的“Avg”值用黑体标出，“Orig”列代表的使用分类算法在原始的二类不均衡缺陷数据集上学习得到的实验结果。

表 3-9　基于 Random Forest 的不均衡数据处理方法的 AUC 值

DataSet	1-1	Orig	RUS	ROS	SMOTE	MetaCost	Bagging	Boosting
CM1	0.740	0.697	0.694	0.707	0.720	0.707	0.746	0.680
JM1	0.756	0.719	0.716	0.717	0.736	0.727	0.757	0.687
KC1	0.827	0.795	0.779	0.778	0.811	0.793	0.829	0.758
KC3	0.723	0.724	0.688	0.699	0.737	0.728	0.745	0.694
MC1	0.951	0.870	0.908	0.865	0.873	0.894	0.909	0.883
MC2	0.698	0.685	0.669	0.698	0.693	0.682	0.702	0.698
MW1	0.695	0.681	0.699	0.658	0.676	0.726	0.702	0.682
PC1	0.862	0.795	0.818	0.804	0.829	0.824	0.858	0.822
PC2	0.924	0.678	0.883	0.688	0.814	0.876	0.866	0.673
PC3	0.847	0.804	0.816	0.811	0.829	0.821	0.852	0.803
PC4	0.933	0.912	0.899	0.914	0.911	0.905	0.939	0.904
PC5	0.979	0.948	0.966	0.945	0.961	0.957	0.976	0.923
Avg	**0.828**	0.776	0.795	0.774	0.799	0.803	0.823	0.767

表 3-10　基于 C4.5 的不均衡数据处理方法的 AUC 值

DataSet	1-1	Orig	RUS	ROS	SMOTE	MetaCost	Bagging	Boosting
CM1	0.739	0.587	0.641	0.603	0.647	0.607	0.747	0.705
JM1	0.724	0.658	0.648	0.588	0.655	0.665	0.726	0.682
KC1	0.790	0.705	0.721	0.574	0.693	0.733	0.812	0.754
KC3	0.715	0.609	0.627	0.607	0.618	0.651	0.728	0.704
MC1	0.937	0.701	0.818	0.790	0.821	0.769	0.860	0.920
MC2	0.663	0.667	0.628	0.620	0.631	0.635	0.717	0.749
MW1	0.667	0.480	0.632	0.578	0.592	0.669	0.688	0.669

表3-10(续)

DataSet	1-1	Orig	RUS	ROS	SMOTE	MetaCost	Bagging	Boosting
PC1	0.841	0.692	0.734	0.654	0.690	0.719	0.835	0.822
PC2	0.923	0.485	0.827	0.566	0.489	0.636	0.768	0.749
PC3	0.818	0.615	0.723	0.640	0.667	0.682	0.816	0.794
PC4	0.915	0.756	0.828	0.735	0.748	0.833	0.915	0.907
PC5	0.969	0.781	0.931	0.663	0.807	0.901	0.951	0.935
Avg	**0.808**	0.645	0.730	0.635	0.672	0.708	0.797	0.782

表 3-11　基于 Ripper 的不均衡数据处理方法的 AUC 值

DataSet	1-1	Orig	RUS	ROS	SMOTE	MetaCost	Bagging	Boosting
CM1	0.743	0.528	0.657	0.605	0.666	0.640	0.702	0.699
JM1	0.707	0.564	0.673	0.659	0.576	0.625	0.630	0.684
KC1	0.774	0.600	0.737	0.678	0.719	0.696	0.736	0.753
KC3	0.690	0.614	0.630	0.592	0.655	0.653	0.702	0.670
MC1	0.911	0.640	0.808	0.779	0.798	0.718	0.757	0.921
MC2	0.641	0.570	0.603	0.638	0.632	0.629	0.684	0.713
MW1	0.706	0.577	0.646	0.588	0.617	0.682	0.672	0.658
PC1	0.822	0.565	0.750	0.650	0.671	0.680	0.723	0.807
PC2	0.916	0.491	0.818	0.540	0.624	0.616	0.596	0.740
PC3	0.800	0.558	0.740	0.675	0.650	0.700	0.753	0.801
PC4	0.904	0.723	0.845	0.784	0.801	0.818	0.897	0.903
PC5	0.966	0.745	0.937	0.899	0.889	0.914	0.929	0.942
Avg	**0.798**	0.598	0.737	0.674	0.692	0.697	0.732	0.774

表 3-12　基于 Naïve Bayes 的不均衡数据处理方法的 AUC 值

DataSet	1-1	Orig	RUS	ROS	SMOTE	MetaCost	Bagging	Boosting
CM1	0.688	0.674	0.652	0.677	0.673	0.680	0.688	0.648
JM1	0.676	0.680	0.670	0.676	0.681	0.686	0.679	0.604
KC1	0.779	0.788	0.769	0.788	0.790	0.781	0.787	0.741
KC3	0.671	0.663	0.652	0.663	0.671	0.666	0.658	0.649
MC1	0.809	0.818	0.798	0.817	0.818	0.812	0.807	0.747
MC2	0.715	0.716	0.708	0.719	0.716	0.700	0.709	0.703

表3-12(续)

DataSet	1-1	Orig	RUS	ROS	SMOTE	MetaCost	Bagging	Boosting
MW1	0.719	0.725	0.696	0.725	0.735	0.718	0.725	0.684
PC1	0.754	0.771	0.748	0.767	0.776	0.710	0.763	0.744
PC2	0.884	0.862	0.841	0.862	0.859	0.861	0.855	0.710
PC3	0.761	0.745	0.706	0.744	0.735	0.492	0.742	0.696
PC4	0.809	0.825	0.802	0.823	0.838	0.710	0.818	0.775
PC5	0.941	0.938	0.922	0.938	0.934	0.928	0.938	0.935
Avg	0.767	0.767	0.747	0.766	**0.769**	0.729	0.764	0.720

由表3-9可以看出，在使用Random Forest作为分类算法时，one-against-one编码表现最好，其次是Bagging，表现最不好的是Boosting。具体来说，Orig方法被本章使用one-against-one编码的方法提升了6.70%，RUS被提升了4.15%，ROS被提升了6.98%，SMOTE被提升了3.63%，MetaCost被提升了3.13%，Bagging被提升了0.6%，Boosting被提升了7.95%。这意味着本章使用one-against-one编码的缺陷预测方法要好于在二类不均衡数据集上的直接学习(Orig)，也要好于这些常用的不均衡数据处理方法。

本书使用了显著性水平为0.05的Wilcoxon符号秩检验[183]，其中的备择假设是在使用Random Forest分类算法时，使用one-against-one编码的缺陷预测方法要好于这些常用的不均衡数据处理方法，包括Orig、RUS、ROS、SMOTE、MetaCost、Bagging和Boosting。除了备择假设one-against-one好于Bagging，其他的备择假设对应的P值都小于显著性水平0.05，这意味着在使用Random Forest分类算法时，使用one-against-one编码的缺陷预测方法要显著好于除了Bagging之外的其他6种不均衡数据处理方法。

由表3-10可以看出，在使用C4.5分类算法时，one-against-one编码表现最好，而ROS表现最差。这意味着本章使用one-against-one编码的缺陷预测方法要好于在二类不均衡数据集上的直接学习，也要好于本章采用的6个常用的不均衡数据处理方法。具体来说，本章使用one-against-one编码的缺陷预测方法提升了Orig方法的预测性能比例为25.27%，提升了RUS方法的预测性能比例为10.68%，提升了ROS方法的预测性能比例为27.24%，提升了SMOTE方法的预测性能比例为20.24%，提升了MetaCost方法的预测性能比例为14.12%，提升了Bagging方法的预测性能比例为1.38%，提升了Boosting方法的预测性能比例为3.32%。

为了验证本章使用one-against-one编码的缺陷预测方法是否显著好于这

些常用的不均衡数据处理方法，本章进行了显著性水平为0.05的Wilcoxon符号秩检验。除了备择假设one-against-one编码好于Bagging，其他备择假设对应的P值都小于显著性水平0.05。这意味着在使用C4.5分类算法时，本章使用one-against-one编码的缺陷预测方法要显著好于6个常用不均衡数据处理方法中的5个，包括RUS、ROS、SMOTE、MetaCost和Boosting。此外，本章使用one-against-one编码的缺陷预测方法也要显著好于在原始二类不均衡缺陷数据集上的直接学习。

由表3-11可以看出，本章使用one-against-one编码的缺陷预测方法得到最好的实验结果，而Orig方法得到了最差的实验结果。具体来说，Orig被本章方法提升了33.44%，RUS被提升了8.27%，ROS被提升了18.39%，SMOTE被提升了15.32%，MetaCost被提升了14.49%，Bagging被提升了9.02%，Boosting被提升了3.10%。这意味着在使用Ripper分类算法时，本章使用one-against-one编码的缺陷预测方法要好于这些常用的不均衡数据处理方法，同时还要好于在原始二类不均衡数据集上的直接学习。

本节同样做了显著性水平为0.05的Wilcoxon符号秩检验，用来验证本章使用one-against-one编码的缺陷处理方法是否显著好于这些常用的不均衡数据处理方法。备择假设是在使用Ripper分类算法时，使用one-against-one编码的缺陷预测方法好于常用的不均衡数据处理方法。所有备择假设对应的P值都小于显著性水平0.05，这意味着在使用Ripper分类算法时，本章使用one-against-one编码的缺陷预测方法要显著好于这6个常用的不均衡数据处理方法和Orig。

由表3-12可以看出，SMOTE方法取得了最好的AUC结果(0.769)，而one-against-one方法和Orig方法取得了第二好的AUC结果(0.767)。此外，本章使用one-against-one编码的缺陷预测方法分别提升了RUS 2.61%，提升了ROS 0.13%，提升了MetaCost 5.21%，提升了Bagging 0.39%，提升了Boosting 6.53%。

为了验证SMOTE方法是否显著好于本章使用one-against-one编码的方法和本章所提方法是否显著好于这5种不均衡数据处理方法，包括RUS、ROS、MetaCost、Bagging和Boosting，本节进行了显著性水平为0.05的Wilcoxon符号秩检验。其中的三个备择假设对应的P值小于显著性水平0.05，这三个备择假设分别是one-against-one好于RUS、MetaCost和Boosting。这意味着在使用Naïve Bayes分类算法时，本章使用one-against-one编码的缺陷预测方法要显著好于三种不均衡数据处理方法，包括RUS、MetaCost和Boosting。

基于上述的分析结果，为了展示本章使用one-against-one编码的缺陷预测方法和其他方法的具体比较，本章根据实验得到的 AUC 结果对本节中的 8 种方法进行了排名。随后对每个方法在 4 种不同分类算法下的排名进行了统计，并给出最终的排名结果。表 3-13 给出了详细的排名结果。

表 3-13　基于不同分类算法的 8 种方法的排名

算法	1-1	Orig	RUS	ROS	SMOTE	MetaCost	Bagging	Boosting
Random Forest	1	6	5	7	4	3	2	8
C4.5	1	7	4	8	6	5	2	3
Ripper	1	8	3	7	6	5	4	2
Naïve Bayes	2	2	6	4	1	7	5	8
Sum	5	23	18	26	17	20	13	21
Rank	**1**	7	4	8	3	5	2	6

由表 3-13 可以看出：本章使用 one-against-one 编码的缺陷预测方法排名第一，Bagging 排名第二，这意味本章使用 one-against-one 编码的缺陷预测方法在处理软件缺陷不均衡数据集时要好于一些常用的不均衡数据处理方法。

（2）不均衡比率对本章缺陷预测方法的影响

由研究 1 可知，对于一个特定的分类算法，使用 one-against-one 编码的缺陷预测方法对 Orig 和 6 种常用的不均衡数据处理方法的性能提升百分比随着数据集变化而变化。这些软件缺陷数据集中少数类（有缺陷的软件模块）所占的比例从 1.04%到 34.65%变化，暗示着这些软件缺陷数据集的不均衡比率不同，性能提升比例也是不一样的。

图 3-3 给出了本章使用 one-against-one 编码的缺陷预测方法对其他 7 种方法（包括 Orig、RUS、ROS、SMOTE、MetaCost、Bagging 和 Boosting）的性能提升比例随不均衡比率变化而变化的趋势图。在该图中，所有使用的不均衡软件缺陷数据集根据其少数类所占的比例进行增序排序，即少数类所占的比例越小，该数据不均衡比率越大，在图上的体现则是越靠近横坐标的 0，该数据越不均衡。

图 3-3(a)给出了本章使用 one-against-one 编码的缺陷预测方法对原始二类不均衡数据上直接学习的性能提升比例随不均衡比率的变化而变化的趋势图。从该图中可以看出，随着数据不均衡比率的降低（即有缺陷的模块占比的增加），除了分类算法 Naïve Bayes，其他三种分类算法 Random Forest、C4.5 和 Ripper 的性能提升比例都在变小。这意味着本章使用 one-against-one 编码的缺陷预测方法：① 在使用分类算法 Random Forest、C4.5 和 Ripper 时，能够显

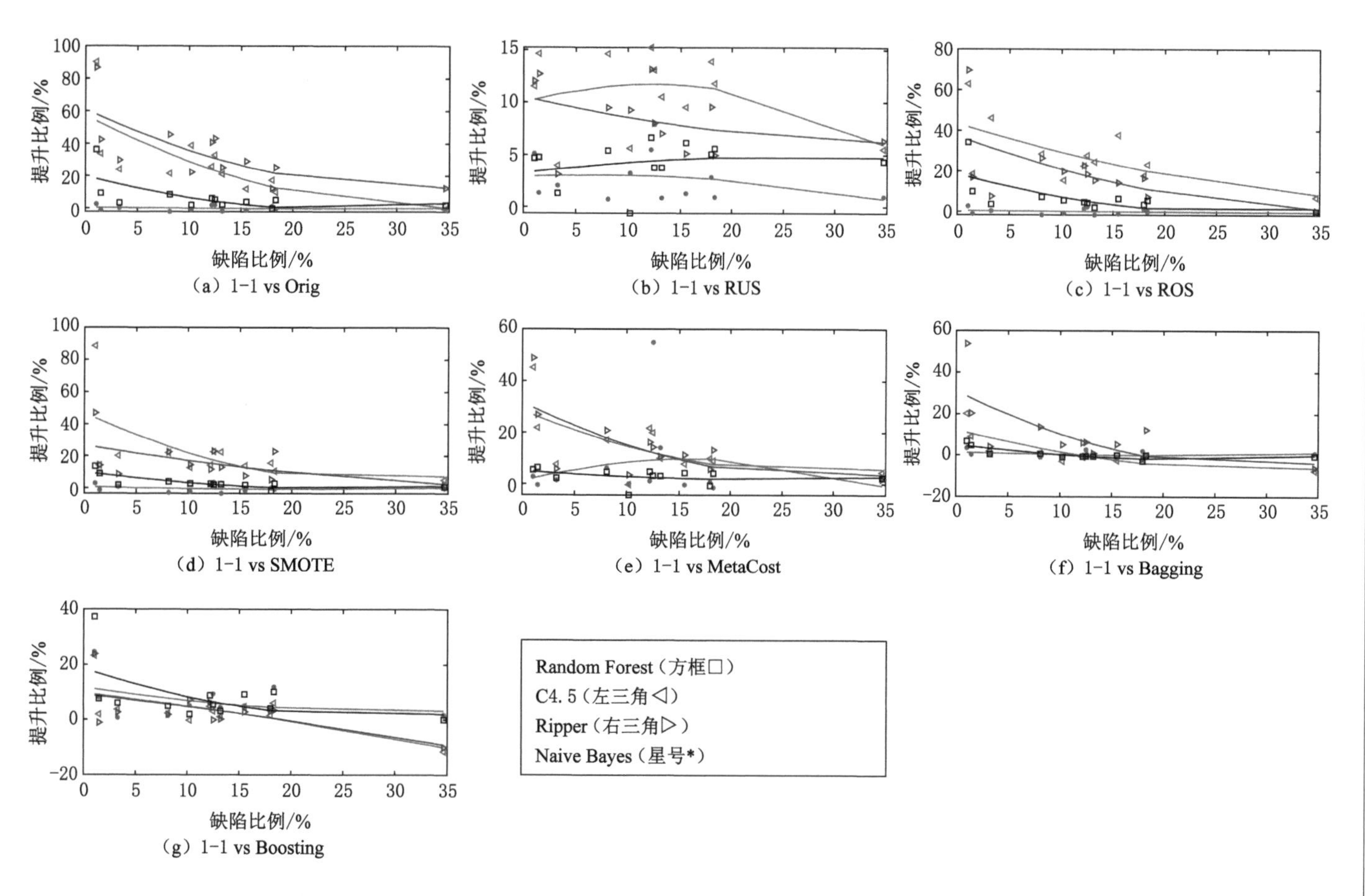

图3-3　本章所提方法对其他方法的性能提升变化趋势图

著地提升 Orig 方法的缺陷预测性能，尤其是高度不均衡数据集；② 在使用分类算法 Naïve Bayes 时，随着不均衡比率的变化不能够提升 Orig 方法的缺陷预测性能。

图 3-3(b)～(g)给出了使用 one-against-one 编码的软件缺陷预测方法对常用的 6 种不均衡数据处理方法（RUS、ROS、SMOTE、MetaCost、Bagging 和 Boosting）的性能提升比例随着不均衡比率变化而变化的趋势图。从这 6 个图中我们可以观察到：

① 在使用本章采用的 3 种分类算法（Random Forest、C4.5 和 Ripper）时，本章使用 one-against-one 编码的软件缺陷预测方法显然能够提升这 6 种不均衡数据处理方法的分类性能，而且随着不均衡比率的增大，性能提升比例也随之增大。尤其对于一些极度不均衡的二类数据集（不均衡比率大于 80%，即有缺陷的软件模块所占比例少于 20%），本章方法对这些常用不均衡数据处理方法的性能提升尤其明显。而对于不均衡比率小于 80%的一些数据集，还会出现性能提升比例为负值的情况，如 Bagging，这意味着在处理不均衡比率小于 80%的二类不均衡数据集时，Bagging 可能会是一种比较好的替代选择。综上所述，在软件缺陷预测研究中，和常用的二类不均衡数据处理方法相比较，本章使用 one-against-one 编码的缺陷预测方法更适用于高度不均衡的二类数据集，而对于一些不均衡比率低一些的二类数据集，Bagging 方法也是一个不错的选择方案。

② 在使用 Naïve Bayes 算法时，本章使用 one-against-one 编码的软件缺陷预测方法对这 6 种不均衡数据处理方法的性能提升比例随着不均衡比例的增大没有明显的提升或者降低。这意味着在使用 Naïve Bayes 分类算法来学习二类不均衡数据集时，本章提出的使用 one-against-one 编码的缺陷预测方法不受数据集不均衡比率的影响。

综合上述观察和分析，可得出如下结论：本章提出的使用 one-against-one 编码的多类编码学习方法能够有效地处理软件缺陷预测研究中的二类不均衡数据集，尤其是有缺陷的软件模块占比较小的缺陷数据集，即高度不均衡缺陷数据集。

(3) 4 种分类算法的统计比较结果

从研究 1 给出的实验结果可知，在本章采用的 4 种分类算法中，当使用 Random Forest 分类算法时，本章使用 one-against-one 编码的缺陷预测方法取得最好的缺陷预测结果。此外，对于不同的分类算法，使用 one-against-one 编码的缺陷预测方法对 Orig 方法的性能提升比例也不一样。因此，在这一节中，打算从统计学上来分析比较哪一种分类算法受到本章所提方法的影响最大。为了实现该目标，本章从研究 1 的实验结果中收集了这 4 种分类算法在基于 one-against-one 编码的缺陷预测方法的 AUC 结果，同时还收集了这 4 种分类算法在 Orig 方法上的 AUC 结果。汇总下来，总共是 8 种方法（4 种分类算法×2种方法）的 AUC 结果，为了描述方便，本章将这 8 种方法分别表示为 RandomForest_1-1、RandomForest_Orig、C4.5_1-1、C4.5_Orig、Ripper_1-1、Ripper_Orig、NaiveBayes_1-1 和 NaiveBayes_Orig。

首先，本节使用 Friedman 检验[184]来比较多个不同分类方法在多个不同数据集上的实验结果。Friedman 检验基于的是方法的排名性能，而不是基于方法的真实性能，因此对异常点是不敏感的。本节得到的 Friedman 检验对应的 P 值远远小于 0.05，这意味着这 8 种方法之间的性能差异是显著存在的。随后本节使用了 Janez 等[185]建议的事后检验 Nemenyi 检验[186]来验证哪一种方法表现显著性最好，该检验的显著性水平设置为 0.05。图 3-4 给出了 Nemenyi 检验的结果。

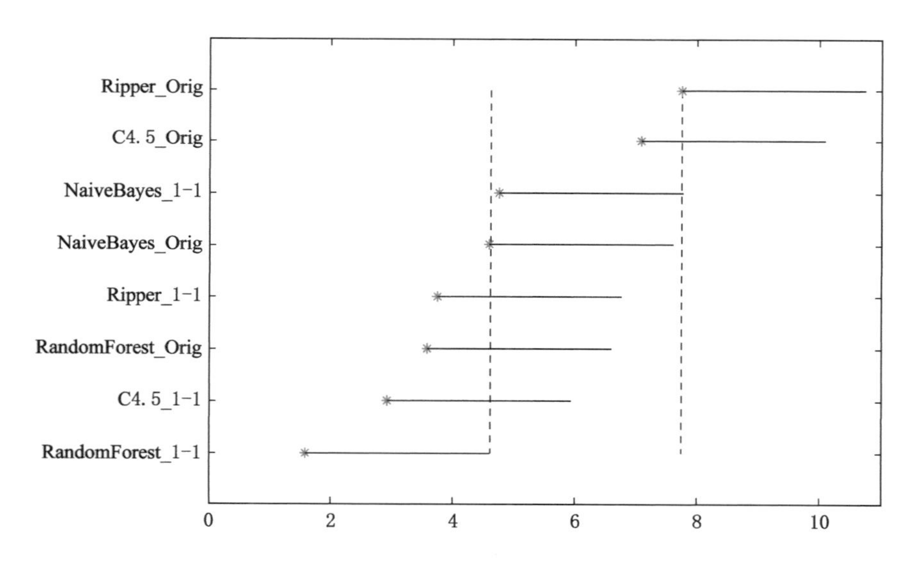

图 3-4　8 种方法使用 Nemenyi 检验的比较结果

值得注意的是，图 3-4 给出的所有方法都是根据该性能排名排序的。此外，图 3-4 中的“*”代表了每个方法对应的平均排名值，而其后的线段代表了每个方法的临界值差异，这意味着每个线段对应的方法都显著好于该线段右侧的方法。在图 3-4 中，还有两条垂直虚线，这两条虚线分别对应以下情况：① 左侧虚线对应方法 RandomForest_1-1，在该条虚线右侧的所有方法都要显著地差于方法 RandomForest_1-1;② 右侧虚线对应方法 Ripper_Orig,在该条虚线左侧的所有方法都要显著地好于方法 Ripper_Orig。

由图 3-4 可以看出:① RandomForest_1-1 方法排名第一,且显著地好于其他 7 个方法中的 4 个,包括 NaiveBayes_1-1、NaiveBayes_Orig、C4.5_Orig、Ripper_Orig;② C4.5_1-1 和 Ripper_1-1 两种方法分别显著地好于 C4.5_Orig 和 Ripper_Orig。这意味着对于分类算法 C4.5 和 Ripper 来说,使用 one-against-one 编码的缺陷预测方法能够显著地提升 Orig 方法的缺陷预测性能。

从上述分析可得出如下结论:在使用本章基于 one-against-one 编码的缺陷预测方法时,分类算法 Random Forest 在 4 种分类算法中表现最好。此外,对于弱分类算法 C4.5 和 Ripper 来说,本章使用 one-against-one 编码的缺陷预测方法能够显著地提升 Orig 方法的缺陷预测性能,即在软件缺陷预测研究中,本章提出的方法对 C4.5 和 Ripper 分类算法提升最大。

3.5 本章小结

本章提出了一种处理软件缺陷预测研究中类不均衡问题的方法。该方法和常用的类不均衡处理方法(抽样方法、代价敏感学习和集成学习方法)不同,它没有改变原始数据的类分布,而且还不受信息丢失的影响。

本章提出的多类编码学习方法将一个二类不均衡数据问题转化为一个多类均衡数据问题来处理。具体来说,首先通过类别转化的方法将一个二类不均衡数据转化为一个多类均衡数据,转化方法是将二类数据中的多数类随机划分为多个子集,并为每个子集赋予一个新的类标签,此外每个子集中包含的多数类实例的数量和原始二类数据集中少数类的实例数量相同,这样就保证了多类数据集中每个类的实例数量是一致的。其次,本章采用基于编码的方法来对多类数据进行学习,构造多类分类器。本章采用了三种编码方案,包括 one-against-all、random correction code 和 one-against-one。最后,本章使用该多类分类器来预测新数据的分类情况,并将预测得到的多类分类结果转化为二类结果,即多数类和少数类。

在实验研究中,本章首先使用 4 种基本分类算法(Naïve Bayes、C4.5、Ripper 和 Random Forest),以 AUC 作为性能评估指标,在 Keel 的 46 个二类不均衡数据集上对多类编码学习方法的有效性进行了验证,发现在多类编码学习方法中 one-against-one 编码方法要好于其他两种编码方法。此外,还在 Keel 数据集上对比了使用 one-against-one 编码的多类编码学习方法和常用的不均衡数据处理方法,包括欠采样、过采样、SMOTE、代价敏感学习、Bagging 和 Boosting,发现多类编码学习方法好于大多数不均衡数据处理方法，从而验证了多类编码学习方法处理二类不均衡问题的有效性。

其次本章使用 12 个 NASA 软件缺陷数据集来研究多类编码学习方法在软件缺陷预测中的应用。实验结果表明：在软件缺陷预测研究中，使用 one-against-one 编码的多类编码方法能够显著提升一些常用不均衡数据处理方法的缺陷预测性能，尤其是在有缺陷的软件模块占比较小的缺陷数据集上（即高度不均衡缺陷数据集）。此外，本书使用 one-against-one 编码的软件缺陷预测方法能够显著提升两种分类器的分类性能，分别是 C4.5 和 Ripper。

第4章 基于二类集成学习的缺陷预测方法

4.1 引言

本章提出了一个基于二类集成学习的缺陷预测方法来处理软件缺陷预测中的二类不均衡问题，将一个二类不均衡问题转化为多个二类均衡问题来处理。具体来说，对于一个二类不均衡数据集，首先通过随机划分的方法将多数类实例划分为多个子集，每个子集中的实例数量都与少数类相同，然后将每个子集和少数类组合到一起构成了多个均衡的二类数据集；随后使用数据挖掘的基本分类算法对这些二类均衡数据集进行学习，构造多个不同的二类分类器。对于一个新实例，每个分类器都有一个不同的分类结果，最后将这些分类结果通过特定的集成规则方法集成为最终的分类结果。

Kittler 等[187]已经提出了 5 个不同的集成规则（Max 规则、Min 规则、Product 规则、Majority 规则和 Sum 规则）来集成不同分类器的多个分类结果，但这些集成规则忽视了新数据和历史数据之间在空间分布上的相似性关系，即新数据更有可能被归类到与新数据更相似的那一类别中。因此，本章采用了基于距离的加权机制来改进 Kittler 等提出的 5 种集成规则，并使用这 5 种改进后的集成规则（MaxDist 规则、MinDist 规则、ProDist 规则、MajDist 规则和 SumDist 规则）来将多个分类的分类结果集成为最终的分类结果。

上一章基于多类编码学习的缺陷预测方法将缺陷预测中的二类不均衡学习问题转化为多类均衡学习问题来处理，并使用基于编码的学习方法来处理多类均衡数据；而本章提出的基于二类集成学习的缺陷预测方法则是将缺陷预测中的二类不均衡学习问题转化为多个二类均衡学习问题来分别处理，最终将这些二类均衡问题的处理结果集成到一起。因此对比来说，两个方法都是用来解决软件缺陷预测中的二类不均衡问题，但这两种方法解决二类不均衡问题的思路却是完全不同的，这两种方法都能够避免常用的不均衡数据处理方法的缺点

（见 3.1节），进而可能提升这些方法的缺陷预测性能。

在本章的实验研究中，首先在 Keel 的 46 个二类不均衡数据集上验证了二类集成学习方法在处理二类不均衡问题上的有效性。与上一章的方法有效性验证相同，都是选用 AUC 作为性能评估指标，选择了四种基本的分类算法，分别是 Naïve Bayes、C4.5、Ripper 和 Random Forest。通过分析本章方法在 Keel 数据上的 AUC 结果发现：本书提出的 5 种改进集成规则都好于其对应的 Kittler 等提出集成规则，而且 MaxDist 集成规则在所有规则中表现最好。随后对比了基于 MaxDist 规则的二类集成学习方法和常用的不均衡数据处理方法，发现本章方法好于常用的不均衡数据处理方法。此外，和多类编码学习方法相比，二类集成学习方法在使用 Naïve Bayes、C4.5 和 Ripper 的时候分类结果较好，在 Random Forest 分类算法上结果稍差。

其次，本章在 12 个 NASA 缺陷数据集上研究了二类集成学习方法在软件缺陷预测中的应用。实验发现，在这 12 个 NASA 缺陷数据集上，基于 MaxDist 规则的二类集成学习方法要显著地好于大多数二类不均衡数据处理方法。而和多类编码学习方法相比，两者在 4 个分类算法的缺陷预测结果各有优劣，但都不具有显著性，这意味着这两种方法都可以有效地处理软件缺陷预测中的二类不均衡问题，且都好于大多数常用的不均衡数据处理方法。此外，在软件缺陷预测中，本章还发现二类集成方法和常用的不均衡数据处理方法相比，更适用于那些高度不均衡的缺陷数据集，即有缺陷的软件模块占比很小的缺陷数据集。

最后，本章发现二类集成学习方法同样能够显著地提升 C4.5 和 Ripper 的缺陷预测性能。

4.2　二类集成学习方法

4.2.1　框架

本书提出的二类集成学习方法将一个二类不均衡学习问题转化为多个二类均衡学习问题来处理，主要包含了三个部分：均衡划分、分类器建模和集成分类。图 4-1 给出了二类集成学习方法框图。

在二类集成学习方法中，多数类实例首先被划分为多个子集，每个子集含有与少数类相近数量的实例，并和少数类实例构成了一个新的二类均衡数据。这样就将原来的二类不均衡数据划分成多个二类均衡数据。随后，使用分类算法对每个二类均衡数据进行学习，构建多个不同的分类器。最后，使用特定的集成规则将这些二类分类器集成起来对新数据进行分类。由于分类器建模仅仅是使

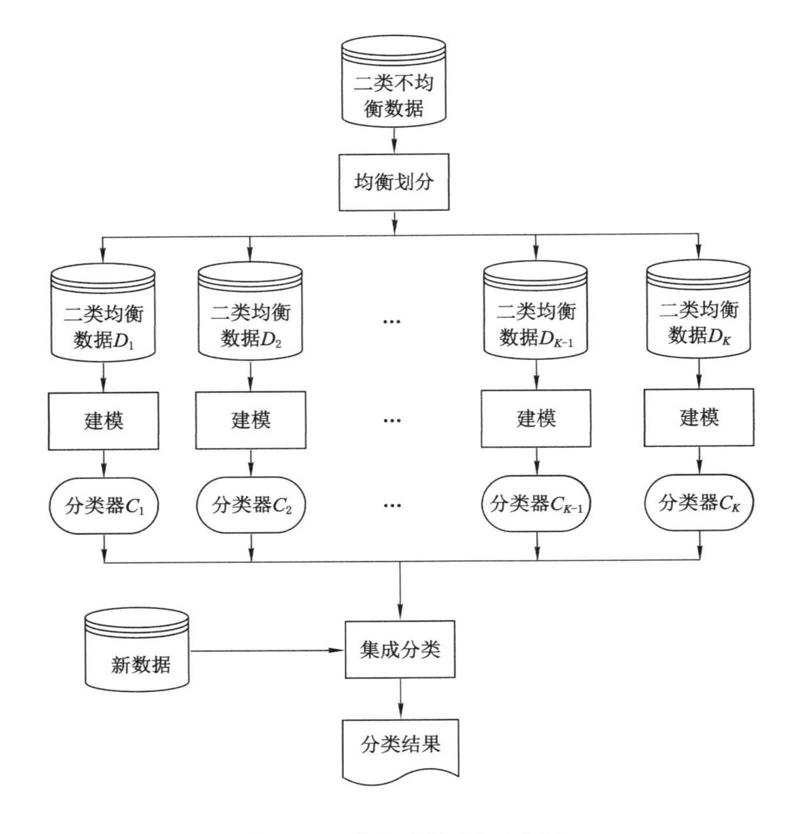

图 4-1　二类集成学习方法框图

用基本的分类算法在二类均衡数据上直接进行学习构建分类模型，在下面本章将不对分类器建模步骤进行介绍，而是重点介绍均衡划分和集成分类步骤。

4.2.2　均衡划分

众所周知，在二类不均衡数据中，多数类实例的数量往往要多于少数类实例，而且有时甚至远远超出少数类实例。而二类不均衡数据通常会降低传统分类算法的分类性能，导致少数类实例经常被错位为多数类实例。因此，已有研究考虑使用采样方法来均衡数据，如欠采样和过采样方法。欠采样方法可能会丢弃一些潜在有用的数据信息[188]，而过采样方法则可能会导致过拟合问题的产生[189]。因此，本书考虑在不增加额外数据信息和不删除原始数据信息的基础上将原来的二类不均衡数据转化为多个二类均衡数据，采用了基于随机划分的数据均衡划分方法。

在多数类数据中，考虑到所有的多数类实例彼此之间具有一些相同的特性，这意味着我们可以将多数类实例随机划分为多个子集，而每个实例都可以被划分到任一个子集中，因而通过随机划分的数据均衡方法可将多数类数据划分为多个实例相同的子集，每个子集和少数类实例一起构成多个不同的二类均衡数据集。

4.2.3　集成分类

经过均衡划分后，一个二类不均衡数据集被划分为多个不同的二类均衡数据集。在建模时，使用数据挖掘的基本分类算法对这些二类均衡数据集进行学习，可得到多个不同的二类分类器。对于一个新的实例，每个二类分类器都会生成一个不同的二类分类结果。因此，需要将这些二类分类器的分类结果集成起来，实现对新实例的最终分类。Kittler 等[187]已经提出了 5 个不同的集成规则来集成不同分类器的多个分类结果，这些集成规则包括 Max 规则、Min 规则、Product 规则、Majority 规则和 Sum 规则。

为了更清楚地介绍上述这些集成规则，本书首先提出如下假设：假设有 K 个不同的二类数据集，并且在这 K 个二类数据集中，每个数据集都有两个类标签，分别是 C_1 和 C_2。因而对于这 K 个不同的二类数据集，使用数据挖掘基本分类算法进行学习建模后可得到 K 个不同的二类分类器。对第 i 个分类器来说，假设其预测新实例为类 C_1 的概率为 P_{i1}，而预测新实例为类 C_2 的概率为 P_{i2}。此外，使用 R_1 和 R_2 来分别表示使用集成规则后，类 C_1 和 C_2 的最终集成结果。表 4-1 给出了上述 5 种集成规则的集成方法以及这 5 种集成规则的简单描述。

表 4-1　Kittler 等提出的 5 种集成规则

规则	集成方法	描述
Max	$R_1 = \text{argmax}_{1\leqslant i\leqslant K}P_{i1}$ $R_2 = \text{argmax}_{1\leqslant i\leqslant K}P_{i2}$	使用 K 个分类器的最大分类概率来计算每个类标签的最终分类概率
Min	$R_1 = \text{argmin}_{1\leqslant i\leqslant K}P_{i1}$ $R_2 = \text{argmin}_{1\leqslant i\leqslant K}P_{i2}$	使用 K 个分类器的最小分类概率来计算每个类标签的最终分类概率
Product	$R_1 = \prod_{i=1}^{K} P_{i1}$ $R_2 = \prod_{i=1}^{K} P_{i2}$	使用 K 个分类器的分类概率乘积来计算每个类标签的最终分类概率

表4-1(续)

规则	集成方法	描述
Majority	$R_1=\sum_{i=1}^{K}f(P_{i1},P_{i2})$ ① $R_2=\sum_{i=1}^{K}f(P_{i2},P_{i1})$	对于第 i 个分类器,如果 $P_{i1}\geqslant P_{i2}$,则 C_1 获得1票;如果 $P_{i2}\geqslant P_{i1}$,则 C_2 获得1票
Sum	$R_1=\sum_{i=1}^{K}P_{i1}$ $R_2=\sum_{i=1}^{K}P_{i2}$	使用 K 个分类器的分类概率之和来计算每个类标签的最终分类概率

然而,本书认为表 4-1 中的 5 种集成规则仅仅考虑了每个二类分类器的分类结果,却忽视了待分类的新数据和历史训练数据之间的相似关系,即新数据和历史数据在空间分布上的相关性,新数据更有可能被归类到与新数据更相似的那一类别中。Tahir 等[190]在多标签学习中采用基于近邻距离的加权函数来衡量每个分类器的权值,因此在本书研究中也采用了这样基于距离的加权机制。

本书考虑了新数据和历史数据在空间分布上的相关性,在表 4-1 中 5 种集成规则的基础上提出了 5 种对应的改进集成规则,这 5 种改进集成规则使用距离函数的倒数来代表新数据和历史数据的相关性。为了更清楚地介绍本书提出的 5 种集成规则,在上面假设的基础上,下面用 $D_{ij}(1\leqslant i\leqslant K,1\leqslant j\leqslant 2)$来表示在第 i 个数据集中,新实例和类 C_j 的所有实例的平均距离。表 4-2 给出了本书提出的 5 种改进集成规则的集成方法和简单描述。需要说明的是,在表 4-2 中,为了避免分母出现距离为 0 的情况,分母使用距离加 1。

表 4-2　本书提出的 5 种改进集成规则

规则	集成方法	描述
MaxDist	$R_1=\mathrm{argmax}_{1\leqslant i\leqslant K}\dfrac{P_{i1}}{D_{i1}+1}$ $R_2=\mathrm{argmax}_{1\leqslant i\leqslant K}\dfrac{P_{i2}}{D_{i2}+1}$	使用平均距离倒数来改进 Max 规则

① 函数 $f(x,y)$ 定义如下:$f(x,y)=\begin{cases}1 & x\geqslant y\\0 & x<y\end{cases}$。

表 4-2(续)

规则	集成方法	描述
MinDist	$R_1=\mathrm{argmin}_{1\leqslant i\leqslant K}\dfrac{P_{i1}}{D_{i1}+1}$ $R_2=\mathrm{argmin}_{1\leqslant i\leqslant K}\dfrac{P_{i2}}{D_{i2}+1}$	使用平均距离倒数来改进 Min 规则
ProDist	$R_1=\prod_{i=1}^{K}\dfrac{P_{i1}}{D_{i1}+1}$ $R_2=\prod_{i=1}^{K}\dfrac{P_{i2}}{D_{i2}+1}$	使用平均距离倒数来改进 Product 规则
MajDist	$R_1=\sum_{i=1}^{K}\dfrac{f(P_{i1},P_{i2})}{D_{i1}+1}$ ① $R_2=\sum_{i=1}^{K}\dfrac{f(P_{i2},P_{i1})}{D_{i2}+1}$	使用平均距离倒数来改进 Majority 规则
SumDist	$R_1=\sum_{i=1}^{K}\dfrac{P_{i1}}{D_{i1}+1}$ $R_2=\sum_{i=1}^{K}\dfrac{P_{i2}}{D_{i2}+1}$	使用平均距离倒数来改进 Sum 规则

使用表 4-1 和表 4-2 中的集成规则将多个二类分类器的分类结果集成为 R_1 和 R_2 后，可根据 R_1 和 R_2 值的大小关系来对新实例进行分类，如果 $R_1\geqslant R_2$，那么新实例被分类为类 C_1，否则被分类为类 C_2。

4.3　方法有效性验证

4.3.1　实验数据

在本节研究中，为了验证二类集成方法的有效性，使用了来自 Keel 数据库的 46 个二类不均衡数据集[179-180]。有关这 46 个二类不均衡数据集的详细信息见 3.3.1 小节中的表 3-4。

① 函数 $f(x,y)$ 定义与表 4-1 相同。

4.3.2 实验设置

本节采用的实验验证方法与上一章相同，都是 10×10 折交叉验证方法，因此本节得到的实验结果也是 100 次实验结果的平均值。此外，本节选取的性能评估指标也是 AUC。在本节研究中，也采用了与上一章相同的 4 种分类算法，分别是 Naïve Bayes、C4.5、Ripper 和 Random Forest。

本节也选择了上一章使用的 7 种常用的不均衡数据处理方法来进行对比，包括 Orig、RUS、ROS、SMOTE、MetaCost、Bagging 和 Boosting。此外还对比了上一章中的多类编码学习方法，该方法在本章用 1-1 来表示。

本节选用了 10 种不同的集成规则方法，分别是 Kittler 等提出的 5 种集成规则（Max、Min、Product、Majority 和 Sum）以及本书提出的 5 种对应改进规则（MaxDist、MinDist、ProDist、MajDist 和 SumDist）。

4.3.3 实验设计

本章实验包含两个研究。第一个研究是探索在二类集成学习方法中，哪种集成规则方法表现最好。第二个研究则是在上个研究的基础上，验证本章方法是否能够有效地处理二类不均衡问题

① 研究 1：二类集成学习方法中哪个集成规则最好？

对于数据均衡划分方法来说，多数类实例被随机地划分成多个子集，子集的数量等于多数类的实例数量和少数类实例数量的比值。

此外，本研究使用了 10 种集成规则方法，包括 Kittler 等提出的 5 种集成规则方法（包括 Max、Min、Product、Majority 和 Sum）以及本书提出的 5 种改进集成规则方法（包括 MaxDist、MinDist、ProDist、MajDist 和 SumDist）。

② 研究 2：本章方法在处理二类不均衡问题时是否有效？

本研究通过比较本章方法和上一章中选用的不均衡数据处理方法在 Keel 数据集的分类结果，从而验证本章方法在处理二类不均衡问题时的有效性。

在本研究中，选用对比的不均衡数据处理方法包括 Orig、RUS、ROS、SMOTE、MetaCost、Bagging 和 Boosting。这些方法在上一章中都已经进行了详细的介绍，在此不对这些方法进行赘述。此外，本节还选用了上一章提出的基于 one-against-one 编码的多类编码学习方法（用 1-1 来表示）。

4.3.4 结果与分析

（1）本章方法在不同集成规则下的 AUC 结果

本研究旨在分析在二类集成学习方法中，哪一种集成规则方法表现最好。在

本研究中，本节仅仅提供了在给定分类算法下，使用 Kittler 等提出的 5 个集成规则方法（Max、Min、Product、Majority 和 Sum）以及本书提出的 5 个改进集成规则方法（MaxDist、MinDist、ProDist、MajDist 和 SumDist）在 Keel 二类不均衡数据集上得到的 AUC 结果的平均值，见表 4-3。需要说明的是，在表 4-3 中，对于一个特定的分类算法来说（即表中一列），最好的平均 AUC 值已经用黑体标出。

表 4-3　二类集成学习方法在 Keel 数据上的平均 AUC 值

集成规则		Naïve Bayes	C4.5	Ripper	Random Forest
Kittler 等提出的集成规则	Max	0.878	0.871	0.872	0.927
	Min	0.857	0.804	0.622	0.900
	Product	0.860	0.804	0.633	0.901
	Majority	0.830	0.856	0.835	0.873
	Sum	0.879	0.911	0.890	0.932
本书提出的改进集成规则	MaxDist	**0.881**	**0.915**	**0.905**	0.931
	MinDist	0.858	0.804	0.622	0.900
	ProDist	0.860	0.804	0.634	0.901
	MajDist	0.868	0.911	0.896	0.924
	SumDist	0.879	0.913	0.895	**0.933**

由表 4-3 可以看出，对于本章提出的二类集成学习方法来说，MaxDist 集成规则在三种分类算法下得到最好的 AUC 结果，分别是 Naïve Bayes、C4.5 和 Ripper，而 SumDist 则在分类算法 Random Forest 下得到了最好的 AUC 结果。随后为了更清楚地对这 10 种集成规则进行比较，本节对特定分类算法下的 AUC 结果进行了性能排名，然后计算出在所有分类算法下的综合排名，并在表 4-4中给出了详细的排名结果。

表 4-4　SplitBal 和不同集成规则组合的性能排名

集成规则		Naïve Bayes	C4.5	Ripper	Random Forest	Sum	Rank
Kittler 等提出的集成规则	Max	4	5	5	4	18	5
	Min	9	7	9	8	33	10
	Product	6	7	8	6	27	7
	Majority	10	6	6	10	32	8
	Sum	2	3	4	2	11	3

表4-4(续)

集成规则		Naïve Bayes	C4.5	Ripper	Random Forest	Sum	Rank
本书提出的集成规则	MaxDist	1	1	1	3	6	**1**
	MinDist	8	7	9	8	32	8
	ProDist	6	7	7	6	26	6
	MajDist	5	3	2	5	15	4
	SumDist	2	2	3	1	8	2

由表 4-4 可以看出:① 对于 Kittler 等提出的每个集成规则和本书提出的对应改进集成规则来说,本书的集成规则都要好于其对应的 Kittler 等提出的集成规则,这意味着在本章的二类集成学习方法中,本书的改进集成规则和 Kittler 等提出的集成规则相比,能够更有效地处理二类不均衡数据集;② 在本书提出的 5 种改进集成规则中,MaxDist 集成规则得到了最好的性能排名。因此,在后面的研究中,将使用基于 MaxDist 集成规则的二类集成学习方法来进行相应的研究。

(2) 本章方法和常用不均衡数据处理方法在 Keel 数据集上的 AUC 结果

本研究旨在将本章方法和常用的不均衡数据处理方法进行比较,以此来验证本章方法是否能够有效地处理二类不均衡数据问题。表 4-5 给出了当使用不同的分类算法时,不同的不均衡数据处理方法在 Keel 数据集上的平均 AUC 值。需要说明的是,在表 4-5 的每一列中,最好的 AUC 结果已经用黑体标出。此外,"MaxDist"行代表了基于 MaxDist 集成规则的二类集成学习方法的 AUC 结果。

表 4-5　不均衡数据处理方法在 Keel 数据集上的平均 AUC 值

方法	Naïve Bayes	C4.5	Ripper	Random Forest
Orig	0.869	0.798	0.776	0.900
RUS	0.859	0.835	0.807	0.898
ROS	0.869	0.815	0.808	0.900
SMOTE	0.865	0.850	0.842	0.909
MetaCost	0.842	0.836	0.829	0.906
Bagging	0.876	0.884	0.856	0.931
Boosting	0.857	0.900	0.894	0.907
1-1	0.865	0.910	0.892	**0.932**
MaxDist	**0.881**	**0.915**	**0.905**	0.931

由表 4-5 可以看出，在使用 Naïve Bayes、C4.5 和 Ripper 分类算法时，基于 MaxDist 的二类集成学习方法取得了最好的 AUC 结果，当使用分类算法 Random Forest 时，上一章提出的 1-1 方法取得了最好的 AUC 结果。为了更清楚地比较这些不均衡数据处理方法在 Keel 数据集上的性能差异，表 4-6 给出了当使用不同的分类算法时，这些不同不均衡数据处理方法在 Keel 数据集上的性能排名，并对这些排名进行汇总后给出了最终的性能排名。在表 4-6 中，"Sum"列代表每种方法在 4 个分类算法下的性能排名之和，而"Rank"列则代表了根据性能排名之和得到的最终排名结果。

表 4-6　不均衡数据处理方法在 Keel 数据集上的性能排名

方法	Naïve Bayes	C4.5	Ripper	Random Forest	Sum	Rank
Orig	3	9	9	7	28	8
RUS	7	7	7	9	30	9
ROS	3	8	8	7	26	6
SMOTE	5	5	5	4	19	5
MetaCost	9	6	6	6	27	7
Bagging	2	4	4	2	12	3
Boosting	8	3	2	5	18	4
1-1	5	2	3	1	11	2
MaxDist	1	1	1	2	5	1

由表 4-6 可以看出，基于 MaxDist 的二类集成学习方法排名第 1，上章提出的方法 1-1 排名第 2。这意味着本书提出的二类集成学习方法能够有效地处理来自不同领域的二类不均衡问题，且都好于一些常用的二类不均衡数据处理方法，从而验证了二类集成学习方法的有效性。由于软件缺陷预测也是一个二类不均衡问题，因此在下一节中将重点分析二类集成方法在软件缺陷预测研究中的应用。

4.4　方法在缺陷预测中的应用

4.4.1　实验数据

选择使用上一章中用到的 12 个 NASA 缺陷数据集，有关这 12 个 NASA 缺陷数据集的详细信息见 3.4.1 小节中的表 3-8。

4.4.2 实验设置

与上一节相同,实验方法选择的是 10×10 折交叉验证方法,性能评估指标是 AUC。此外,也选择使用了 4 种基本分类算法,分别是 Naïve Bayes、C4.5、Ripper 和 Random Forest。

对比方法选择了 7 种常用的不均衡数据处理方法(Orig、RUS、ROS、SMOTE、MetaCost、Bagging 和 Boosting)。此外,还选择了基于 one-against-one 编码的多类编码学习方法(用 1-1 来表示)。

由上一节的分析可知,MaxDist 集成规则在所有 10 种集成规则中表现最好,因此在本节实验中,将在二类集成学习方法中选用 MaxDist 集成规则。

4.4.3 实验设计

本章实验包含三个研究,分别如下:

① 第一个研究是分析在软件缺陷预测中,基于 MaxDist 集成规则的二类集成学习方法是否能够提升常用不均衡数据处理方法的性能。

② 第二个研究是分析在软件缺陷预测中,分析缺陷数据的不均衡比率对本章方法的影响。

③ 第三个研究则是为了分析在软件缺陷预测中,哪一种基本分类算法受本章方法的影响最大。

4.4.4 结果与分析

(1) 本章方法和常用不均衡数据处理方法在 NASA 上的 AUC 结果

由上一节的分析可知,本章提出的二类集成学习方法在 Keel 数据集上能够显著地提升一些常用不均衡数据处理方法的分类性能,即二类集成学习方法已经显示了它在处理二类不均衡问题上的有效性。本节则旨在分析比较本章方法和常用的不均衡数据处理方法在 NASA 缺陷数据上的实验结果,从而验证二类集成学习方法是否能够有效地解决软件缺陷预测中的二类不均衡问题。

表 4-7～表 4-10 分别给出了在不同的分类算法下,9 种不同的不均衡数据处理方法在 NASA 数据上的 AUC 结果。需要说明的是,“MaxDist”列代表了基于 MaxDist 集成规则的二类集成学习方法的 AUC 结果。

表 4-7　Naïve Bayes 下不同方法在 NASA 数据上的 AUC 值

Data	Orig	RUS	ROS	SMOTE	MetaCost	Bagging	Boosting	1-1	MaxDist
CM1	0.674	0.652	0.677	0.673	0.680	0.688	0.648	0.688	0.681
JM1	0.680	0.670	0.676	0.681	0.686	0.679	0.604	0.676	0.699
KC1	0.788	0.769	0.788	0.790	0.781	0.787	0.741	0.779	0.812
KC3	0.663	0.652	0.663	0.671	0.666	0.658	0.649	0.671	0.686
MC1	0.818	0.798	0.817	0.818	0.812	0.807	0.747	0.809	0.831
MC2	0.716	0.708	0.719	0.716	0.700	0.709	0.703	0.715	0.717
MW1	0.725	0.696	0.725	0.735	0.718	0.725	0.684	0.719	0.725
PC1	0.771	0.748	0.767	0.776	0.710	0.763	0.744	0.754	0.760
PC2	0.862	0.841	0.862	0.859	0.861	0.855	0.710	0.884	0.865
PC3	0.745	0.706	0.744	0.735	0.492	0.742	0.696	0.761	0.765
PC4	0.825	0.802	0.823	0.838	0.710	0.818	0.775	0.809	0.811
PC5	0.938	0.922	0.938	0.934	0.928	0.938	0.935	0.941	0.938
Avg	0.767	0.747	0.766	0.769	0.729	0.764	0.720	0.767	**0.774**

表 4-8　C4.5 下不同方法在 NASA 数据上的 AUC 值

Data	Orig	RUS	ROS	SMOTE	MetaCost	Bagging	Boosting	1-1	MaxDist
CM1	0.587	0.641	0.603	0.647	0.607	0.747	0.705	0.739	0.740
JM1	0.658	0.648	0.588	0.655	0.665	0.726	0.682	0.724	0.723
KC1	0.705	0.721	0.574	0.693	0.733	0.812	0.754	0.790	0.802
KC3	0.609	0.627	0.607	0.618	0.651	0.728	0.704	0.715	0.729
MC1	0.701	0.818	0.790	0.821	0.769	0.860	0.920	0.937	0.948
MC2	0.667	0.628	0.620	0.631	0.635	0.717	0.749	0.663	0.670
MW1	0.480	0.632	0.578	0.592	0.669	0.688	0.669	0.667	0.725
PC1	0.692	0.734	0.654	0.690	0.719	0.835	0.822	0.841	0.855
PC2	0.485	0.827	0.566	0.489	0.636	0.768	0.749	0.923	0.933
PC3	0.615	0.723	0.640	0.667	0.682	0.816	0.794	0.818	0.812
PC4	0.756	0.828	0.735	0.748	0.833	0.915	0.907	0.915	0.903
PC5	0.781	0.931	0.663	0.807	0.901	0.951	0.935	0.969	0.963
Avg	0.645	0.730	0.635	0.672	0.708	0.797	0.782	0.808	**0.817**

表 4-9 Ripper 下不同方法在 NASA 数据上的 AUC 值

Data	Orig	RUS	ROS	SMOTE	MetaCost	Bagging	Boosting	1-1	MaxDist
CM1	0.528	0.657	0.605	0.666	0.640	0.702	0.699	0.743	0.756
JM1	0.564	0.673	0.659	0.576	0.625	0.630	0.684	0.707	0.715
KC1	0.600	0.737	0.678	0.719	0.696	0.736	0.753	0.774	0.797
KC3	0.614	0.630	0.592	0.655	0.653	0.702	0.670	0.690	0.717
MC1	0.640	0.808	0.779	0.798	0.718	0.757	0.921	0.911	0.901
MC2	0.570	0.603	0.638	0.632	0.629	0.684	0.713	0.641	0.657
MW1	0.577	0.646	0.588	0.617	0.682	0.672	0.658	0.706	0.716
PC1	0.565	0.750	0.650	0.671	0.680	0.723	0.807	0.822	0.820
PC2	0.491	0.818	0.540	0.624	0.616	0.596	0.740	0.916	0.934
PC3	0.558	0.740	0.675	0.650	0.700	0.753	0.801	0.800	0.804
PC4	0.723	0.845	0.784	0.801	0.818	0.897	0.903	0.904	0.913
PC5	0.745	0.937	0.899	0.889	0.914	0.929	0.942	0.966	0.968
Avg	0.598	0.737	0.674	0.692	0.697	0.732	0.774	0.798	**0.808**

表 4-10 Random Forest 下不同方法在 NASA 数据上的 AUC 值

Data	Orig	RUS	ROS	SMOTE	MetaCost	Bagging	Boosting	1-1	MaxDist
CM1	0.697	0.694	0.707	0.720	0.707	0.746	0.680	0.740	0.736
JM1	0.719	0.716	0.717	0.736	0.727	0.757	0.687	0.756	0.750
KC1	0.795	0.779	0.778	0.811	0.793	0.829	0.758	0.827	0.820
KC3	0.724	0.688	0.699	0.737	0.728	0.745	0.694	0.723	0.726
MC1	0.870	0.908	0.865	0.873	0.894	0.909	0.883	0.951	0.936
MC2	0.685	0.669	0.698	0.693	0.682	0.702	0.698	0.698	0.691
MW1	0.681	0.699	0.658	0.676	0.726	0.702	0.682	0.695	0.722
PC1	0.795	0.818	0.804	0.829	0.824	0.858	0.822	0.862	0.856
PC2	0.678	0.883	0.688	0.814	0.876	0.866	0.673	0.924	0.904
PC3	0.804	0.816	0.811	0.829	0.821	0.852	0.803	0.847	0.846
PC4	0.912	0.899	0.914	0.911	0.905	0.939	0.904	0.933	0.929
PC5	0.948	0.966	0.945	0.961	0.957	0.976	0.923	0.979	0.976
Avg	0.776	0.795	0.774	0.799	0.803	0.823	0.767	**0.828**	0.824

由表 4-7 可以看出，使用 Naïve Bayes 作为分类算法时，基于 MaxDist 集成

规则的二类集成学习方法表现最好。具体来说，Orig 方法被 MaxDist 方法提升了 0.93%，RUS 被提升了 3.64%，ROS 被提升了 1.02%，SMOTE 被提升了 0.71%，MetaCost 被提升了 6.25%，Bagging 被提升了 1.35%，Boosting 被提升了 7.59%，1-1 被提升了 0.93%。这意味着在软件缺陷预测中使用 Naïve Bayes 分类算法时，MaxDist 好于这些常用的不均衡数据处理方法，包括上章方法 1-1。

本书使用了显著性水平为 0.05 的 Wilcoxon 符号秩检验[183]，其备择假设是在使用 Naïve Bayes 分类算法时，MaxDist 方法要好于其他 8 种不均衡数据处理方法，包括 Orig、RUS、ROS、SMOTE、MetaCost、Bagging、Boosting 和 1-1。根据计算出来的 P 值得到的结论是：MaxDist 要显著地好于 Orig、RUS、ROS、MetaCost、Bagging 和 Boosting，但不显著地好于 SMOTE 和 1-1。

由表 4-8 可以看出，在使用 C4.5 分类算法时，MaxDist 方法表现最好，1-1 方法其次，而 ROS 方法最差。这意味着 MaxDistl 方法在软件缺陷预测中要好于其他 8 种方法。具体来说，MaxDist 方法提升 Orig 的预测性能比例为 26.71%，提升 RUS 的性能比例为 11.92%，提升 ROS 的性能比例为28.69%，提升 SMOTE 的性能比例为 21.61%，提升 MetaCost 的性能比例为 15.34%，提升 Bagging 的性能比例为 2.51%，提升 Boosting 的性能比例为 4.40%，提升 1-1 的性能比例为 1.05%。

为了验证 MaxDist 方法是否显著地好于其他 8 种方法，本书进行了显著性水平为 0.05 的 Wilcoxon 符号秩检验。根据计算出来的 P 值得到的结论是：MaxDist 要显著地好于 Orig、RUS、ROS、SMOTE、MetaCost 和 Boosting，但不显著地好于 Bagging 和 1-1。

由表 4-9 可以看出，MaxDist 方法得到了最好的缺陷预测结果，1-1 方法得到了次好的缺陷预测结果，而 Orig 方法得到了最差的缺陷预测结果。具体来说，Orig 被 MaxDist 提升了 35.17%，RUS 被提升了 9.65%，ROS 被提升了 19.91%，SMOTE 被提升了 16.85%，MetaCost 被提升了 15.86%，Bagging 被提升了 10.45%，Boosting 被提升了 4.37%，1-1 被提升了 1.22%。这意味着在使用 Ripper 分类算法时，本章提出的基于二类集成学习的缺陷预测方法要好于这些常用的不均衡数据处理方法，包括上章提出的基于多类编码学习的缺陷预测方法 1-1。

本书同样做了显著性水平为 0.05 的 Wilcoxon 符号秩检验，用于验证当使用 Ripper 分类算法时，MaxDist 是否显著地好于其他 8 种方法。根据计算出来的 P 值得到的结论是：MaxDist 要显著地好于 Orig、RUS、ROS、SMOTE、MetaCost、Bagging 和 Boosting，但不显著地好于 1-1。

由表 4-10 可以看出，1-1 方法得到最好的缺陷预测结果，而 MaxDist 方法得到了第二好的缺陷预测结果。具体来说，1-1 提升 MaxDist 的比例为 0.45%，而 Orig 被 MaxDist 提升了 6.25%，RUS 被提升了 3.72%，ROS 被提升了6.53%，SMOTE 被提升了 3.14%，MetaCost 被提升了 2.60%，Bagging 被提升了 0.11%，Boosting 被提升了 7.42%。这意味着在软件缺陷预测中，当使用 Random Forest 分类算法时，本书提出的基于二类集成学习的缺陷预测方法能够提升常用的不均衡数据处理方法的缺陷预测性能。

为了验证 1-1 方法是否显著地好于 MaxDist 方法和 MaxDist 方法，是否显著地好于其他 7 种不均衡数据处理方法，本书进行了显著性水平为 0.05 的 Wilcoxon 符号秩检验。根据计算出来的 *P* 值得到的结论是：MaxDist 要显著地好于 Orig、RUS、ROS、SMOTE、MetaCost、Boosting 和 1-1。

基于上述的分析结果，为了详细地展示本章二类集成学习方法和其他方法的具体比较，本书根据 NASA 数据集上的 AUC 结果对本节中的 9 种方法进行了性能排名，随后对每个方法在 4 种不同分类算法下的排名进行了统计，并给出了最终的排名结果(表 4-11)。

表 4-11　不均衡数据处理方法在 NASA 数据集上的性能排名

方法	Naïve Bayes	C4.5	Ripper	Random Forest	Sum	Rank
Orig	3	8	9	7	27	8
RUS	7	5	4	6	22	5
ROS	5	9	8	8	30	9
SMOTE	2	7	7	5	21	4
MetaCost	8	6	6	4	24	6
Bagging	6	3	5	3	17	3
Boosting	9	4	3	9	25	7
1-1	3	2	2	1	8	2
MaxDist	1	1	1	2	5	1

由表 4-11 可以看出，MaxDist 方法排名第 1，1-1 方法排名第 2。这意味着本章提出的基于二类集成学习的缺陷预测方法和上章提出的基于多类编码学习的缺陷预测方法在软件缺陷预测中都要好于一些常用的不均衡数据处理方法。

(2) 不均衡比率对本章缺陷预测方法的影响

与上一章相同，本节也研究了在软件缺陷预测中，不均衡比率对本章方法的影响。图 4-2 给出了本章基于 MaxDist 集成规则的二类集成学习方法(MaxDist)对其他 8 种方法(Orig、RUS、ROS、SMOTE、MetaCost、Bagging、

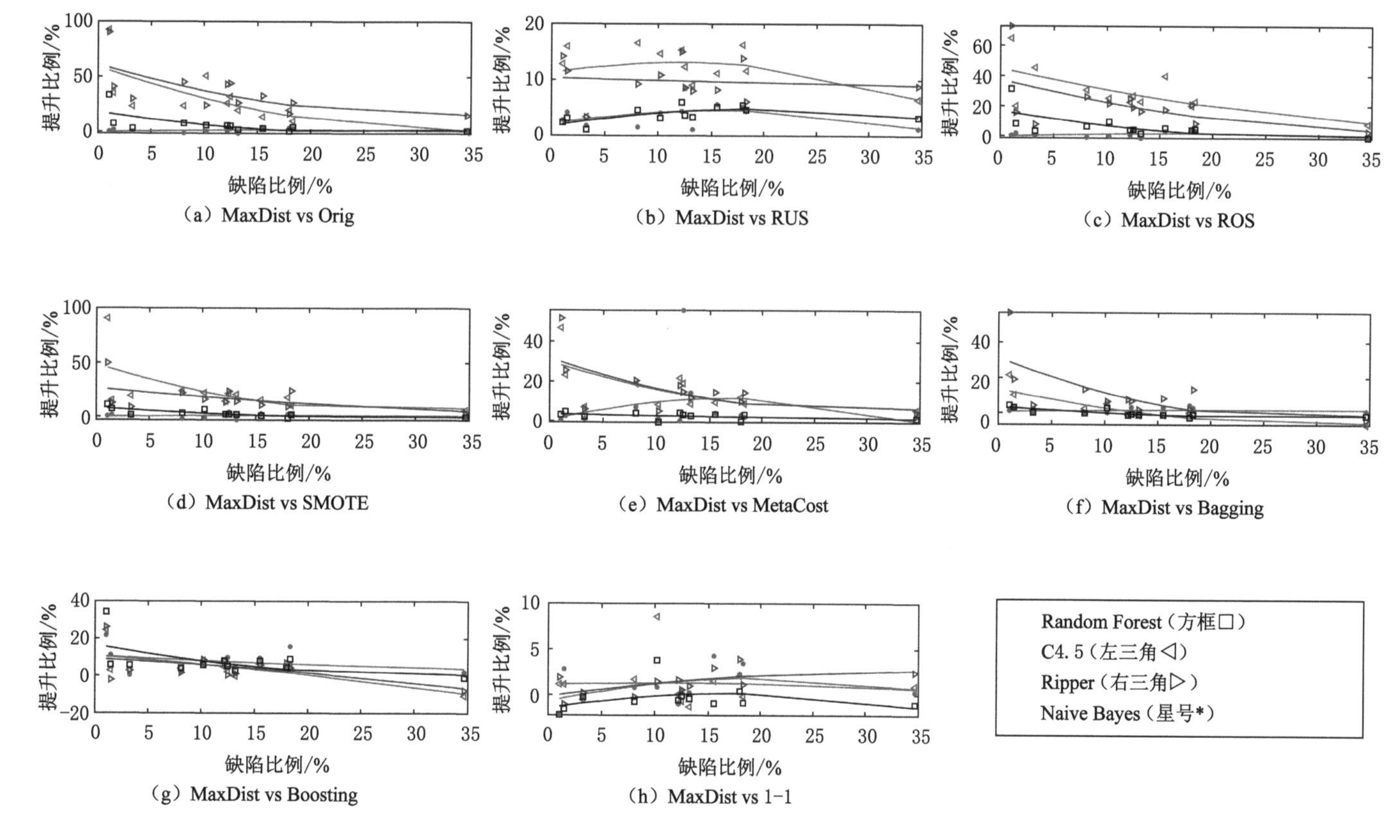

图4-2　本章方法对其他方法的性能提升变化趋势图

Boosting 和 1-1)的性能提升比例随着 NASA 缺陷数据不均衡比率变化而变化的趋势图。在图 4-2 中，所有使用的不均衡缺陷数据集根据其少数类(有缺陷的软件模块)所占的比例进行增序排序，即少数类所占的比例越小，该缺陷数据的不均衡比率值越大。在图 4-2 中的直接体现就是越靠近横坐标的 0，说明该数据越不均衡。

图 4-2(a)给出了本章的 MaxDist 方法对原始二类不均衡数据上直接学习(Orig)的性能提升比例随不均衡比率的变化而变化的趋势图。从图 4-2(a)中可看出，对于分类算法 C4.5、Ripper 和 Random Forest 来说，随着数据不均衡比率的降低(即有缺陷的软件模块比例的增加)，MaxDist 对 Orig 的性能提升比例有下降的趋势；而对于分类算法 Naïve Bayes 来说，随着不均衡比率的变化，MaxDist 对 Orig 的性能提升变化不明显。

图 4-2(b)给出了 MaxDist 方法对 RUS 方法的性能提升比例随着不均衡比率变化而变化的趋势图。从图 4-2(b)中可看出，对于分类算法 C4.5、Random Forest 和 Naïve Bayes 来说，随着不均衡比率的降低，MaxDist 对 RUS 的性能提升比例有着先上升后下降的趋势，在有缺陷的软件模块所占的比例为 20%左右时，性能提升比例最大，随后有着明显的下降趋势；而对于分类算法 Ripper 来说，随着不均衡比率的降低，性能提升比例也随之降低。

图 4-2(c)～(g)分别给出了 MaxDist 对 5 种不均衡数据处理方法(ROS、SMOTE、MetaCost、Bagging 和 Boosting)的性能提升比例随着不均衡比率变化而变化的趋势图。从这 5 个图中可看出：① 对于分类算法 C4.5、Ripper 和 Random Forest 来说，随着不均衡比率的增大(缺陷比例的减小，即越靠近横坐标左侧)，MaxDist 方法对这 5 种不均衡数据处理方法的性能提升比较明显，这意味着对这 3 种分类算法来说，和这 5 种常用的不均衡数据处理方法相比，本章提出的基于二类集成学习的缺陷预测方法更适用于高度不均衡缺陷数据集。② 对于分类算法 Naïve Bayes 来说，随着不均衡比率的降低，MaxDist 对这 5 种方法的性能提升比例没有明显的提升或者降低，即对这 5 种方法来说，在使用 Naïve Bayes 算法时，本章提出的基于二类集成学习的缺陷预测方法不受不均衡缺陷数据集比率的影响。

图 4-2(h)给出了 MaxDist 方法对 1-1 方法的性能提升比例随着不均衡比率变化而变化的趋势图。从图 4-2(h)中可看出，对于本章采用的 4 种分类算法来说，随着不均衡比率的变化，MaxDist 对 1-1 的性能提升比率没有明显的上升或者下降的趋势。

综上所述，可得出如下结论：本章提出的基于二类集成学习的缺陷预测方法和常用的不均衡数据处理方法相比，能够有效地处理软件缺陷预测研究中的二类不均衡数据集，尤其是高度不均衡缺陷数据集。

（3）4 种分类算法的统计比较结果

由之前的分析可知，当使用不同的分类算法时，MaxDist 方法对 Orig 方法的性能提升比例是不相同的。因此在这一节中，本书计划分析比较哪一种分类算法受本章方法的影响最大。为了实现该目标，本节收集了 MaxDist 和 Orig 方法使用 4 个基本分类算法在 NASA 数据集上的 AUC 结果。汇总下来，总共是 8 种方法的 AUC 结果。为了描述方便，本书将这 8 种方法分别表示为 NaiveBayes_MaxDist、NaiveBayes_Orig、C4.5_MaxDist、C4.5_Orig、Ripper_MaxDist、Ripper_Orig、RandomForest_MaxDist、RandomForest_Orig。

本节首先使用 Friedman 检验[184]来比较这 8 种方法在 NASA 缺陷数据集上的 AUC 结果，得到对应的 P 值小于 0.05，这意味着这 8 种方法之间的性能差异是显著存在的。随后使用了 Janez 等[185]推荐的 Nemenyi 事后检验方法来发现所有方法之间的显著性差异，该检验的显著性水平设置为 0.05。图 4-3 给出了上述 8 种方法使用 Nemenyi 检验的具体结果。

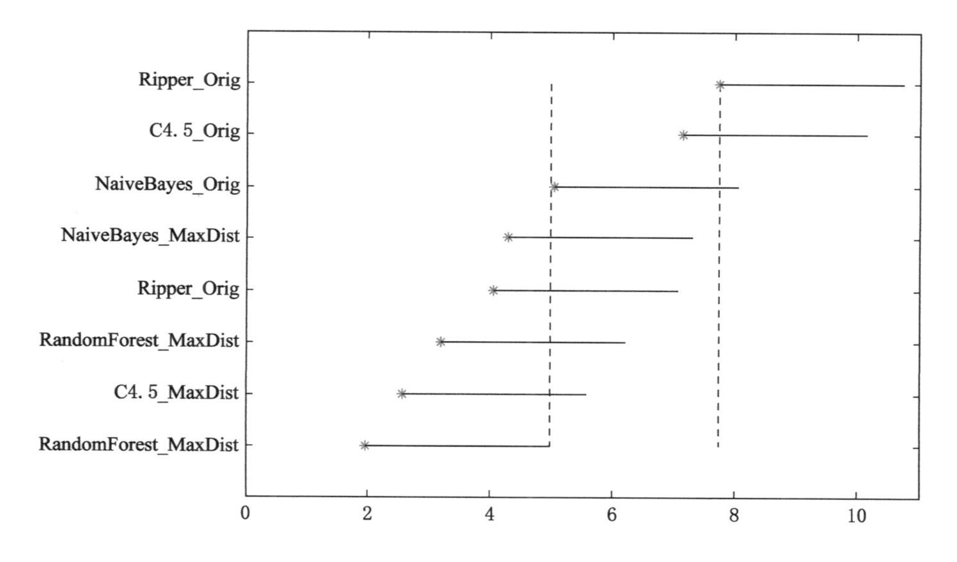

图 4-3　8 种方法使用 Nemenyi 检验的结果

由图 4-3 可以看出：① RandomForest_MaxDist 方法排名第 1，而且显著地好于 Ripper_Orig、C4.5_Orig 和 NaiveBayes_Orig；② C4.5_MaxDist 和 Ripper_MaxDist 分别都显著地好于 C4.5_Orig 和 Ripper_Orig；③ NaiveBayes_Orig 在性能排名上要好于 Ripper_Orig 和 C4.5_Orig，然而 C4.5_MaxDist 和 Ripper_

MaxDist 在性能排名上要好于 NaiveBayes_Orig 和 NaiveBayes_MaxDist。这意味着对于分类算法 C4.5 和 Ripper 来说，MaxDist 能够显著提升这两个弱分类算法的缺陷预测性能。

综上所述，可得出如下结论：在使用本章提出的二类集成学习方法来进行软件缺陷预测时，Random Forest 分类算法能够得到最好的缺陷预测结果。此外，本章提出的缺陷预测方法对 C4.5 和 Ripper 分类算法的缺陷预测性能提升最明显。

4.5 本章小结

本书提出了一种基于二类集成学习的缺陷预测方法来解决软件缺陷预测中的二类不均衡问题。二类集成学习方法主要分为三步：均衡划分、分类器建模和集成分类。具体来说，对于一个二类不均衡数据集，首先通过均衡划分的方法将该二类不均衡数据集转化为多个均衡的二类数据集，然后使用数据挖掘的基本分类算法在这些二类均衡数据集上进行学习，从而构建了多个二类分类器。对于一个待分类的新数据，每个二类分类器都将得到一个分类结果，因此集成分类将采用特定的集成规则将这些二类分类器的结果集成为最终的分类结果。

Kittler 等提出的 5 种集成规则（Max、Min、Product、Majority 和 Sum）可以用来集成多个二类分类器的分类结果，但这 5 种集成规则忽视了待分类的新数据和历史上训练数据在空间分布上的相似关系，即新数据更有可能被分类到与其更相似的那个类别中。在此基础上，本书提出了 5 种对应的改进集成规则，分别是 MaxDist、MinDist、ProDist、MajDist 和 SumDist。这 5 种集成规则采用基于距离的加权机制来改进 Kittler 等提出集成规则的集成效果。

本章基于二类集成学习的缺陷预测方法与上一章的基于多类编码学习的缺陷预测方法是两种完全不同的解决问题的思路。本章方法将缺陷预测中的二类不均衡问题转化为多个不同的二类均衡问题来处理，而上一章方法则是将缺陷预测中的二类不均衡问题转化为一个多类均衡问题来处理，然后使用基于编码的学习方法来处理多类均衡问题。

在实验验证中，首先在 Keel 的 46 个二类不均衡数据集上验证了二类集成学习方法在处理二类不均衡问题上的有效性，选用 AUC 作为性能评估指标，选择了 4 种基本的分类算法，分别是 Naïve Bayes、C4.5、Ripper 和 Random Forest。通过分析 AUC 结果发现，本书提出的 MaxDist 集成规则在所有规则中表现最好，而且本书提出的 5 种改进集成规则都好于其对应的 Kittler 等提出的集成规则。随后本章在 Keel 不均衡数据集上对比了基于 MaxDist 规则的二类集成学习方法和常用的不均衡数据处理方法，发现本章方法好于常用的不均衡数据处理方法。此外，和上一章的多类编码学习方法相比，二类集成学习方法在使用 Naïve Bayes、C4.5 和 Ripper 时分类结果较好，在 Random Forest 分类算法上结果稍差。

在验证完本章方法处理二类不均衡问题的有效性后，在 12 个 NASA 缺陷数据集上研究了二类集成学习方法在软件缺陷预测中的应用。本书发现，在这 12 个 NASA 缺陷数据集上，基于 MaxDist 规则的二类集成学习方法要显著地好于大多数二类不均衡数据处理方法。而和多类编码学习方法相比，两者在 4 个分类算法的缺陷预测结果上各有优劣，但都不具有显著性，这意味着这两种方法都可以有效地处理软件缺陷预测中的二类不均衡问题，且都好于大多数常用的不均衡数据处理方法。此外，在软件缺陷预测中，本章还发现，二类集成方法和常用的不均衡数据处理方法相比，更适用于那些高度不均衡的缺陷数据集，即有缺陷的软件模块占比很小的缺陷数据集。最后，本章发现二类集成学习方法同样能够显著地提升 C4.5 和 Ripper 基本分类算法的缺陷预测性能。

第5章　基于协同过滤的源项目选择方法

5.1　引言

由于进行项目内缺陷预测时往往很难得到同项目的历史数据，跨项目缺陷预测方法的研究逐渐成为软件缺陷预测的热点研究内容。随着互联网上公开的缺陷数据越来越多，为当前目标项目选择适合的源项目显得尤为重要。如果能从所有跨项目的数据集中找到最合适的项目作为当前目标项目的源项目，就可以有效地提高源项目质量以及最终预测结果[191]。经研究发现，每个目标项目的最适用源项目在不同分类算法和不同评估指标下均是不同的。因此，本章提出了一种基于协同过滤的源项目选择方法，旨在自动选择和推荐最适合当前目标项目的源项目。

Zhou 等[191]提出现有的跨项目缺陷预测方法可以因为源项目更加适用而提高预测性能，为给定的目标项目研究自动的源项目选择方法是非常重要和必要的。Herbold[60]提出了一种基于欧几里得距离的方法 EucPS(euclidean distance based source projects selection)，用于根据可用数据的分布特征选择适用源项目。对于给定的目标项目，EucPS 选择与它最相似的几个项目作为源项目。但是，本研究分析发现，最相似的源项目可能不是最适用的源项目。

同时，本研究还观察发现了两个最相似的项目对应的适用源项目之间存在一些相同的源项目。因此，在本章的方法研究中，受基于用户的协同过滤算法[192]的启发提出了一种在跨项目缺陷预测中基于协同过滤的源项目选择方法 CFPS(collaborative filtering based source projects selection for cross-project defect prediction)。CFPS 方法对项目间适用性和项目间相似度进行挖掘之后，使用适用性得分和相似度得分协同过滤得到推荐得分，并利用推荐得分对候选源项目排序，得到最终推荐的适用源项目。

5.2　源项目选择方法

本节对基于协同过滤的源项目选择方法进行详细的描述，首先提出该算法的整体框架，然后分别介绍三个主要步骤及其实现。

5.2.1　方法框架

CFPS 方法包括三个主要步骤，即项目间适用性挖掘、项目间相似度挖掘和协同过滤推荐。方法的总体框架如图 5-1 所示。

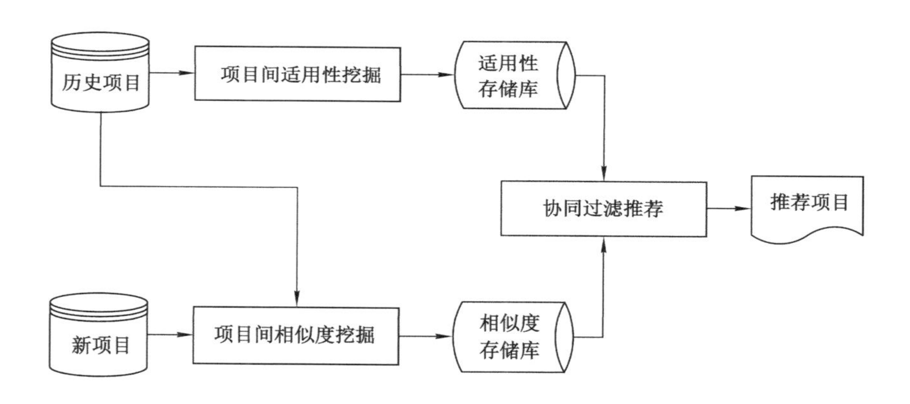

图 5-1　CFPS 方法框架

如图 5-1 所示，CFPS 方法包括三个主要步骤：

① 项目间适用性挖掘：对历史项目库中所有历史项目两两进行适用性挖掘，计算每两个项目之间的适用性得分并存储在适用性存储库中。

② 项目间相似度挖掘：对于给定的新项目（即目标项目），挖掘它与每个历史项目之间的相似关系，计算目标项目与每一个历史项目之间的相似度得分，然后记录存储在相似度存储库中。

③ 协同过滤推荐：利用前面两步获得的适用性得分和相似度得分，计算推荐每个历史项目作为当前目标项目源项目的推荐得分，依据推荐得分越高的推荐度越高来为目标项目推荐源项目。

这三个步骤将分别在后续的小节进行详细说明，并给出每个步骤的实现方法。

5.2.2 项目间适用性挖掘

当使用不同的源项目作为训练数据时，预测器对目标项目的缺陷预测性能可能会有很大差异[59]。在这一步中，历史项目被用于挖掘彼此之间的适用性。计算每个项目作为其他项目的源项目构建模型并进行预测得到的预测结果作为该项目的适用性得分，然后在适用性存储库中进行记录。历史项目的适用性得分不需要在每次对新项目进行预测时重新计算，只需要在历史项目库中有项目加入时计算新加入项目的适用性得分即可。适用性库中记录的项目间适用性得分越高越有助于未来推荐方法的使用。算法 5-1 提供了适用性得分计算的详细过程。

算法 5-1 适用性得分计算

输入：Historical Projects $=\{HP_1, HP_2, \cdots, HP_M\}$ //所有可用的历史项目

输出：Applicability Scores //每个历史项目的适用性得分

1. **For** each $HP_i \in$ Historical Projects **do**
2. Training Projects = Historical Projects $- HP_i$;
3. **For** each $HP_j \in$ Training Projects **do**
4. HP_j 作为训练数据构建预测模型 P_j；
5. 使用 P_j 对 HP_i 进行缺陷预测；
6. 计算评估指标下的预测性能 M_{ij}；
7. AppScores$[i][j] = M_{ij}$；
8. **End for**
9. **End for**
10. **Return** AppScores 即为 Applicability Scores.

在算法 5-1 适用性得分计算中，输入为 M 个历史项目，输出为每个项目的适用性得分。（第 1～3 行）对于每个历史项目，先将其视为目标项目，并将剩余的每个历史项目分别用作它的训练项目。此后，可以选择不同的分类算法如随机森林、逻辑回归等来学习训练数据并构建缺陷预测器（第 4 行）。然后将构建好的预测器应用于目标项目并进行缺陷预测，得到缺陷预测的结果后即可计算评估指标下的预测性能。此时的预测性能即代表适用性得分（第 5～6 行）。最后一步返回所有历史项目的适用性得分（第 10 行）。

5.2.3 项目间相似度挖掘

在第二步中，研究新项目与所有可用历史项目之间的相似关系，并计算对应

的相似度得分。此处的新项目(即源项目)选择方法要为其推荐源项目的目标项目。Herbold[60]提出的EucPS方法基于欧几里得距离选择与目标项目最近的几个最近邻作为源项目,即单独使用相似度来选择源项目。虽然本研究已经分析发现了,最相似的源项目不一定是最适用的源项目,但Herbold还是证明了使用EucPS方法选择源项目之后构建的预测模型的预测性能要优于没有进行源项目选择的。因此,本书在研究方法时认为虽然仅使用相似度进行选择是不全面的,但源项目的选择过程中不能缺少相似度这一因素。在第二步进行了目标项目与历史项目之间的相似度得分计算。算法5-2展示了相似度得分计算的详细过程。

算法5-2　相似度得分计算

输入:Historical Projects $=\{HP_1, HP_2, \cdots, HP_M\}$ //所有可用的历史项目

　　New Project:NP//新项目

输出:Similarity Scores //新项目与每个历史项目之间的相似度

1. 统计每个项目的特征数量计为 N
2. **For** $i = 1$ to M **do**
3. 　　计算 HP_i 每个特征的平均值:$\{AVG_{i1}, AVG_{i2}, \cdots, AVG_{iN}\}$;
4. 　　计算 HP_i 每个特征的标准差:$\{SD_{i1}, SD_{i2}, \cdots, SD_{iN}\}$;
5. 　　构造 HP_i 的元特征向量:
　　$\overrightarrow{HP_i} = \{AVG_{i1}, AVG_{i2}, \cdots, AVG_{iN}, SD_{i1}, SD_{i2}, \cdots, SD_{iN}\}$;
6. 　　重复3~5步,获得NP的元特征向量 $\overrightarrow{NP}$;
7. 　　计算 $\overrightarrow{HP_i}$ 和 $\overrightarrow{NP}$ 之间的欧几里得距离 $Euc[i]$;
8. 　　计算 $\overrightarrow{HP_i}$ 和 $\overrightarrow{NP}$ 之间的相似度值 $SimiScores[i]$:
　　$SimiScores[i] = \dfrac{1}{1 + Euc[i]}$;
9. **End for**
10. **Return** SimiScores 即为 Similarity Scores.

在算法5-2相似度得分计算中,输入为 M 个历史项目和一个新项目,要求这些项目的特征数量相同,输出为新项目与每个历史项目之间的相似度。在算法5-2中,首先统计项目的特征数量并标记为 N,如算法5-2第1行所示。

第3-6行:为了测量两个不同项目之间的相似程度,首先将对应特定项目的数据集转换为元特征向量。使用每个特征的平均值和标准差来构造元特征向

量，这已经被文献[60]证明可以用于表示给定数据集的分布特征。第 7 行：在获得新项目和历史项目相对应的元特征向量之后，使用已经广泛应用的欧几里得距离来计算两个项目之间的距离。欧几里得距离的倒数值即作为本方法中的相似度得分。第 8 行：值得注意的是，为了保证分母中不会出现欧几里得距离为 0 的情况，需要将距离的值加“1”后作为分母。第 10 行：最后一步返回新项目与所有历史项目之间的相似度得分。

5.2.4 协同过滤推荐

在得到适用性库和相似度库之后，使用一个两层网络结构将其链接起来。同时使用适用性得分和相似度得分计算每个候选源项目的推荐得分，依据推荐得分为新项目推荐适用的源项目，如图 5-2 所示。

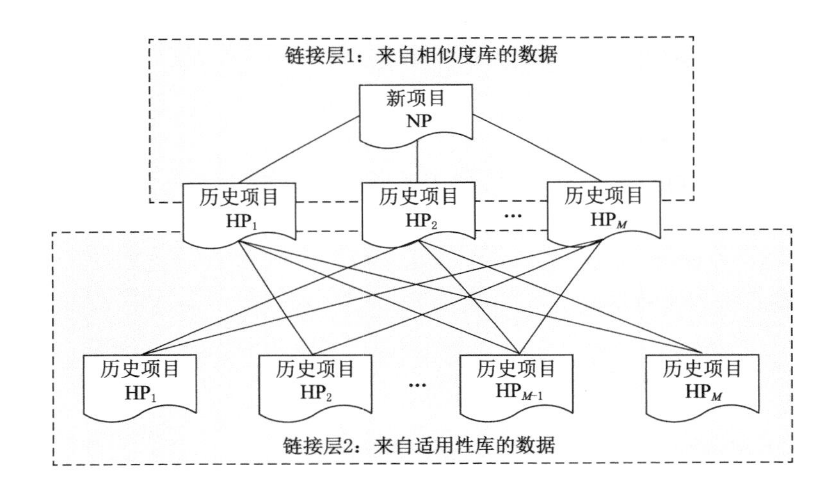

图 5-2 用于组合适用性库和相似度库的双层网络示意图

首先，将适用性库和相似度库中记录的适用性得分和相似度得分信息以两层网络结构相链接。在第一层网络中，每个链接代表新项目与给定历史项目之间的相似关系。因此，第一层的链路权重来自相似度库的数据，它是通过算法 5-2获得的。第二层网络中的链接表示每对历史项目之间的适用性关系，且相应的链接权重由适用性库中的适用性得分提供，其已经通过算法 5-1 获得。利用上面构造的双层网络，协同过滤获得推荐得分，在下文算法 5-3 中详述推荐得分的计算方法。最终根据推荐分数选择适用的源项目。

算法 5-3　推荐得分计算

输入：AppScores，SimiScores

//AppScores 是来自 Applicability 库的 $M\times M$ 的矩阵

//SimiScores 是来自 Similarity 库的 $1\times M$ 的矩阵

输出：Recommended Scores

//推荐当前项目作为目标项目的源项目的分数，分数越高越推荐

1. **For** $i = 1$ to M **do**
2. **For** $j = 1$ to M **do**
3. **If** $i \neq j$ **then**
4. 计算源项目 HP_i 的推荐得分：
   $RecScores[i] += SimiScores[j] \times AppScores[j][i]$
5. **End if**
6. **End for**
7. **End for**
8. **Return** RecScores 即为 Recommended Scores.

在算法 5-3 推荐得分计算中，输入为前面两步已经计算得到的适用性得分和相似度得分，输出为每个历史项目（即候选源项目）的推荐得分。推荐得分越高则代表本方法越推荐此项目作为目标项目的源项目。对于当前要计算推荐得分的历史项目，累加它作为其他目标项目的源项目时的适用性得分与此时对应的目标项目与新项目之间相似度得分的乘积。逐一计算所有历史项目对于新项目的推荐得分之后即可进行适用源项目的推荐。

5.3　实验结果与分析

5.3.1　实验数据

实验中所用数据集均来自对 Jureczko 数据集清洗后的数据。

5.3.2　评估指标

在本实验中，需要使用的两种评估指标分别为对预测性能评估的指标和对推荐性能评估的指标。预测性能评估指标用于在方法第一步项目间适用性挖掘中得到适用性得分，已经广泛用于跨项目缺陷预测的 AUC 和 F-Measure 被单独用作每一组实验中的适用性度量。此外，为了评估本章所提出的 CFPS 方法

推荐源项目的性能选择了三个信息检索评估指标为 F-Measure@ N、MAP 和 MRR[193]。

(1) 预测性能评估指标

项目间适用性挖掘时使用的预测性能评估指标为跨项目软件缺陷预测研究中常用的评估指标 AUC 和 F-Measure,已经在前面进行详细介绍,在此处不再赘述。

(2) 推荐性能评估指标

在本实验中,使用 F-Measure@ N、MAP 和 MRR 用于评估所提出推荐方法的推荐性能。每个指标都考虑了推荐方法的不同方面,并将在下面进行详细描述。首先为了能方便地介绍这五个推荐性能指标,令 K 表示真实预测结果下的适用源项目的数量,N 代表本章提出的 CFPS 方法推荐的适用源项目的数量。此外,假设每次实验共有 M 个新项目需要推荐源项目。

① F@ N(F-Measure@ N):类似于 F-Measure 指标,F@ N 是 P@ N(Precision@ N)和 R@ N(Recall@ N)的调和平均值。首先简单介绍 P@ N 和 R@ N。

P@ N:指推荐列表前 N 个中真实适用的源项目数与所有推荐数 N 的比例。可以简单理解为在推荐列表中有多少推荐是有效的。其定义如下:

$$\mathrm{P}@N=\frac{\text{推荐列表 top}-N\text{ 中真实适用的源项目}}{N} \tag{5-1}$$

R@ N:指推荐列表前 N 个中是真实适用的源项目数与所有真实适用源项目数 K 之比。可以简单理解为寻找在所有真实适用源项目中有多少个被推荐作为源项目。其定义如下:

$$\mathrm{R}@N=\frac{\text{推荐列表 top}-N\text{ 中真实适用的源项目}}{K} \tag{5-2}$$

P@ N 和 R@ N 所评估的是推荐方法的不同方面,同 Precision 和 Recall 指标类似,在理想情况下 P@ N 和 R@ N 越高,方法则越好。然而,P@ N 和 R@ N 通常是冲突的,单纯追求高 P@ N 可能会导致低 R@ N 值,同样单纯追求高 R@ N 会导致低 R@ N 值。因此实验中使用如公式所示的计算 P@ N 和 R@ N 调和平均值的 F@ N 指标来进行评估。F@ N 指标在 P@ N 和 R@ N 都较高时才能得到较高的得分。

$$\mathrm{F}@N=\frac{2\times \mathrm{P}@N\times \mathrm{R}@N}{\mathrm{P}@N+\mathrm{R}@N} \tag{5-3}$$

② MAP(mean average precision)是所有目标项目平均精度(AP)的平均值,反映的是整个模型的推荐性能。MAP 的定义如下:

$$\mathrm{MAP}=\frac{\sum_{i=1}^{M}(\mathrm{AP}(i))}{M} \tag{5-4}$$

式中，AP 的定义如下：

$$\mathrm{AP}=\frac{\sum_{i=1}^{N}(\mathrm{P}@i\times \mathrm{rel}(i))}{K} \tag{5-5}$$

式中，rel(i)的值定义为：如果第 i 个推荐的项目是真实适用的源项目，则 rel(i)值为 1；如果第 i 个推荐的项目未在真实适用的源项目列表中，则 rel(i)为 0。

③ MRR(mean reciprocal ranking)与在推荐列表中首个被推荐的真实适用的源项目的位置有关。MRR 是每个目标项目 RR(reciprocal ranking)的平均值，定义如下：

$$\mathrm{MRR}=\frac{1}{M}\times\sum_{i=1}^{M}\mathrm{RR}_i \tag{5-6}$$

式中，RR_i 的定义如下：

$$\mathrm{RR}_i=\frac{1}{\mathrm{rank}_i} \tag{5-7}$$

式中，rank_i 表示在给第 i 个新项目推荐源项目时，推荐列表中首次出现的真实适用的源项目的位置(即在推荐列表中的排名)。

5.3.3　实验设置

本章方法实现实验设置如下：Intel(R) Core(TM) i5-4590 CPU@3.30 GHz；8.00 GB 内存；64 位操作系统，基于 X64 的处理器，Windows 10 专业版；开发平台为 Eclipse。

在进行实验时，对预测性能的验证方法采用留一法，即实验中每个项目都被轮流选作为新项目(目标项目)，而其他项目则被视为历史项目，从历史项目中为当前目标项目选择适用的源项目。为了评估历史项目间的适用性，采用了软件缺陷预测中广泛使用的五种分类算法 C4.5、NB、LR、RF 和 SMO。分类算法代码使用 Weka 源代码改进得到，参数设置为 Weka 的默认参数。此外，选择了两个在跨项目缺陷预测性能评估中广泛使用的 AUC 和 F-Measure 指标作为项目间适用性评估指标。为了计算新项目和历史项目之间的相似性，使用了最常使用的欧几里得距离。最后，三个信息检索性能评估指标 F-Measure@N、MAP 和 MRR 被用来评估本章提出的 CFPS 方法的推荐性能。

5.3.4 实验设计

为了说明本章研究内容的必要性以及 CFPS 方法的有效性,本章实验主要从以下三个角度进行设计与分析。

(1) 源项目选择方法的必要性

尽管 Zhou 等[191]已经指出,为特定目标项目选择合适的源项目是重要且必要的,但他们并未专门研究适用的源项目如何随目标项目不同而变化。这意味着,如果任何两个不同的目标项目的适用源项目之间没有显著差异,则研究如何选择适用源项目的方法毫无意义。因此,为了证明源项目选择方法的必要性,本章实验首先研究适用的源项目是否随不同的目标项目变化而变化的问题。每个目标项目的适用源项目信息通过使用给定的分类算法收集,预测结果的性能由特定的预测性能指标进行评估,评估指标值作为衡量适用性的数值。

(2) 最相似的源项目是否是最适用的源项目

基于与目标项目越相似越适合作为其源项目的假设,Herbold[60]利用源项目数据的分布特征,提出了基于欧几里得距离的源项目选择方法 EucPS。对于给定的目标项目,EucPS 方法选择与目标项目最相似的 K 个近邻作为源项目进行学习与构建预测模型,并且证明了使用 EucPS 方法进行源项目选择后预测结果优于没有进行源项目选择的方法。但是,Herbold 没有提供所选择的相似源项目的详细结果,我们有理由怀疑最相似的源项目是否也是最适用的源项目即 EucPS 方法的假设是否成立。因此,在本章研究中,对每两个最相似项目之间的适用性关系进行研究,分析每个项目最相似项目是否也是其最适用项目。

(3) CFPS 方法推荐性能

基于上述两个研究问题的初步发现,本章提出了一种基于协同过滤的源项目选择方法 CFPS。因此,在第三个研究问题中,将 CFPS 方法与目前仅有的源项目选择方法 EucPS 的推荐性能基于前文三种推荐性能评估指标进行比较。

下面对 EucPS 方法进行介绍:该方法首先将对应特定项目的数据集转换为元特征向量,采用每个特征的平均值和标准差来构造元特征向量,这已经被 Herbold[60]证明可以被用于表示给定数据集的分布特征。在获得新项目和历史项目相对应的元特征向量之后,使用欧几里得距离计算两个特征向量之间的距离,该距离即为两个项目之间的距离。EucPS 方法直接选择距离最近的 K 个项目作为源项目,可以理解为其直接利用数据间相似度进行选择。EucPS 方法与本书提出的 CFPS 方法最大的区别在于推荐得分的计算方法。EucPS 方法仅使用相似度作为其推荐得分,而 CFPS 方法使用适用性得分和相似度得分协同过滤计算得出推荐得分。这两个方法的对比结果能够充分表明本书提出的 CFPS 方法在进行源项目选择时加入适用性评分以及协同过滤思想是否有效，并且能够展示本书方法的推荐性能是否有明显提高。

5.3.5 实验结果分析

下面分别进行实验结果分析。

（1）源项目选择方法必要性分析

为了展示源项目选择方法研究的重要性和必要性，研究两个不同目标项目的适用源项目之间是否有显著差异，首先统计每个项目作为目标项目时适用源项目列表中排名前三名的项目。表 5-1 和表 5-2 所列分别是以 AUC 和 F-Measure 作为适用性指标时，每个目标项目的前三个适用源项目。其中，列所示项目作为源项目，行所示项目为目标项目。此外在表 5-1 和表 5-2 中，不同分类算法下的结果用不同的符号表示。例如在表 5-1 中，当分类算法为 C4.5（“√”）时，对目标项目 ant，前三个适用源项目即为在该行中出现了符号“√”的 ivy、lucene 和 poi 项目。

同时，为了更加直观数字化地看出每个项目作为适用源项目的次数，表 5-3 统计了每个项目作为其他目标项目的源项目时，出现在其适用源项目列表前三名中的次数，其中 AUC 和 F-Measure 指标下的统计次数分别是从表 5-1 和表 5-2中统计得到的。

由表 5-1、表 5-2、表 5-3 可以看出：

① 观察表 5-1，垂直进行比较。在相同的评估指标和相同的分类算法下，不同目标项目的适用源项目是不同的。例如，在表 5-1 中，分类算法为 C4.5（由“√”表示）的 ant 和 jedit 项目，ant 的适用源项目是 ivy、lucene 和 poi，而 jedit 的适用源项目是 ivy、tomcat 和 velocity。同样在表 5-2 中也可以进行纵向比较，如分类算法为 LR 时（由“※”表示）的 ant 和 arc 项目，ant 的适用源项目是 lucene、poi 和 synapse，而 arc 的适用源项目是 ant、ivy 和 synapse。

② 分别横向地比较表 5-1 和表 5-2，对于相同的目标项目，对应不同分类算法的适用源项目也是不同的。例如，对于表 5-1 中的 camel 数据集，当分类器为 C4.5（由“√”表示）时，适用源项目为 lucene、xerces 和 ivy；而当分类器为 LR（由“※”表示）时，适用源项目则变为 log4j、velocity 和 lucene。同样对于表 5-2 中的项目也可以发现一样的规律，如当分类算法为 C4.5（由“√”表示）时，synapse 数据集的适用源项目为 lucene、ant 和 velocity；但当分类器为 LR（由“※”表示）时，适用的源项目则变为 lucene、poi 和 xerces。

表 5-1　AUC 指标下每个目标项目的前三个适用源项目

目标项目	适用源项目													
	ant	arc	camel	Ivy	jedit	log4j	lucene	poi	redaktor	synapse	tomcat	velocity	xalan	xerces
ant		×		√△×			√※○	√△×○		※○	※△			
arc	√○			×		△	√×	※		×○		√※△○		※△
camel				√		※△	√※△×○	×				※△×○		√○
ivy	√※△×○						√○	√※△×		※×○		△		
jedit	※△×○			√※△×			※			○	√×	√△○		
log4j	△	×	△×	※			√※×○	√○		○	√※△			
lucene	√※		×	√				√×○		△×○	△	○	※	※△
poi				√			√※△×○		×	√※△×○		○		※△
redaktor	○			△			√	√※○		※△×○	△	√×		※×
synapse	√※×		√※	√×			△×○	△○			△	○	※	
tomcat	√※×			√※△×			√○	△×○		※△○				
velocity	※×	△	√△				√○	※△×○		√×				※○
xalan	※×		√			※△	√※×○	√○		△×○				△
xerces	√※		√		△	※	○	○	×	√※△×○	△×			

表 5-2　F-Measure 指标下每个目标项目的前三个适用源项目

目标项目	适用源项目													
	ant	arc	camel	Ivy	jedit	log4j	lucene	poi	redaktor	synapse	tomcat	velocity	xalan	xerces
ant			√	△			√※△×○	※△×○		※×○		√		
arc	√※△×○			※			√×	△		※×○		√△○		
camel						※△	√※×○	×					√△○	√※△×○
ivy	√※△×○	△	※				√	×		√※×○		△○		
jedit	※△○	×	○	√※×○					√		√※△×	△		
log4j							√△×	※○					√※△×○	√※△×○
lucene						√※△×○							√※△×○	√※△×○
poi						√△×○	※×						√※△○	√※△×○
redaktor				△			△×	√※×○		√※△×○		√		※○
synapse	√					△	√※×○	※×○				√	△	※△×○
tomcat	√※△×○		√×	√※△×				△		※○		○		
velocity						√△×○	√×	※					※△○	√※△×○
xalan						√※△×○	※×○	√		△				√※△×○
xerces						√※△×○	√※×	○		△			√※△×○	

注:√代表 C4.5;※代表 LR;△代表 NB;×代表 RF;○代表 SMO。

表 5-3　每个项目在适用源项目前三名中的次数

项目名	AUC/F-Measure					SUM
	C4.5	LR	NB	RF	SMO	
ant	6/4	8/4	3/4	6/3	4/4	27/19
arc	0/0	0/0	1/1	2/1	0/0	3/2
camel	4/2	1/1	2/0	2/1	0/1	9/5
ivy	7/2	3/3	4/3	5/2	0/1	19/11
jedit	0/0	0/0	1/0	0/0	0/0	1/0
log4j	0/5	3/4	3/7	0/5	0/5	6/26
lucene	10/8	6/6	3/3	6/10	10/4	35/31
poi	6/2	4/5	5/3	6/5	9/5	30/20
redaktor	0/1	0/0	0/0	2/0	0/0	2/1
synapse	3/2	6/5	6/3	8/4	11/5	34/19
tomcat	2/1	2/1	6/1	2/1	0/0	12/4
velocity	3/4	2/0	4/3	2/0	6/3	17/10
xalan	0/5	2/5	0/7	0/3	0/6	2/26
xerces	1/6	5/8	4/7	1/7	2/8	13/36

③ 同时比较表 5-1 和表 5-2 可以发现，对于同一目标项目且所使用的分类器也相同时，预测性能的评估指标不同也会导致适用源项目的不同。例如，同样使用 synapse 作为目标项目且分类器均为 NB（由“△”表示）时，在评估指标为 AUC 时，适用的源项目为 lucene、poi 和 tomcat，但当评价指数为 F-Measure 时，适用的源项目变为 log4j、xalan 和 xerces。

④ 观察表 5-3 中统计的关于表 5-1 和表 5-2 中每个数据集出现的次数，可以更加清晰明了地看出：每个项目都有作为其他项目适用源项目的可能性，并不存在有某几个适用于所有目标项目的“全能型”数据集；并且每个数据集在面对不同的分类算法或不同的评价指标时也均表现出了其作为适用源项目次数的不同。

综上，实验结果证明了研究为不同目标项目自动推荐其适用源项目的方法是十分有必要的，且这也有助于进行软件缺陷预测时根据特定的分类算法或评估指标确定哪个源项目更为合适。

(2) 最相似项目的适用源项目结果分析

为了分析相似项目是否是适用源项目以及相似项目的适用源项目是否相同，表 5-4 和表 5-5 分别表示在评估指标为 AUC 和 F-Measure 时每个项目及其最相似项目对应的适用源项目。表格每两横行为一组，每组第一列的两个项目作为目标项目且互为一对最近邻项目，除去第一列剩余的每四列为一组，共五组代表在五种分类算法下分别适用当前目标项目的源项目。

表 5-4　AUC 指标下最相似项目对的适用源项目统计

目标项目	适用源项目																			
	C4.5				LR				NB				RF				SMO			
ant	**ivy**	**luc**	**poi**	*cam*	tom	syn	**luc**	ivy	**poi**	ivy	tom	syn	arc	**poi**	ivy	**luc**	syn	**poi**	**luc**	**vel**
cam	**luc**	**ivy**	xer	**poi**	**luc**	log	vel	tom	vel	log	luc	**poi**	vel	**luc**	**poi**	syn	**luc**	**vel**	xer	**poi**
arc	**luc**	**ant**	vel	**ivy**	vel	xer	poi	**luc**	vel	log	xer	**luc**	**luc**	**ivy**	*syn*	vel	**vel**	*syn*	**ant**	**luc**
syn	**ivy**	**ant**	cam	**luc**	tom	ant	xal	**luc**	**luc**	poi	tom	ivy	**ivy**	ant	**luc**	poi	**luc**	poi	**vel**	**ant**
cam	luc	**ivy**	xer	poi	**luc**	log	vel	tom	**vel**	log	**luc**	poi	vel	luc	poi	**syn**	luc	**vel**	xer	poi
jed	vel	tom	**ivy**	syn	ivy	ant	**luc**	xer	ant	ivy	**vel**	**luc**	tom	ivy	ant	**syn**	syn	ant	**vel**	ivy
ivy	luc	poi	ant	syn	syn	ant	poi	tom	ant	poi	vel	syn	ant	syn	poi	vel	syn	luc	ant	poi
log	luc	poi	tom	ant	luc	tom	ivy	xal	ant	cam	tom	jed	cam	luc	arc	poi	poi	luc	syn	xer
jed	vel	tom	**ivy**	syn	ivy	ant	**luc**	xer	ant	ivy	**vel**	**luc**	tom	ivy	ant	**syn**	syn	ant	**vel**	ivy
cam	luc	**ivy**	xer	poi	**luc**	log	vel	tom	**vel**	log	**luc**	poi	vel	luc	poi	**syn**	luc	**vel**	xer	poi
log	**luc**	**poi**	tom	**ant**	luc	**tom**	*ivy*	xal	**ant**	cam	tom	jed	cam	luc	arc	**poi**	**poi**	**luc**	**syn**	xer
ivy	**luc**	**poi**	**ant**	syn	syn	ant	poi	**tom**	**ant**	poi	vel	syn	ant	syn	**poi**	vel	**syn**	**luc**	ant	**poi**
luc	poi	ant	**ivy**	**syn**	xal	**ant**	**xer**	tom	tom	xer	syn	log	poi	**syn**	cam	**ant**	poi	**syn**	**vel**	xer
jed	vel	tom	**ivy**	**syn**	ivy	**ant**	luc	**xer**	ant	ivy	vel	luc	tom	ivy	**ant**	**syn**	**syn**	ant	**vel**	ivy
poi	syn	**luc**	**ivy**	xer	**syn**	**ant**	luc	log	**syn**	xer	luc	jed	luc	syn	red	cam	**luc**	**syn**	vel	**ant**
tom	ant	**luc**	**ivy**	cam	**syn**	**ant**	ivy	poi	poi	ivy	**syn**	ant	ant	ivy	poi	red	**syn**	**luc**	poi	ant
red	poi	vel	**luc**	*syn*	*syn*	poi	xer	log	syn	**tom**	**ivy**	log	xer	syn	vel	**poi**	syn	**poi**	**ant**	xer
syn	ivy	ant	cam	**luc**	tom	ant	xal	luc	luc	poi	**tom**	**ivy**	ivy	ant	luc	**poi**	luc	**poi**	vel	**ant**
syn	*ivy*	**ant**	cam	**luc**	**tom**	**ant**	xal	luc	luc	**poi**	tom	*ivy*	*ivy*	**ant**	luc	**poi**	**luc**	**poi**	vel	**ant**
ivy	**luc**	poi	**ant**	syn	syn	**ant**	poi	tom	ant	**poi**	vel	syn	**ant**	syn	**poi**	vel	syn	**luc**	**ant**	**poi**
tom	ant	luc	**ivy**	cam	syn	**ant**	**ivy**	poi	poi	**ivy**	syn	**ant**	**ant**	**ivy**	poi	red	**syn**	luc	poi	**ant**
jed	vel	tom	**ivy**	syn	**ivy**	**ant**	luc	xer	**ant**	**ivy**	vel	luc	tom	**ivy**	**ant**	syn	**syn**	**ant**	vel	ivy
vel	luc	**cam**	**syn**	*xer*	**poi**	**ant**	*xer*	luc	poi	cam	arc	**ivy**	ant	poi	**syn**	luc	**luc**	*xer*	**poi**	**ant**
xer	**syn**	**cam**	ant	ivy	log	syn	**ant**	**poi**	syn	tom	jed	**ivy**	red	**syn**	tom	arc	**poi**	**luc**	syn	**ant**
xal	luc	cam	poi	**syn**	**luc**	**ant**	log	**xer**	xer	syn	log	**luc**	luc	**syn**	**ant**	arc	luc	poi	**syn**	**vel**
jed	vel	tom	ivy	**syn**	ivy	**ant**	**luc**	**xer**	ant	ivy	vel	**luc**	tom	ivy	**ant**	**syn**	**syn**	ant	**vel**	ivy
xer	**syn**	**cam**	ant	ivy	log	syn	**ant**	**poi**	syn	tom	jed	**ivy**	red	**syn**	tom	arc	**poi**	**luc**	syn	**ant**
vel	luc	**cam**	**syn**	xer	**poi**	**ant**	xer	luc	poi	cam	arc	**ivy**	ant	poi	**syn**	luc	**luc**	xer	**poi**	**ant**

表 5-5　F-Measure 指标下最相似项目对的适用源项目统计

目标项目	适用源项目																			
	C4.5				LR				NB				RF				SMO			
ant	**luc**	vel	*cam*	poi	syn	poi	**luc**	**xer**	poi	**luc**	ivy	vel	**poi**	syn	**luc**	**log**	syn	poi	**luc**	vel
cam	**luc**	xer	xal	log	**luc**	**xer**	log	xal	log	xal	xer	**luc**	**luc**	**poi**	xer	**log**	**luc**	xer	xal	log
arc	**ant**	**luc**	**vel**	*syn*	ant	*syn*	ivy	vel	ant	**poi**	vel	*syn*	luc	ant	*syn*	**poi**	vel	*syn*	ant	**luc**
syn	**ant**	**luc**	**vel**	cam	luc	poi	xer	log	xer	log	xal	**poi**	**poi**	luc	xer	log	**luc**	poi	xer	xal
cam	luc	xer	xal	log	luc	xer	log	xal	log	xal	xer	luc	luc	poi	xer	log	luc	xer	xal	log
jed	ivy	tom	red	ant	tom	ivy	ant	syn	vel	tom	ant	ivy	ivy	tom	arc	cam	ivy	cam	ant	red
ivy	ant	syn	**luc**	cam	ant	syn	cam	**poi**	arc	ant	vel	tom	ant	syn	**poi**	vel	ant	syn	vel	**luc**
log	xal	xer	**luc**	poi	xal	xer	**poi**	luc	xal	xer	luc	syn	xal	xer	luc	**poi**	xal	xer	poi	**luc**
jed	ivy	tom	red	ant	tom	ivy	ant	syn	vel	tom	ant	ivy	ivy	tom	arc	cam	ivy	*cam*	ant	red
cam	luc	xer	xal	log	luc	xer	log	xal	log	xal	xer	luc	luc	poi	xer	log	luc	xer	xal	log
log	xal	xer	**luc**	poi	xal	xer	poi	luc	xal	xer	luc	syn	xal	xer	luc	**poi**	xal	xer	poi	**luc**
ivy	ant	syn	**luc**	cam	ant	syn	cam	**poi**	arc	ant	vel	tom	ant	syn	**poi**	vel	ant	syn	vel	**luc**
luc	xal	log	xer	poi	xal	log	xer	poi	xal	xer	log	syn	xal	log	xer	poi	xer	xal	log	poi
jed	ivy	tom	red	ant	tom	ivy	ant	syn	vel	tom	ant	ivy	ivy	tom	arc	cam	ivy	cam	ant	red
poi	xer	log	xal	syn	luc	xer	xal	log	log	xer	xal	syn	luc	xer	log	xal	xer	xal	log	**luc**
tom	ant	cam	ivy	luc	ant	syn	ivy	cam	ivy	ant	poi	cam	ant	ivy	cam	poi	syn	ant	vel	**luc**
red	*syn*	**vel**	poi	log	*syn*	**poi**	**xer**	xal	luc	*syn*	ivy	**xer**	**poi**	*syn*	**luc**	**xer**	*syn*	*poi*	*xer*	*xal*
syn	ant	luc	**vel**	cam	luc	**poi**	**xer**	log	**xer**	log	xal	poi	**poi**	**luc**	**xer**	log	luc	**poi**	**xer**	**xal**
syn	**ant**	**luc**	vel	**cam**	luc	**poi**	xer	log	xer	log	xal	poi	**poi**	luc	xer	log	**luc**	poi	xer	xal
ivy	**ant**	syn	**luc**	**cam**	ant	syn	cam	**poi**	arc	ant	vel	tom	ant	syn	**poi**	vel	ant	syn	vel	**luc**
tom	**ant**	cam	**ivy**	luc	**ant**	**syn**	**ivy**	cam	**ivy**	**ant**	poi	cam	ant	**ivy**	**cam**	poi	syn	**ant**	vel	luc
jed	**ivy**	tom	red	**ant**	tom	**ivy**	**ant**	**syn**	vel	tom	**ant**	**ivy**	**ivy**	tom	arc	**cam**	ivy	cam	**ant**	red
vel	**luc**	*xer*	**log**	**xal**	**poi**	*xer*	**xal**	**log**	**xal**	**log**	*xer*	**luc**	*xer*	**log**	**luc**	**xal**	*xer*	**xal**	**log**	**poi**
xer	**xal**	**log**	**luc**	poi	**log**	**xal**	luc	**poi**	**xal**	**log**	syn	**luc**	**xal**	**log**	**luc**	poi	**log**	**xal**	**poi**	luc
xal	xer	log	poi	luc	log	xer	luc	poi	log	xer	syn	luc	log	xer	luc	poi	log	xer	luc	poi
jed	ivy	tom	red	ant	tom	ivy	ant	syn	vel	tom	ant	ivy	ivy	tom	arc	cam	ivy	cam	ant	red
xer	**xal**	**log**	**luc**	poi	**log**	**xal**	luc	**poi**	**xal**	**log**	syn	**luc**	**xal**	**log**	**luc**	poi	**log**	**xal**	**poi**	luc
vel	**luc**	xer	**log**	**xal**	**poi**	xer	**xal**	**log**	**xal**	**log**	xer	**luc**	xer	**log**	**luc**	**xal**	xer	**xal**	**log**	**poi**

由表 5-4 和表 5-5 可以看出：

① 观察表格中双下划线斜体标识的部分，其代表的是最相似的项目出现在了适用源项目前四名中。但明显可以看出，两个表中此标识部分都非常稀少，即最相似的项目很可能不是其最适用的源项目，即使将适用条件放宽到适用源项目前四名也很少是其相似的那个项目。例如在表 5-4 中，使用 NB 分类算法时，在 14 组最近邻项目中仅有两组的最近邻同时也在适用源项目排名前四名中。因此，在推荐源项目时仅根据相似度并不能准确推荐到适用的源项目。

② 两个表中黑色粗体标记表示两个项目之间相同的适用源项目。从这部分标记中可以看出，目标项目和其最相似数据集的适用源项目之间有大量相同的适用源项目。例如在表 5-4 中，目标项目为 arc 时，与它最近的项目是 syn 项目，这两个项目的适用源项目前四名中有三个是相同的。这也说明了将与目标项目相似数据集的适用源项目推荐给目标项目是有意义的。

③ 实验结果中的黑色粗体部分也表明了虽然与最相似项目有相同的适用源项目，但它们也并不完全相同。因此，仅基于最相似项目的适用源项目来推荐也不够全面。因此，本书提出的 CFPS 方法在构建推荐网络时考虑了寻找多个相似数据集的适用源项目进行协同推荐。

总结以上三点可知，进行源项目选择时仅选择相似度高的项目作为源项目是不够准确的。不仅应考虑项目间相似性，还应考虑与目标项目相似数据集的适用源项目，很多相似项目拥有相同的适用源项目。本章提出的源项目选择方法 CFPS 在计算推荐得分时同时使用了相似度得分和适用性得分。以下部分将进行对比实验，进一步说明本书提出的 CFPS 方法的推荐性能。

(3) 推荐性能结果分析

为了能够更加直观地展示 CFPS 方法的推荐性能是否有明显提升，本节在表 5-6 和表 5-7 中展示了 CFPS 方法和 EucPS 方法的预测性能对比。其中，表 5-6为使用 AUC 作为适用性得分评估指标时的推荐结果，表 5-7 为适用性得分使用 F-Measure 指标进行评估时的推荐结果。

表 5-6　AUC 指标下 CFPS 方法与 EucPS 方法的推荐性能比较

分类算法	K	N	F-Measure@N		MAP		MRR	
			CFPS	EucPS	CFPS	EucPS	CFPS	EucPS
C4.5	3	3	**0.523 8**	0.095 2	**0.484 1**	0.047 6	**0.833 3**	0.142 9
	5	5	**0.757 1**	0.357 1	**0.661 9**	0.189 8	**0.916 7**	0.514 3
	7	7	**0.785 7**	0.520 4	**0.756 4**	0.313 9	**1.000 0**	0.619 0
	10	10	**0.857 1**	0.757 1	**0.800 5**	0.589 7	**1.000 0**	0.833 3

表5-6(续)

分类算法	K	N	F-Measure@N		MAP		MRR	
			CFPS	EucPS	CFPS	EucPS	CFPS	EucPS
LR	3	3	**0.476 2**	0.261 9	**0.400 8**	0.142 9	**0.750 0**	0.428 6
	5	5	**0.571 4**	0.442 9	**0.482 9**	0.256 4	**0.892 9**	0.517 9
	7	7	**0.755 1**	0.591 8	**0.678 0**	0.395 4	**0.964 3**	0.642 9
	10	10	**0.907 1**	0.850 0	**0.885 8**	0.763 0	**1.000 0**	0.928 6
NB	3	3	**0.357 1**	0.142 9	**0.289 7**	0.067 5	**0.607 1**	0.202 4
	5	5	**0.557 1**	0.371 4	**0.421 7**	0.202 1	**0.827 4**	0.523 8
	7	7	**0.775 5**	0.571 4	**0.650 0**	0.369 5	**0.881 0**	0.654 8
	10	10	**0.892 9**	0.835 7	**0.870 2**	0.688 0	**0.964 3**	0.821 4
RF	3	3	**0.500 0**	0.214 3	**0.373 0**	0.138 9	**0.642 9**	0.345 2
	5	5	**0.614 3**	0.314 3	**0.504 3**	0.164 8	**0.785 7**	0.495 2
	7	7	**0.775 5**	0.500 0	**0.716 9**	0.311 3	**0.964 3**	0.633 3
	10	10	**0.878 6**	0.750 0	**0.840 4**	0.593 6	**0.964 3**	0.881 0
SMO	3	3	**0.785 7**	0.142 9	**0.722 2**	0.099 2	**0.857 1**	0.297 6
	5	5	**0.857 1**	0.314 3	**0.826 7**	0.166 0	**0.964 3**	0.520 2
	7	7	**0.918 4**	0.510 2	**0.900 9**	0.335 3	**0.964 3**	0.690 5
	10	10	**0.928 6**	0.800 0	**0.898 9**	0.668 3	**0.964 3**	0.857 1

表 5-7 F-Measure 指标下 CFPS 方法与 EucPS 方法的推荐性能比较

分类算法	K	N	FMeasure@N		MAP		MRR	
			CFPS	EucPS	CFPS	EucPS	CFPS	EucPS
J48	3	3	**0.452 4**	0.285 7	**0.400 8**	0.182 5	**0.583 3**	0.404 8
	5	5	**0.642 9**	0.414 3	**0.549 5**	0.270 5	**0.770 2**	0.570 2
	7	7	**0.806 1**	0.591 8	**0.710 7**	0.406 7	**0.892 9**	0.696 4
	10	10	**0.892 9**	0.814 3	**0.853 2**	0.668 7	**1.000 0**	0.821 4
LR	3	3	**0.452 4**	0.285 7	**0.361 1**	0.182 5	**0.559 5**	0.428 6
	5	5	**0.757 1**	0.414 3	**0.697 4**	0.261 2	**0.790 5**	0.492 9
	7	7	**0.806 1**	0.622 4	**0.723 1**	0.446 7	**0.803 6**	0.716 7
	10	10	**0.907 1**	0.842 9	**0.873 6**	0.749 1	**0.928 6**	0.857 1

表5-7(续)

分类算法	K	N	FMeasure@N		MAP		MRR	
			CFPS	EucPS	CFPS	EucPS	CFPS	EucPS
NB	3	3	**0.571 4**	0.333 3	**0.571 4**	0.198 4	**0.571 4**	0.404 8
	5	5	**0.628 6**	0.457 1	**0.560 7**	0.288 1	**0.707 1**	0.588 1
	7	7	**0.704 1**	0.591 8	**0.592 8**	0.397 9	**0.734 5**	0.645 2
	10	10	**0.914 3**	0.785 7	**0.866 1**	0.627 9	**0.964 3**	0.750 0
RF	3	3	**0.428 6**	0.261 9	**0.400 8**	0.170 6	**0.535 7**	0.369 0
	5	5	**0.742 9**	0.400 0	**0.675 2**	0.261 0	**0.764 3**	0.540 5
	7	7	**0.857 1**	0.591 8	**0.784 6**	0.400 9	**0.839 3**	0.663 1
	10	10	**0.914 3**	0.807 1	**0.890 8**	0.684 2	**1.000 0**	0.857 1
SMO	3	3	**0.500 0**	0.309 5	**0.472 2**	0.234 1	**0.607 1**	0.440 5
	5	5	**0.742 9**	0.385 7	**0.690 0**	0.242 4	**0.821 4**	0.516 7
	7	7	**0.918 4**	0.581 6	**0.860 3**	0.376 0	**0.946 4**	0.603 6
	10	10	**0.985 7**	0.828 6	**0.977 9**	0.719 1	**1.000 0**	0.892 9

在开始展示实验结果之前，定义 K 表示真实预测结果下的真实适用的源项目的数量，N 表示推荐列表中推荐给目标项目作为适用源项目的数量。K 和 N 的取值共选择 4 组，即 K 和 N 分别取值为 3、5、7、10。

表格中展示的实验结果均是每个评估指标在 14 个目标项目上的推荐性能平均值，每个评估指标下的两列分别代表 CFPS 方法和 EucPS 方法的推荐结果。

在表 5-6 和表 5-7 中，黑色加粗标记的部分为 CFPS 方法和 EucPS 方法中实验结果更好的一个。可以清晰地看出，所有黑色加粗的部分均为 CFPS 方法的实验结果，即 CFPS 方法在适用性评分为 AUC 和 F-Measure 且采用五种不同的分类算法时的推荐性能在使用三种指标进行评估时都明显优于 EucPS 方法，并且随着 K 和 N 取值的变化实验结果依然保持着稳定的提升。

为了更加直观地展示 CFPS 方法较 EucPS 方法提升的程度，在每个适用性评价指标下计算每个推荐性能评估指标用 CFPS 方法和 EucPS 方法的推荐结果均值，如图 5-3 所示，图中深色柱形代表本书提出的 CFPS 方法，浅色柱形代表对比方法 EucPS，两个子图分别为适用性评估指标为 AUC 和 F-Measure 时的实验结果，每幅子图中的三组结果分别为三个推荐性能评估指标下的结果，其中使用 F-M 代表 FMeasure@N 指标。

从图 5-3 中可以看出，在两种适用性评分以及三种推荐性能评估指标下，

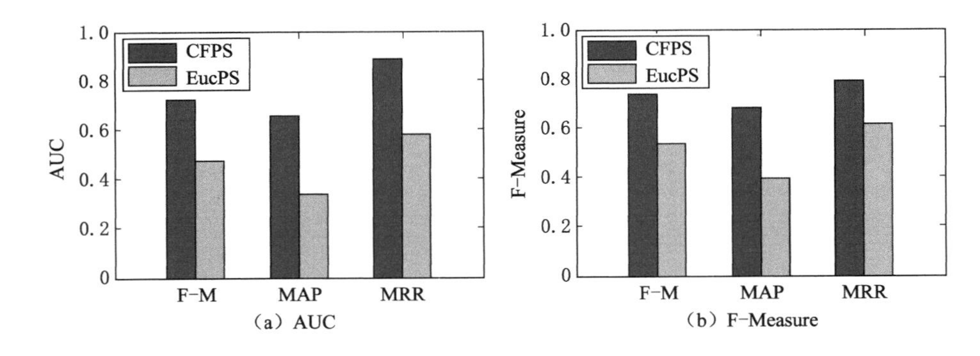

图 5-3 CFPS 方法与 EucPS 方法推荐性能均值对比

CFPS 方法均相对 EucPS 方法有明显优势，在适用性评分为 AUC 时，在三种推荐指标下提升比例分别达到 55%、102%和 54%。CFPS 方法均相对 EucPS 方法的提升比例在适用性评分指标为 F-Measure 时达到 38%、74%和 29%。

综上可以证明，本书提出的 CFPS 方法能够有效推荐目标项目的适用源项目，且对目前的源项目选择方法 EucPS 在推荐性能上有非常显著的提升。

5.4 本章小结

随着互联网上公开的缺陷数据越来越多，解决跨项目缺陷预测时如何为当前目标项目选择源项目的问题迫在眉睫，源项目的质量将直接影响预测模型的性能。本章对跨项目缺陷预测背景下的源项目选择方法进行研究，经统计分析发现，与目标项目最相似的项目不是其最适用的源项目，且两个相似的项目有大量相同的适用的源项目。因此，本章提出了利用相似度和适用性协同过滤的 CFPS 方法，包括项目间适用性挖掘、项目间相似度挖掘和协同过滤推荐三个主要步骤。

实验在五种分类算法下进行，包括 C4.5、LR、NB、RF 和 SMO。适用性得分指标为 AUC 和 F-Measure；推荐性能的评估指标为 F-Measure@N、MAP 和 MRR。研究包括三个部分：第一部分实验结果证实了不同目标项目的适用源项目是不同的，因此研究源项目选择方法十分必要；第二部分验证了推荐过程只考虑相似度并不准确，在推荐时加入了适用性得分进行协同过滤；第三部分是在不同的 K 和 N 取值下对比 CFPS 方法的推荐性能，在三个评估指标下的实验结果均证明了 CFPS 方法在推荐性能上的提升非常明显。

第 6 章　基于集成学习的跨项目缺陷预测方法

6.1　引言

第 5 章对源项目选择方法进行了深入研究，提出了一种能够有效选择适用源项目的方法，尽管源项目选择方法选择出了一些适用的源项目，但是这些源项目不同的使用方式也会导致跨项目缺陷预测方法预测性能的不同。考虑到不同源项目和目标项目之间的数据分布差异明显不同，本书基于集成学习的思想提出了一种跨项目缺陷预测方法。跨项目缺陷预测的研究已经逐渐成为软件缺陷预测领域的研究热点。

首先，在第 5 章提出的基于协同过滤的源项目选择方法 CFPS 中，得到了按照推荐得分由高至低排序的适用源项目列表，且在 5.4 节实验结果与分析中，基于协同过滤的源项目选择方法选择的适用源项目与真实预测结果中适用源项目的对比已经证明了该推荐方法的推荐性能很好。但得到这个推荐列表之后如何更加有效地应用于跨项目缺陷预测方法，也是本章研究的一个重点。这些源项目不同的使用方式会直接导致不同的跨项目缺陷预测方法性能。使用方式最直接的是将推荐列表第一名的项目作为当前目标项目的源项目，本章对这个方式是否是最优的以及是否还有更好的使用方式进行了研究。最终进行分析与实验认为取推荐列表前 K 名的源项目分别作为训练数据构建模型并集成可以得到最优的预测结果。

集成学习的主要思想是使用某种方法结合多个个体分类器得到一个更加强大的分类器来进行最终的预测。根据个体分类器是否是同种分类算法可以把集成分为同质集成和异质集成，同质集成即集成中的个体分类器都是相同的分类算法，如都是逻辑回归或都是决策树，只是训练它们的数据不同，这些个体分类器也叫作基分类器，本方法中的集成均为同质集成。同时，根据组合个体分类器方法的不同，集成还可以分为串行集成和并行集成。串行集成是串行的生成个体分类器，通过给前面个体分类器分类错误的实例增加权重来提高当前分类器在这些错误样本上的预测表现。而并行集成是并行地产生基分类器，基分类器之间是相对独立的，通过平均来降低误差。本方法中的集成均为并行集成，集成后的预测模型能够提高单个个体分类器的预测性能，且由于构建个体分类器的源项目均来自不同项目，因此构建的基分类器更加多样化，各个基分类器之间更加独立。

因此，本章提出了一种基于集成学习的跨项目缺陷预测方法 ELCPDP（Ensemble Learning based Cross-Project Defect Prediction）。ELCPDP 方法通过选择 K 个适用源项目并分别构建模型得到 K 个基分类器，对这 K 个基分类器进行同质的并行集成得到最终对目标项目进行缺陷预测的集成预测器。该方法不仅考虑了解决跨项目缺陷预测中的源项目分布差异较大的问题，同时还提出了将推荐源项目更好应用于缺陷预测的方式。

6.2 跨项目缺陷预测方法

本节对基于集成学习的跨项目缺陷预测方法进行详细描述，首先提出该算法的整体框架，然后分别介绍三个主要步骤。

6.2.1 方法框架

跨项目缺陷预测是对新的项目即目标项目来说，通过来自不同项目的源项目构建模型之后对目标项目进行预测的。本章提出的基于集成学习的跨项目缺陷预测方法首先使用源项目选择方法得到适用源项目，然后通过模型构建与集成得到集成预测器后对目标项目进行缺陷预测。ELCPDP 方法整体框架如图 6-1 所示。

如图 6-1 所示，ELCPDP 方法包括三个主要步骤（均已在图中使用虚框标出），下面首先简单描述三个步骤。

① 源项目选择：通过源项目选择方法，从众多历史项目中选择 K 个适合于当前目标项目的源项目 $T_1, T_2, \cdots, T_K$，同时为了保证方法是在跨项目研究背景下的，适用源项目的选择均是与目标项目来自不同项目的，源项目选择是为了在历史项目中寻找更加适合当前目标项目的源项目。

② 模型构建与集成：将前一步选择出来的 K 个源项目每个都单独作为训练数据并行构建基分类器，构建基分类器使用的是机器学习中常用的分类算法，包括 C4.5、LR、RF 等。最终可以构建 K 个基分类器 $P_1, P_2, \cdots, P_K$。K 个基分类器通过加权概率投票的结合策略集成为一个最终预测器 P^*。

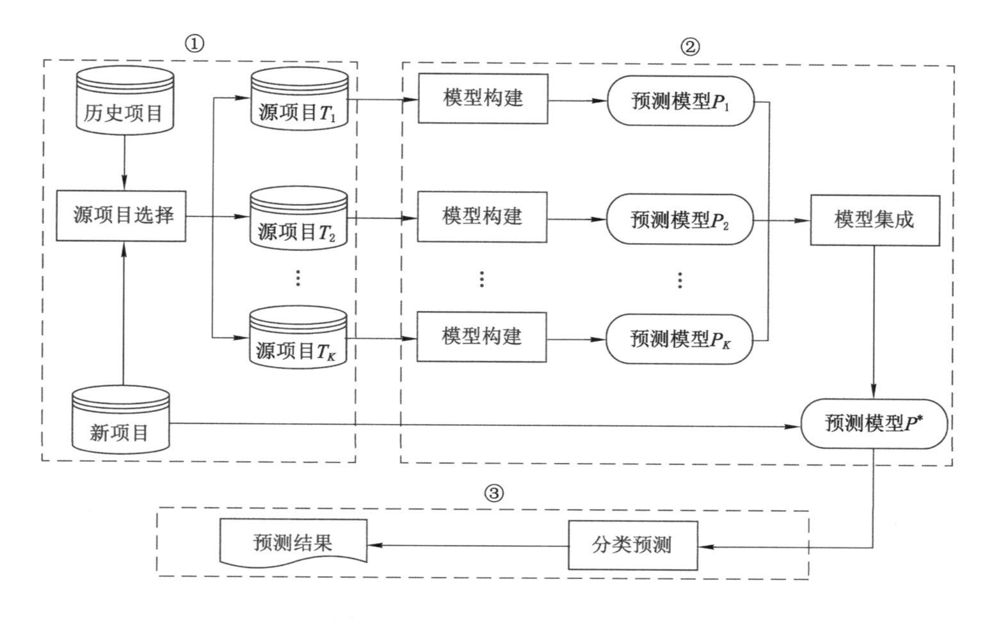

图 6-1　ELCPDP 方法整体框架

③ 缺陷预测：使用由模型构建与集成步骤得到预测模型 P^* 对特定目标项目中所有待预测的实例依次进行有缺陷或无缺陷的二分类预测，最终得到目标项目中所有实例的预测结果。

这三部分将分别在后续的 6.2.2、6.2.3 和 6.2.4 小节进行详细说明。

6.2.2　源项目选择

跨项目缺陷预测方法使用来自其他项目的数据作为训练数据，解决了原来项目内缺陷预测研究中训练数据不足的问题，但同时也带来了因为数据分布差异过大而导致的预测性能降低的问题。训练数据的质量如何将直接影响所构建的预测模型对目标项目的预测性能。因此，在使用跨项目缺陷预测方法时，首先应使用适当的源项目选择方法选择适合当前目标项目的源项目作为它的训练数据。

在源项目选择问题的研究中，由于不同目标项目对应的适用源项目并不相同，且可能因为分类器或评价指标不同导致同一目标项目对应不同的适用源项目，因此需要研究一种能够自动为当前目标项目推荐适用源项目的方法。

Herbold[60]提出了一种基于欧几里得距离的源项目选择方法 EucPS，EucPS 方法根据可用数据的分布特征选择源项目。对于给定的目标项目，

EucPS 方法选择与目标项目距离最近即最相似的项目作为源项目。但是在上一章的实验研究与分析中发现与目标项目最相似的项目可能并不是其最适用的项目，同时也观察发现了最相似的两个项目对应的适用源项目之间有大量相同的，因此本章方法在第一步源项目选择中使用在第 5 章提出的基于协同过滤的源项目选择方法 CFPS，在进行适用性挖掘和相似度挖掘后，通过找寻与目标项目最相似项目的适用源项目并结合相似度得分协同推荐适用的源项目。

CFPS 方法主要是将项目间适用性挖掘与相似度挖掘进行结合，协同过滤推荐出最适合当前目标项目的源项目，主要过程分为三步：首先对每个项目作为其他项目源项目时的适用性进行挖掘，计算其对应的适用性得分；其次对于给定的新项目或目标项目，挖掘它与每个历史项目之间的相似度关系，计算相应的相似度得分；最后利用前两步获得的适用性得分和相似度得分，计算每个项目作为当前目标项目源项目时的推荐得分并以此为新项目推荐适用的源项目。

在本章方法中，源项目选择步骤作为跨项目缺陷预测方法的第一步是要为后续模型构建与集成步骤选择训练模型所需要的训练数据。使用 CFPS 方法选择出来的当前目标项目的 K 个适用源项目将在下一步分别训练模型。

6.2.3 模型构建与集成

(1) 模型构建

第一步源项目选择得到 K 个推荐源项目之后，第二步模型构建与集成中首先要构建基分类器。在训练每个基分类器时训练数据都为一个单独的源项目。对每个基分类器来说，构建模型首先要对训练数据的特征(即属性)以及缺陷信息进行分析，即预测器需要学习并得到特征和缺陷信息之间的假设函数关系(记作 h)。在本书方法的研究中，缺陷信息是指二分类的缺陷类标签，即把缺陷数量大于 0 的实例记作有缺陷的，标记其类别标签为 Y(Yes)，缺陷数量等于 0 的实例记作无缺陷的，标记其类别标签为 N(No)。K 个源项目首先会构建出 K 个预测模型 $P_1, P_2, \cdots, P_K$，其中 K 个预测模型也相对应其学习得到的 K 个函数关系 $h_1, h_2, \cdots, h_K$。

每次构建的基分类器均为同质的，即在同一次集成中所有的基分类器使用相同的分类算法。同时为了证明方法能够在多个分类算法下获得同样稳定的实验结果，分别在 5 种分类算法下进行实验。本实验中分类算法的选择为跨项目软件缺陷预测研究中常用的 5 个算法：C4.5、NB、LR、RF 和 SMO。

另外，在构建基分类器时，由于每个基分类器的训练数据中使用的均是来自不同项目的数据，因此构建的基分类器更加多样化，基分类器相互之间更加独立，更有助于降低泛化误差，并且由于每次构建基分类器时使用的项目都是通过源项目选择方法选择的适用于当前目标项目的源项目数据，因此也不会因为训练数据完全不同而造成某些基分类器性能过差。

（2）模型集成

基分类器构建完成之后使用结合策略进行集成得到最终的预测模型。首先集成学习不是一个单独的机器学习算法，是将多个基分类器集成为一个集成预测器之后进行最终预测的。在当前方法中，得到第二步训练好的 K 个基分类器之后，需要使用一种结合策略将其进行集成。集成学习中针对分类问题常见的基分类器结合策略有：

① 简单投票法：首先得到每个基分类器对当前样本的分类结果，然后每个基分类器均有一票投给对当前样本所分的类。最终统计每个类得到的票数，得票最多的类即为集成预测器对当前样本最终的预测结果。

② 加权投票法：与简单投票法类似，但不同之处在于每个基分类器投票时权重不同，即每个基分类器投票时不全是按一票计。根据每个基分类器权重的不同，在计算得票数时每一票乘以每个基分类器的权重才能得到最终得票数。同样得票最多的类即为当前样本的最终预测结果。

③ 概率投票法：每个基分类器在得到对当前样本的分类结果之前，会有一组将当前样本预测为每一类的概率值数组，最终基分类器的分类结果是对应概率值最大的一个类。因此，在每个基分类器投票时可以对每一个类以概率值为票数投票，此时每个类最终的得票数即为每个基分类器对该条样本分为该类的概率值总和，如基分类器 h_0 预测样本 x 为 Y 类的概率为 $h_0(\text{Y})$，预测 x 为 N 类的概率为 $h_0(\text{N})$，则基分类器 h_0 投票给 Y 类的票数为 $h_0(\text{Y})$，给 N 类的票数为 $h_0(\text{N})$。

本方法中提出了一种基分类器结合策略为加权概率投票方法。在概率投票法的基础上加入了目标项目与构建当前基分类器所用源项目之间的相似度值作为权值，其中源项目与目标项目之间的相似度值计算公式如下：

$$\text{SimiScores}[i]=\frac{1}{1+\text{Euc}[i]} \tag{6-1}$$

源项目与目标项目之间相似度越高则由该源项目训练出来的基分类器在投票时权重越高。考虑相似度作为权重能够降低数据间分布差异，使得投票结果相对原始投票方法准确性更优（使用相似度作为投票权重与不使用相似度作为权重的预测结果对比详见 6.3.3 小节实验结果与分析第一部分）。将基分类器使用加权概率投票结合策略集成为最终集成预测器的详细过程如图 6-2 所示。

在图 6-2 中，$h_1, h_2, \cdots, h_K$ 为每个基分类器训练完成之后得到的一个对应的假设函数，集成分类器 P^* 对应的假设函数可以表示为 $h^* = F(h_1, h_2, \cdots,$

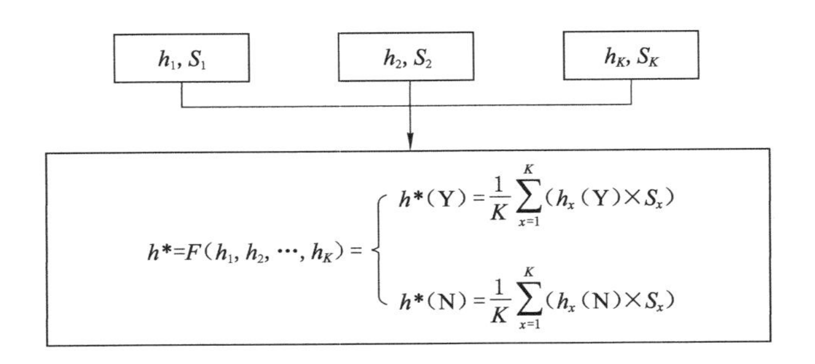

图 6-2　基分类器结合策略

h_K)。其中用于训练每个基分类器的源项目与目标项目之间的相似度值表示为 $S_1, S_2, \cdots, S_K$。通过对 K 个基分类器的加权概率投票计算可以得到最终在集成分类器 P^* 对某条特定实例的预测结果,预测其为有缺陷类的概率为 $h^*(\mathrm{Y})$,预测其为无缺陷类的概率为 $h^*(\mathrm{N})$,即最终的预测结果是由 K 个基分类器共同投票决定的,能够有效减少基分类器的泛化误差、提高预测性能。

6.2.4　缺陷预测

在得到上一步的集成预测器 P^* 后,使用对应的假设函数 h^* 所示的计算规则对目标项目中每一条待预测实例进行缺陷预测。比较预测为有缺陷类的概率 $h^*(\mathrm{Y})$ 和预测为无缺陷类的概率 $h^*(\mathrm{N})$ 的大小。若 $h^*(\mathrm{Y})$ 值更大则预测当前实例为有缺陷的,若 $h^*(\mathrm{N})$ 值更大则预测为无缺陷的。逐一预测完目标项目中每一条待预测实例的缺陷情况后即完成对当前目标项目的缺陷预测,得到预测结果。

6.3　实验结果与分析

6.3.1　实验设置

(1) 实验数据

当前实验使用的是由 5.3 节清洗后的 Jureczko 数据集中的软件项目。在跨项目缺陷预测研究背景下,每个项目只选择一个了最新版本以保证实验中所有为目标项目选择的源项目都是来自不同项目的,并且只选择了实例数量大于 100 的项目,因此最终选择了 14 个来自不同软件项目的数据集。清洗后的数据集已经公开,这也有利于我们的实验结果能够被其他研究人员重复。实验所用数据的详细统计信息详见表 5-3，包括所有项目名称实例数量和有缺陷的实例数量，其中每条实例代表一个 Java 类，包括 20 个特征和 1 个表明是否有缺陷的二分类标签。

（2）评估指标

本章使用的评估指标与第 5 章中对预测性能的评估所使用的指标相同，均为跨项目软件缺陷预测研究中常用的预测性能评估指标（即 AUC 和 F-Measure），在此处不再赘述。

（3）方法实现设置

本章方法实现设置如下：Intel（R） Core（TM） i5-4590 CPU@3.30 GHz；8.00 GB 内存；64 位操作系统，基于 X64 的处理器，Windows 10 专业版；开发平台为 Eclipse 和 MATLABR2016(b)。

本章算法实现的分类算法使用 Weka 的源代码改进得到，参数设置为 Weka 的默认参数。为保证实验的精度，在进行实验时，采用了“留一法”验证方法。每个项目都被轮流选为新项目，而其他项目则被视为历史项目。训练模型时使用了 5 种流行且广泛使用的分类算法，包括 C4.5、LR、NB、RF 和 SMO。此外，选择了 AUC 和 F-Measure 作为预测性能的评估指标。

6.3.2　实验设计

为证明本章提出方法的有效性和必要性，实验根据本研究主要关注的以下四个问题进行设计：

（1）与集成基分类器不使用相似度作为权重的方法的预测结果对比

为了验证本书在集成基分类器提出的加权概率投票方法是否是更加有效的基分类器结合策略，实验对比了在集成基分类器时，使用加权概率投票方法和未使用加权概率投票方法得到的集成预测器的预测性能。加权概率投票方法中使用构建当前基分类器的源项目与目标项目之间的相似度作为当前基分类器投票时的权重，即使用相似度和原本票数乘积作为最终投票票数。

（2）与不使用集成学习的跨项目缺陷预测方法的预测性能对比

为了验证本章方法中加入集成学习思想的有效性与必要性，实验对比 ELCPDP 方法与两种未加入集成学习的跨项目缺陷预测方法的预测性能。在使用基于协同过滤的源项目选择方法该列表之后，得到一个推荐给当前目标项目的适用源项目列表，依据推荐得分由高至低排序，即排名越靠前被认为越适用。本部分研究的目的即要验证哪个方法能够在根据该推荐列表选择构建模型所用源项目时，得到更优的预测结果。本章的 ELCPDP 方法选择使用推荐列表前 K 名的项目分别作为源项目构建 K 个模型之后进行集成学习。

对比的第一种方法为取该列表推荐的第一名的项目作为当前目标项目的源项目进行模型构建并对目标项目进行预测，下文中使用 SingleBest 代表该方法。对比的第二种方法是从推荐列表中选择前 K 名推荐的适用源项目，将它们合并为一个新的数据集后作为训练数据，并构建预测器进行预测，下文中使用 Combined 代表该对比方法。

在进行上一章 CFPS 源项目选择方法分析时，发现多数推荐结果在 $K=5$ 时达到最好或增幅明显趋于平缓，因此本实验中认为 K 值取 5 能够将源项目选择的优势最大限度体现出来。同时，本实验中共使用 14 个项目，即对于每个数据集来说，初始候选数据集都有 13 个，在考虑 K 值选取时要尽可能满足数量少但性能不下降的原则，因此本实验中后续 K 值均为 5。

(3) ELCPDP 方法与三种已有的跨项目缺陷预测方法的预测性能对比

为了验证本书提出的基于集成学习的跨项目缺陷预测方法在进行跨项目的缺陷预测时预测性能是否有明显提升，实验选择了三种已有的跨项目缺陷预测方法进行对比。下面先对这三种跨项目缺陷预测方法进行介绍。

第一种方法在选择训练数据时把所有可用的项目全部作为源项目，即在项目库中除去同项目的数据集后，其余所有项目合并为一个数据集作为当前目标项目的训练数据。这种训练数据选择的方法叫作 Global Filter，是由 Menzies 等[44]提出的。在得到训练数据之后开始构建模型训练预测器，并使用训练好的预测器对目标项目中未知缺陷信息的实例进行预测。该方法也可以简单理解为不对源项目进行筛选，本书选择该方法作为实验对比中的基线方法，下文中使用 GlobalF 代表第一种对比方法。

第二种方法在选择训练数据时使用的是 Turhan 等[42]提出的 Burak Filter 方法，是一种由目标项目中的测试实例引导选择的方法。对目标项目中的每条实例，在其余不同项目数据集中选择与它距离最近的 10 条实例，然后将这些最近邻合并起来作为当前目标项目的训练数据。下文中使用 BurakF 来代表第二种对比方法。该方法已经被 Herbold 等[52]的研究证明了在跨项目缺陷预测研究中能够表现出优异的预测性能，他们对 2008—2015 年间的 24 种跨项目缺陷预测方法进行复制，并在来自 5 种不同数据集的软件产品上进行评估。评估结果表明，预测性能最佳的为 Cruz 等[63]提出的方法，其次为本书对比的 Turhan 等[42]提出的 Burak Filter 方法。但 Cruz 等[63]提出的方法使用的是拥有不同软件度量的源项目与目标项目，与本书 ELCPDP 方法中源项目与目标项目拥有相同软件度量集的基本假设不符。因此，本书选择当前基本假设下预测性能最优的 Burak Filter 方法进行对比，以验证 ELCPDP 方法对跨项目缺陷预测方法预测性能的提高。

第三种方法使用了 Peters 等[136]提出的 Peters Filter 方法选择训练数据。与 Burak Filter 方法使用测试实例引导不同，Peters Filter 方法是经典的以训练实例为主导进行实例选择的方法。首先将所有目标项目和源项目合并在一起，使用 K 均值聚类算法来获得不同的集群，保留含有目标项目中实例的集群，将其中的每个训练实例用同集群中最近的测试实例标记。然后选择距离每个测试实例最近的且已被测试实例标记的训练实例。最后将所有选定的训练实例组合为一个新的数据集作为目标项目的训练数据，并构建预测器对缺陷进行预测。下文中使用 PetersF 代表第三种对比方法。

本章提出的 ELCPDP 方法将与以上三种方法同时进行对比，以验证该方法在跨项目缺陷预测研究中预测性能的提升效果。

(4) 本书提出的 ELCPDP 方法与项目内缺陷预测方法预测性能对比

首先介绍项目内缺陷预测方法的具体内容：对每个项目中的数据使用十折交叉验证方法，先将当前项目中的实例随机分成 10 组，其中 1 组作为测试数据，其他 9 组作为训练数据进行模型训练与构建，即保证每次测试数据与训练数据来自同一个项目，训练好的模型在测试数据上进行预测。重复 10 次使得每组数据都作为测试数据被预测一次，平均 10 次测试的实验结果即为当前项目的项目内缺陷预测结果。下文中使用 Within 代表项目内缺陷预测方法。

尽管跨项目缺陷预测方法由于数据差异过大等问题在预测性能上无法超越使用项目内数据构建模型的项目内缺陷预测方法，但 ELCPDP 方法如果能够在部分目标项目下表现出比项目内缺陷预测方法更好的预测结果，那么就能够证明该跨项目预测方法是有效且有意义的。

6.3.3　结果与分析

根据 5.4.3 小节实验设计部分的 4 个不同角度的研究内容，本节进行了 4 组对比实验，下文分别进行每组实验的结果展示与分析。

(1) 与集成基分类器时不使用相似度作为投票权重的方法实验结果对比与分析

如图 6-3 和图 6-4 所示分别为预测性能评估指标为 AUC 和 F-Measure 下的对比结果，其中每个评估指标下的实验结果均为 5 个不同分类算法下的 5 组对比。每组对比结果中左侧深色柱形代表集成基分类器时使用了本书提出的加权概率投票方法，右侧浅色柱形代表集成基分类器时未加入相似度作为投票权重。

由图 6-3 可以看出，在 AUC 指标下集成基分类器时选择使用相似度权重的跨项目缺陷预测方法的预测性能在 5 个分类算法下的结果均优于不使用相似度

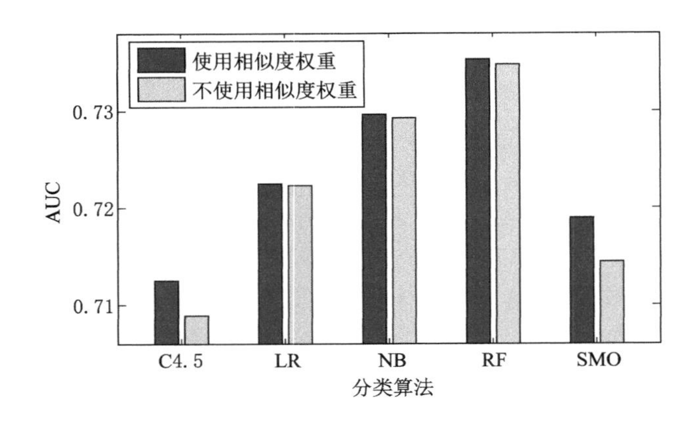

图 6-3　在 AUC 指标下使用不同集成结合策略的预测结果对比

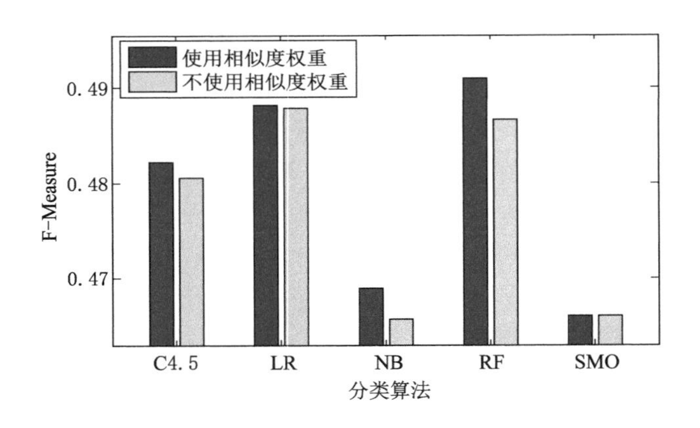

图 6-4　在 F-Measure 指标下使用不同集成结合策略的预测结果对比

权重的，其中在分类算法为 C4.5 和 SMO 下的涨幅更加明显。实验结果证明在 AUC 指标下使用相似度作为投票权重的结合策略能够一定程度上提高跨项目缺陷预测方法的预测性能。

由图 6-4 可以看出，使用相似度作为权重的方法在 C4.5、LR、NB 和 RF 四种分类算法下的预测性能优于不使用相似度作为权重的方法，且在 NB 和 RF 分类算法下的增幅较为明显。在分类算法为 SMO 时两种方法的预测性能持平。实验结果也证明了在 F-Measure 指标下，使用目标项目与源项目之间的相似度值作为基分类器的投票权重能够一定程度上提高跨项目缺陷预测方法的预测性能。

综上,两个指标下的对比结果均证明了本书提出的加权概率投票结合策略是有效的且能够真实提高预测性能。

(2) 与未使用集成学习方法对比的实验结果与分析

① 与SingleBest方法对比的实验结果与分析。对比结果展示在表6-1中,其中左侧实验结果代表本章提出的ELCPDP方法,SingleBest代表当前实验对比的选择最适用的一个源项目的方法。在两个预测性能评估指标AUC和F-Measure下均展示了两种方法在5个分类器上的预测性能,此处预测性能为在14个数据集下的平均实验结果。由表6-1可以看出:

(a) 在AUC指标下,ELCPDP方法仅在分类算法为NB时略低于SingleBest方法,在C4.5、LR、RF和SMO四个分类器上ELCPDP方法的实验结果都明显优于SingleBest方法(黑色加粗部分即为本章ELCPDP方法更优的实验结果),且在分类器为SMO时提升比例最高达到12.69%。

(b) 在F-Measure指标下,ELCPDP方法在分类算法为NB和SMO时虽然略低于SingleBest方法,但在C4.5、LR、RF三个分类器上预测性能均优于SingleBest方法,且在使用LR分类算法时有明显提升,提升比例平均达到18.73%。

表6-1 ELCPDP方法与SingleBest方法预测性能对比

分类算法	AUC			F-Measure		
	ELCPDP	SingleBest	提升比例	ELCPDP	SingleBest	提升比例
C4.5	0.712 6	0.663 9	**7.34%**	0.482 3	0.483 7	**0.38%**
LR	0.722 4	0.709 6	**1.80%**	0.488 2	0.441 4	**18.73%**
NB	0.729 7	0.733 4	−0.34%	0.468 9	0.495 1	−1.02%
RF	0.735 4	0.674 8	**9.90%**	0.491 0	0.484 3	**1.38%**
SMO	0.719 1	0.643 5	**12.69%**	0.466 0	0.488 0	−2.22%

综上,尽管ELCPDP方法在个别分类器上有预测性能低于SingleBest的情况出现,但在大多数情况下都有明显的性能提升比例,实验结果表明本章ELCPDP方法整体优于未使用集成学习的SingleBest方法。SingleBest方法预测性能的优劣受推荐列表第一名是否是真实最好源项目的影响性能波动较大,而本章方法的性能更为稳定。

② 与Combined方法对比的实验结果与分析。实验中使用5种不同的分类算法进行实验验证,分别将每个分类算法下的对比结果详细展示在图6-5~图6-9中。

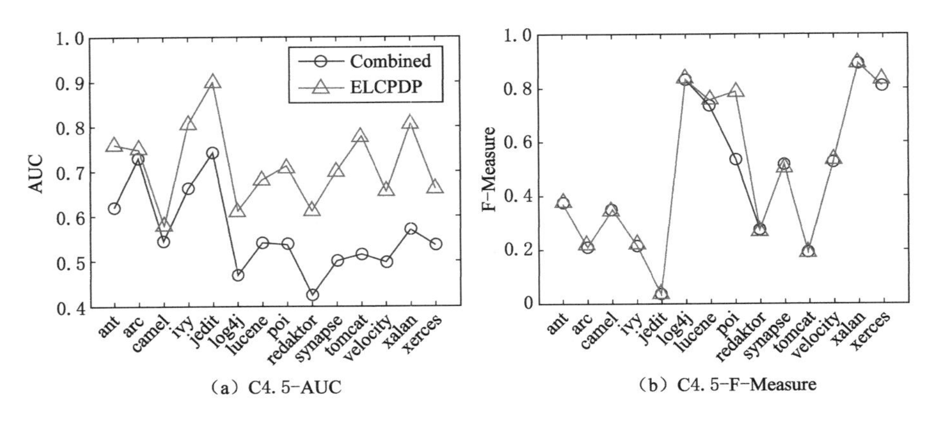

(a) C4.5-AUC (b) C4.5-F-Measure

图 6-5 ELCPDP 方法与 Combined 方法在 C4.5 下的预测性能对比

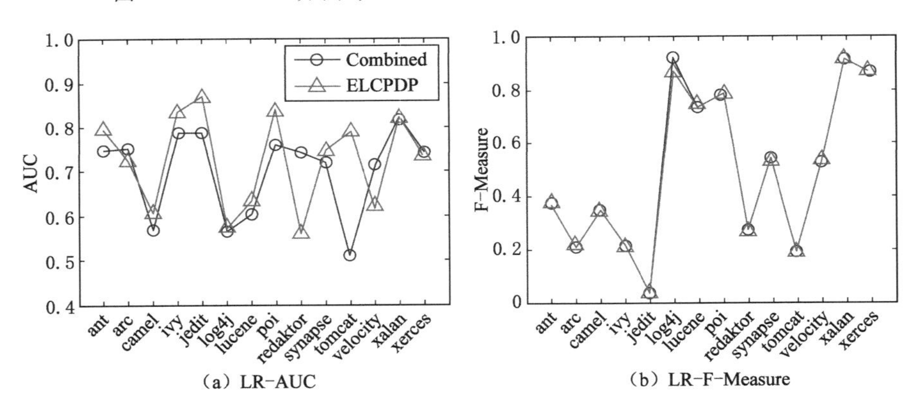

(a) LR-AUC (b) LR-F-Measure

图 6-6 ELCPDP 方法与 Combined 方法在 LR 下的预测性能对比

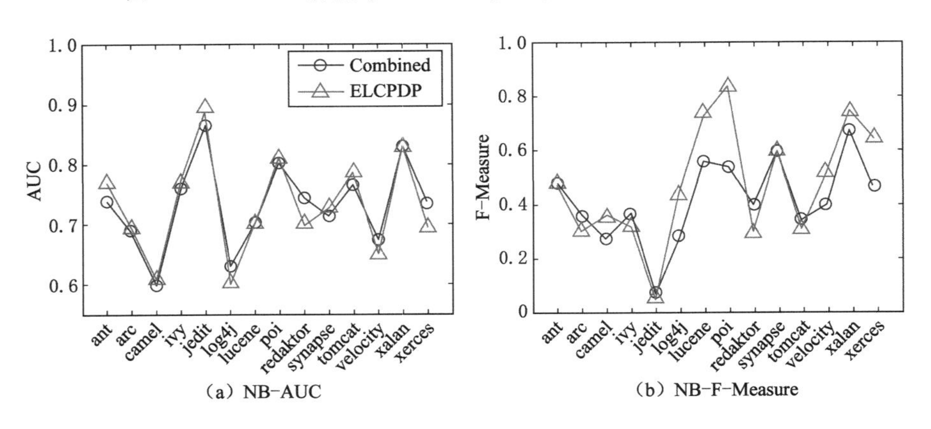

(a) NB-AUC (b) NB-F-Measure

图 6-7 ELCPDP 方法与 Combined 方法在 NB 下的预测性能对比

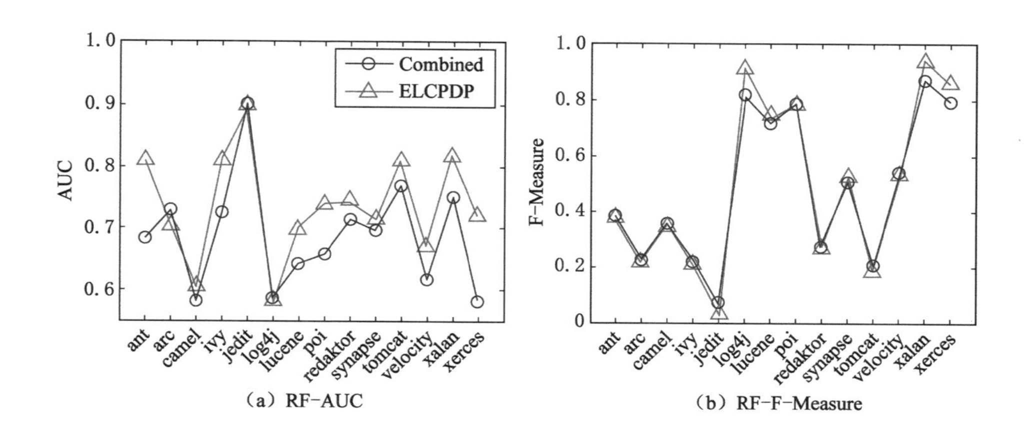

（a）RF-AUC　（b）RF-F-Measure

图 6-8　ELCPDP 方法与 Combined 方法在 RF 下的预测性能对比

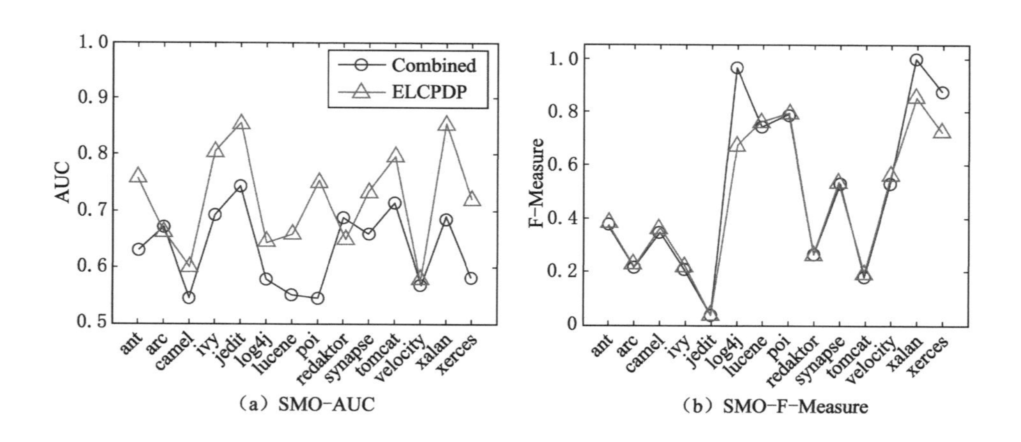

（a）SMO-AUC　（b）SMO-F-Measure

图 6-9　ELCPDP 方法与 Combined 方法在 SMO 下的预测性能对比

图中纵坐标均代表当前评估指标的值，每个分类算法下都使用了 AUC 和 F-Measure 两种评估指标。横坐标所示的数据集为当前作为目标项目进行测试的数据集，由于每个项目都只选用了一个最新版本的数据集，因此作图时省略了版本号。图中三角形代表本章提出的 ELCPDP 方法，圆形代表当前对比的源项目使用前 K 名合并后数据集的 Combined 方法，已在图例中标出。横纵坐标与图例均与后续 4 组图相同，因此在后面 4 幅图的描述分析中不再赘述。

(a) 图 6-5 中，分类算法为 C4.5 时，ELCPDP 方法在 AUC 指标下对每个目标项目的预测结果均优于 Combined 方法，且大部分结果都有明显的提高。如目标项目为 tomcat 和 redaktor 时，提升比例分别达到 51%和 44%，即提升一半左右。在 F-Measure 指标下基本持平，预测结果差别很小且个别有明显提高。仅在 4 个目标项目下 ELCPDP 方法相比 Combined 方法性能略有下降，最高下降比例仅有 4%，但最高提升比例在目标项目为 poi 时达到 48%，且整体平均提升 4%。

(b) 图 6-6 中，分类算法为 LR 时，ELCPDP 方法在 AUC 指标下对单个目标项目的预测结果共 14 个中有 10 个优于 Combined 方法，最高提升比例为 54%，且整体提升比例达到平均 4.3%。在 F-Measure 指标下两个方法的性能基本持平，差别很小，其中在 7 个目标项目上 ELCPDP 方法优于对比方法 Combined。

(c) 图 6-7 中，分类算法为 NB 时，ELCPDP 方法在 AUC 指标下对单个目标项目的预测结果虽有个别低于 Combined 方法，但仍在 14 个目标项目中有 9 个的预测结果是优于 Combined 方法的。在 F-Measure 指标下，虽然两种方法各在目标项目上有一半的实验结果更优，但 ELCPDP 方法相对 Combined 方法的整体提升比例达到 13%，且在目标项目为 poi 和 log4j 时提升比例分别达到 55%和 53%。

(d) 图 6-8 中，分类算法为 RF 时，ELCPDP 方法在 AUC 指标下对单个目标项目的预测结果共 14 个中有 11 个下均优于 Combined 方法，且整体提升比例为 7%。在 F-Measure 指标下，ELCPDP 方法和 Combined 方法的预测性能基本持平，差距不十分明显，整体提升比例为 2.4%。

(e) 图 6-9 中，SMO 作为分类算法时，ELCPDP 方法在 AUC 指标下对单个目标项目的预测结果中有 10 个是以非常明显优势优于 Combined 方法的，整体提升比例为 11%，且在 5 个目标项目下 ELCPDP 方法的相对提升比例都超过 20%。在 F-Measure 指标下 ELCPDP 方法的实验结果相对 Combined 方法整体提升比例为 2.4%，且在 14 个中有 11 个目标项目中结果更优，在提升数量上优势十分明显。

综上实验结果与分析，可以认为使用基于集成学习的跨项目缺陷预测方法的预测结果明显优于未使用集成学习的 Combined 方法，即本小节的两组对比实验均充分表明了基于集成学习思想的 ELCPDP 方法的有效性，加入集成学习能够十分有效地提升未加入集成学习时方法的预测性能。

(3) 与跨项目缺陷预测方法对比的实验结果与分析

图 6-10～图 6-14 展示了本章提出的 ELCPDP 方法与 GlobalF 方法[44]、BurakF 方法[42]和 PetersF 方法[136]的预测性能对比，5 幅图分别代表在 5 种分类算法下的预测结果。4 种颜色的柱形由左至右分别代表 ELCPDP 方法、GlobalF

方法、BurakF 方法和 PetersF 方法，且已在图示中标明。每幅图均有两个子图，分别代表 AUC 评估指标下的实验结果和 F-Measure 指标下的实验结果。其中，AUC 指标和 F-Measure 指标均为值越大预测性能越优，即柱形越高代表性能越优。每个数值对应的是 14 个数据集在当前预测器和评价指标下实验结果的均值。下面逐个分析每幅图的实验结果：

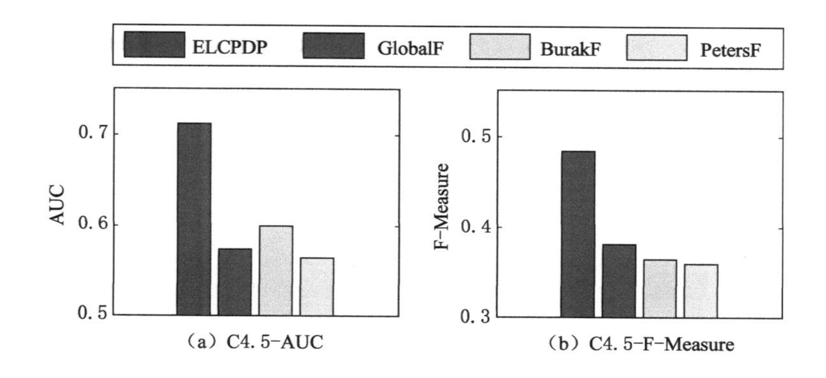

（a）C4.5-AUC　（b）C4.5-F-Measure

图 6-10　ELCPDP 方法与三种跨项目缺陷预测方法在 C4.5 下的预测性能对比

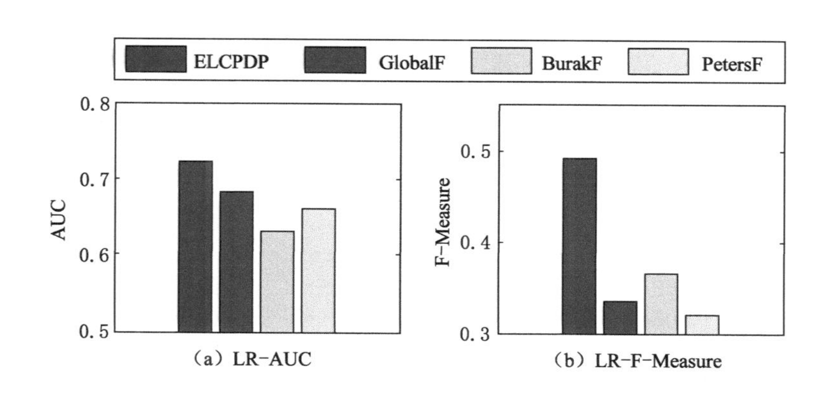

（a）LR-AUC　（b）LR-F-Measure

图 6-11　ELCPDP 方法与三种跨项目缺陷预测方法在 LR 下的预测性能对比

① 由图 6-10 可以看出，分类算法为 C4.5 时，ELCPDP 方法在两种评价指标下相对其他三个对比方法的预测性能均有明显提升。尤其是在 F-Measure 指标下，ELCPDP 方法相比 PetersF 方法提升比例达到 35%，相比 GlobalF 方法提升比例最小，但也已经达到 27%。在 AUC 指标下，ELCPDP 方法相比其他三个方法的提升比例范围为 19%～27%。

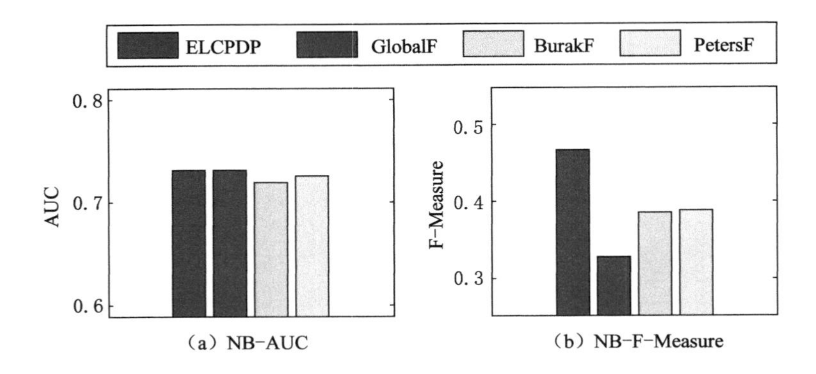

（a）NB-AUC （b）NB-F-Measure

图 6-12 ELCPDP 方法与三种跨项目缺陷预测方法在 NB 下的预测性能对比

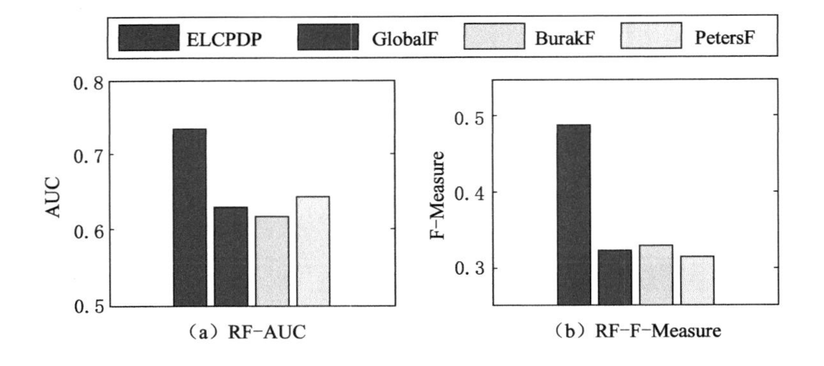

（a）RF-AUC （b）RF-F-Measure

图 6-13 ELCPDP 方法与三种跨项目缺陷预测方法在 RF 下的预测性能对比

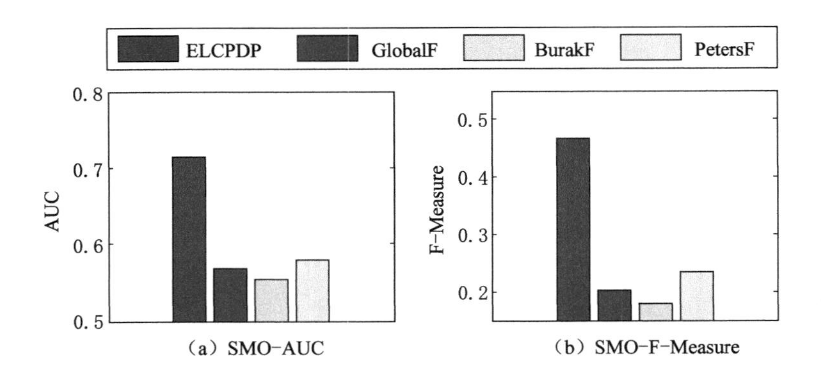

（a）SMO-AUC （b）SMO-F-Measure

图 6-14 ELCPDP 方法与三种跨项目缺陷预测方法在 SMO 下的预测性能对比

② 由图 6-11 可以看出，分类算法为 LR 时，ELCPDP 方法相较其他三种方法依然可以表现出更好的预测性能。其中相比 PetersF 方法在 F-Measure 下的实验结果提升比例已经超过一半，达到 53%，且与 GlobalF 方法和 BurakF 方法相比提升比例也已经达到 47%和 34%，从柱形的高低已经可以清晰地看出提升非常明显。

③ 图 6-12 所示为 4 种跨项目缺陷预测方法在 NB 分类算法下的实验结果。从图中可以看出，在 AUC 指标下，4 个方法的预测性能差别非常小，几乎持平，ELCPDP 方法的预测结果仅相对于 GlobalF 方法有 0.3%的下降，相对 BurakF 方法和 PetersF 方法还是有小幅提升的。且 ELCPDP 方法在 F-Measure 指标下相对其他三种方法预测性能的提升依然十分显著。

④ 图 6-13 所示为分类算法为 RF 时的实验结果。在 AUC 指标下，ELCPDP 方法相对其他三个方法的提升比例范围为 14% ～ 19%。在 F-Measure 指标下，相对 GlobalF 方法、BurakF 方法和 PetersF 方法的提升比例分别达到 51%、50%和 56%。RF 下的 ELCPDP 方法预测性能提升均匀且幅度明显。

⑤ 由图 6-14 可以看出，在分类算法使用 SMO 时，ELCPDP 方法相对其他三种方法的性能提升最为明显，尤其在 F-Measure 指标下，ELCPDP 方法相对 GlobalF 方法、BurakF 方法和 PetersF 方法的提升比例达到了 132%、162%和 99%，其中两个的性能提升比例超过一倍，另一个的提升比例也已经接近百分之百。在 AUC 指标下，ELCPDP 方法相对 GlobalF 方法、BurakF 方法和 PetersF 方法的提升比例分别达到 26%、30%和 24%。

表 6-2 和表 6-3 展示了 ELCPDP 方法与 GlobalF 方法[44]、BurakF 方法[42]和 PetersF 方法[136]预测性能在两种评价指标下更加直观的量化对比，计算了本书方法与其他三种方法相比的预测性能提升比例。

表 6-2　ELCPDP 方法与三种对比方法在 AUC 指标下的预测性能对比

分类算法	ELCPDP	GlobalF	提升比例	BurakF	提升比例	PetersF	提升比例
C4.5	0.712 6	0.572 3	**24.5%**	0.599 4	**18.9%**	0.562 1	**26.8%**
LR	0.722 4	0.683 6	**5.7%**	0.632 9	**14.1%**	0.658 8	**9.7%**
NB	0.729 7	0.732 1	−0.3%	0.719 2	**1.5%**	0.725 0	**0.7%**
RF	0.735 4	0.631 8	**16.4%**	0.619 7	**18.7%**	0.645 1	**14.0%**
SMO	0.719 1	0.568 9	**26.4%**	0.555 1	**29.6%**	0.580 4	**23.9%**

表 6-3 ELCPDP 方法与三种对比方法在 F-Measure 指标下的预测性能对比

分类算法	ELCPDP	GlobalF	提升比例	BurakF	提升比例	PetersF	提升比例
C4.5	0.482 3	0.379 1	**27.2%**	0.363 2	**32.8%**	0.358 2	**34.6%**
LR	0.488 2	0.333 0	**46.6%**	0.364 9	**33.8%**	0.320 0	**52.5%**
NB	0.468 9	0.327 5	**43.2%**	0.385 2	**21.7%**	0.391 3	**19.8%**
RF	0.491 0	0.324 4	**51.4%**	0.326 6	**50.4%**	0.314 9	**55.9%**
SMO	0.466 0	0.200 5	**132.4%**	0.178 0	**161.8%**	0.234 7	**98.5%**

从表 6-2 中可以看出，在 AUC 指标下，ELCPDP 方法与 GlobalF 方法仅在分类算法为 NB 时预测性能下降 0.3%，在其他分类算法下均有提升，最大提升比例为 26.4%。此外，ELCPDP 方法与 BurakF 方法和 PetersF 方法对比时的提升比例范围分别为 1.5%～29.6%和 0.7%～26.8%。

从表 6-3 中可以看出，评价指标为 F-Measure 时，首先 ELCPDP 方法相较 GlobalF 方法、BurakF 方法和 PetersF 方法提升比例均为正，且在很多分类算法下性能提升均十分明显，其中 ELCPDP 方法与 GlobalF 方法相比提升比例最高达到 132.4%，最低为 27.2%，且 ELCPDP 方法与 BurakF 方法和 PetersF 方法对比时的提升比例范围分别为 21.7%～161.8%和 19.8%～98.5%。

综上实验结果表明，本章提出的基于集成学习的跨项目缺陷预测方法在进行跨项目的缺陷预测时，在 5 个不同的分类算法下使用两个不同的指标进行评估均能得到明显提升的预测结果，表明 ELCPDP 方法能够有效提升跨项目缺陷预测方法的预测性能，且提升效果十分明显。

(4) 与项目内缺陷预测方法对比的实验结果与分析

ELCPDP 方法与项目内缺陷预测方法在 14 个目标项目上的实验结果对比展示在表 6-4 和表 6-5 中，分别代表在 AUC 指标和 F-Measure 指标下的实验结果。两个表格布局相同，表头第一行代表实验中使用的 5 种不同的分类算法，每种分类算法下对应的两列即为 ELCPDP 方法与项目内缺陷预测方法的对比结果，为方便区分两个方法，在本书提出的 ELCPDP 方法结果部分使用灰色背景标识。由于篇幅问题使用 EL 代表本章提出的 ELCPDP 方法，Within 代表当前要对比的项目内缺陷预测方法。黑色加粗部分标注的为当前两种对比方法中实验结果较好的一个。

表 6-4　ELCPDP 方法与 Within 方法在 AUC 下的预测性能对比

目标项目	C4.5		LR		NB		RF		SMO	
	EL	Within	EL	Within	EL	Within	EL	Within	EL	Within
ant	**0.757 6**	0.673 3	0.795 3	**0.810 9**	0.766 9	**0.808 6**	**0.806 9**	0.790 2	**0.760 0**	0.614 9
arc	**0.747 4**	0.506 5	**0.718 3**	0.685 1	**0.693 0**	0.674 9	**0.702 2**	0.664 3	**0.662 6**	0.497 3
cam	0.577 7	**0.604 6**	0.605 5	**0.689 3**	0.606 2	**0.640 6**	0.604 1	**0.651 4**	**0.599 6**	0.504 1
ivy	**0.804 6**	0.500 6	**0.833 1**	0.733 9	**0.767 5**	0.756 1	**0.807 3**	0.777 0	**0.803 1**	0.523 4
jed	**0.899 4**	0.441 9	**0.866 9**	0.575 6	**0.891 7**	0.883 6	**0.895 2**	0.661 2	**0.853 6**	0.500 0
log	**0.607 5**	0.588 8	0.571 5	**0.676 3**	0.599 3	**0.690 6**	0.580 4	**0.712 7**	**0.644 6**	0.500 0
luc	0.678 0	**0.696 7**	0.629 5	**0.753 4**	0.700 7	**0.732 8**	0.695 7	**0.768 1**	**0.659 7**	0.648 3
poi	0.705 4	**0.776 1**	**0.834 9**	0.786 4	**0.808 2**	0.781 1	0.737 4	**0.874 7**	**0.747 7**	0.718 3
red	0.608 9	**0.661 7**	0.559 2	**0.830 8**	0.700 8	**0.757 2**	0.744 7	**0.823 9**	0.647 9	**0.733 1**
syn	0.697 3	**0.703 9**	**0.742 3**	0.710 3	**0.727 3**	0.717 7	0.713 1	**0.743 8**	**0.734 7**	0.642 0
tom	**0.776 7**	0.544 2	**0.784 6**	0.771 6	0.786 6	**0.794 1**	**0.806 9**	0.776 6	**0.796 9**	0.500 0
vel	**0.652 3**	0.561 3	0.620 7	**0.760 5**	0.649 7	**0.707 5**	0.669 8	**0.713 2**	0.579 0	**0.598 2**
xal	**0.805 2**	0.556 7	0.821 6	**0.851 1**	**0.825 1**	0.786 2	0.813 6	**0.855 6**	**0.855 6**	0.500 0
xer	0.658 7	**0.868 3**	0.730 4	**0.897 0**	0.693 5	**0.831 6**	0.718 8	**0.902 8**	0.722 5	**0.742 5**

表 6-5　ELCPDP 方法与 Within 方法在 F-Measure 下的预测性能对比

目标项目	C4.5		LR		NB		RF		SMO	
	EL	Within	EL	Within	EL	Within	EL	Within	EL	Within
ant	0.382 5	**0.480 3**	0.372 3	**0.500 0**	0.472 8	**0.554 5**	0.373 5	**0.510 8**	0.379 6	**0.380 1**
arc	0.217 4	**0.350 0**	0.212 8	**0.263 2**	0.298 2	**0.407 4**	**0.211 9**	0.162 2	**0.225 4**	0.000 0
cam	0.349 9	**0.350 3**	**0.342 2**	0.190 9	**0.354 2**	0.308 2	**0.343 1**	0.253 0	**0.361 3**	0.021 6
ivy	**0.215 6**	0.109 1	0.208 3	**0.280 7**	0.317 8	**0.387 1**	0.208 3	**0.280 7**	**0.210 8**	0.093 0
jed	**0.029 9**	0.000 0	**0.029 2**	0.153 8	0.043 2	**0.228 6**	**0.029 1**	0.000 0	**0.031 0**	0.000 0
log	0.830 3	**0.933 3**	0.870 1	**0.930 9**	0.433 3	**0.662 0**	0.906 1	**0.961 0**	0.664 3	**0.961 4**
luc	**0.748 6**	0.714 7	**0.743 4**	0.725 4	**0.736 8**	0.554 8	0.741 6	**0.750 6**	**0.754 8**	0.701 0
poi	0.784 4	**0.818 5**	0.783 3	**0.817 8**	**0.834 6**	0.453 3	0.781 0	**0.832 0**	0.789 4	**0.811 4**
red	0.259 1	**0.600 0**	0.257 7	**0.545 5**	0.287 5	**0.485 7**	0.260 4	**0.564 1**	0.259 1	**0.615 4**
syn	0.501 5	**0.591 2**	**0.526 0**	0.493 2	**0.593 8**	0.564 1	0.519 6	**0.582 8**	**0.532 9**	0.484 8
tom	0.184 5	**0.310 1**	0.177 9	**0.261 7**	0.303 0	**0.339 0**	0.181 0	**0.233 0**	**0.187 9**	0.000 0
vel	**0.528 6**	0.486 8	0.528 2	**0.562 5**	**0.507 8**	0.333 3	**0.529 6**	0.492 5	**0.558 8**	0.381 0
xal	0.891 6	**0.995 9**	0.914 7	**0.989 7**	0.742 3	**0.907 9**	0.932 0	**0.996 6**	0.851 1	**0.994 6**
xer	0.828 0	**0.953 4**	0.868 1	**0.910 1**	0.639 3	**0.722 2**	0.856 8	**0.946 4**	0.717 3	**0.895 6**

从表 6-4 中可以看出，在 AUC 指标下，尽管跨项目缺陷预测方法由于数据差异过大的问题，在预测性能上无法超越使用项目内数据构建模型的项目内缺陷预测方法，但 ELCPDP 方法依然能够在部分数据集下表现出比项目内缺陷预测方法更好的预测结果，可以看到灰色背景下所代表 ELCPDP 方法预测结果的部分有大量黑色加粗字体代表其相较 Within 方法更优的结果。例如，使用 SMO 分类算法时，ELCPDP 方法相对于 Within 方法在 14 个目标项目的实验结果中有 11 个都相对更优。在使用 C4.5 为预测器时，也有 8 个即超过一半的目标项目表现出了 ELCPDP 方法性能更优的实验结果，且 ELCPDP 方法较 Within 方法在 14 个目标项目的平均预测性能下提升比例达到 14.3%。

从表 6-5 中可以看出，在 F-Measure 指标下，也有部分灰色背景下的黑色加粗部分展示了 ELCPDP 方法有相对 Within 方法表现更优的结果。例如使用 SMO 作为分类算法时，在其中 8 个即超过半数的目标项目中 ELCPDP 方法比项目内缺陷预测方法的预测性能更佳。

因此可以认为，尽管 ELCPDP 方法无法在大多数预测结果中明显优于项目内缺陷预测，但跨项目的缺陷预测本身在源项目质量上就相比项目内缺陷预测有很大劣势，能够有部分比项目内缺陷预测表现更优的实验结果已经能够证明跨项目缺陷预测方法是有效且有意义的。

6.4 本章小结

为了减小跨项目间数据集分布差异，提高预测性能，本章提出了基于集成学习的跨项目缺陷预测方法 ELCPDP。ELCPDP 方法包括源项目选择、构建模型与集成以及缺陷预测三个主要步骤。方法首先利用 CFPS 源项目选择方法对目标项目推荐 K 个适用源项目，每个适用源项目分别构建模型得到集成学习的 K 个基分类器；然后以目标项目与当前源项目的相似度作为投票权重，使用加权概率投票策略对基分类器进行集成；最后使用集成预测器对目标项目进行缺陷预测。

实验部分所用数据来自第 5 章清洗后的 Jureczko 数据集，为 14 个来自不同软件项目的最新版本数据集。实验首先对比使用相似度作为投票权重和不使用相似度作为权重的预测性能，结果证明了加权概率投票方法的有效性；其次对比使用集成学习和不使用集成学习方法的预测性能，结果证明了加入集成学习方法的有效性；最后将 ELCPDP 方法与跨项目缺陷预测中三个经典方法进行对比，结果表明本书方法有效提高了跨项目缺陷预测方法的预测性能且提高十分明显，与项目内缺陷预测方法的对比也表明了 ELCPDP 方法是有效且有意义的。

第7章　基于开发者优先化的缺陷分派方法

7.1　引言

在软件开发过程中，软件缺陷是不可避免的。软件缺陷库（又称缺陷追踪系统）是软件开发人员设计用来追踪管理软件缺陷的一个工具，如 Bugzilla 和 JIRA 等。在这些缺陷库中，软件缺陷是以缺陷报告的形式存储的，其中记录了缺陷发生的软件版本以及对缺陷问题的详细描述等信息。当缺陷报告被提交到软件缺陷库中后，缺陷库管理人员会人工地将缺陷报告分派给合适的开发人员。然而由于每天提交的缺陷报告数量可能会很多[69]，这种人工分派软件缺陷报告的方法效率很低且容易出错。因此，近年来人们关注于研究软件缺陷报告的自动分派[69,70,77,83,194-196]，希望提升人工分派的工作效率。

当前的许多软件缺陷分派研究把缺陷报告分派问题转化为一个分类问题，即把缺陷报告中的信息作为属性，缺陷报告的最终修复人员作为类标签，将历史已经修复的缺陷报告作为训练集，使用数据挖掘分类算法来构建分类模型，然后使用该分类模型将缺陷报告分派给一个可能修复该缺陷的开发者。本书认为这类缺陷分派研究是狭义上的软件缺陷分派，其忽视了缺陷报告处理过程中一个很重要的问题，即一个缺陷报告虽然最后可能是由一个开发人员修复的，但在该缺陷报告的处理过程中，其他感兴趣的开发人员也会对该缺陷报告的处理提供合理的修复建议，即缺陷报告的处理过程是一个社会过程，需要开发人员之间的相互合作。因此，研究如何将缺陷报告分派给对其感兴趣的多个开发人员是有必要的，本书称之为广义上的软件缺陷分派研究。

Wu 等[95]提出了一个基于社会网络分析的 DREX 方法来将缺陷报告分派给那些感兴趣的开发人员。DREX 方法首先收集新缺陷报告的相似报告集，然后利用相似报告集中的评论人员信息构建社会网络，最后使用一些网络度量来对该网络中的开发者节点进行排名。研究发现，使用出度（OutDegree）度量能够得到最好的缺陷分派结果。然而本书认为DREX方法存在着一个很明显的问题，即网络中的开发者节点非常容易出度相同，在这种情况下，DREX方法无法区分这些出度相同的开发者，这可能会影响最终的缺陷分派结果。本章提出了一种基于开发者优先化的缺陷分派方法DRDP（developer recommendation with developer prioritization），该方法对DREX方法进行了改进，使用Xuan等[96]提出的开发者优先化算法为每个潜在感兴趣的开发者赋予一个不同的优先化权值，从而解决了DREX方法面临的窘境。

DRDP方法由三部分组成，分别是K近邻搜索、开发者评论网络构建和开发者优先化。对于一个新缺陷报告，DRDP方法利用KNN算法[197]的核心思想从历史缺陷报告库中搜索K个与其最相似的缺陷报告，构成一个K相似缺陷报告集。由于相似的缺陷报告描述的缺陷问题可能是相似的，因此这些相似缺陷报告中的评论者可能是对新缺陷报告潜在感兴趣的开发人员，因而DRDP方法使用K相似报告集中所有相似报告的评论人信息构建了一个开发者评论网络。在该开发者评论网络中，开发者是节点，开发者彼此之间的评论关系是有向边，而有向边的权值则是评价次数。在得到开发者评论网络后，DRDP方法使用Xuan等[96]提出的开发者优先化算法给该评论网络中的每个开发者计算一个不同的优先化权值，并根据该优先化权值的大小将新缺陷报告分派给那些优先化权值较大的开发者们。

最后本章收集了Eclipse的三个项目Core、Debug和UI来对DRDP方法的分派性能进行了验证。实验中选择的K值是从10到100变化，步长为10。实验选择的性能评估指标是Precision、Recall和F-Measure，这三个性能指标的计算都是基于分派开发者数量R的。在本实验中，R取值从3到10变化，步长为1。本章首先研究当分派不同的开发者数量时，DRDP和DREX的分派性能相比是如何的，实验发现对于所有采用的数据集，给定相同的分派开发者数量（R值），DRDP方法在三个指标上都能够提升DREX方法的缺陷分派性能。其次本章分析了当选择不同的相似报告数量（K值）时，DRDP和DREX两个方法中哪个方法的分派性能更好，实验发现对于本章使用的所有性能评估指标来说，DRDP方法在给定相同的相似缺陷报告（K值）时都能够提升DREX方法的缺陷分派性能。本章最后对DRDP方法进行了参数敏感性分析，分析了不同的K取值对DRDP方法分派性能的影响，并给出了DRDP方法的最佳K值取值范围在60附近。

7.2 背景与动机

7.2.1 研究背景

软件缺陷是软件开发和维护过程中不可避免的“副产品”，缺陷的存在往往会导致软件产品在某种程度上不能满足用户的需要，因此它们需要得到妥善地处理和解决。软件缺陷库，又称缺陷追踪系统，通常用来存储和管理软件缺陷。在软件开发和维护过程中，用户和开发人员都可以使用软件缺陷库来报告自己在使用或者开发软件过程中遇到的问题。当前比较流行的开源软件缺陷库有Bugzilla、JIRA和Mantis等，这些开源软件库能够保证分散在不同地区的开发人员直接交流和合作，商讨如何处理缺陷问题，进而加快软件缺陷的处理过程。本书研究使用的项目都是基于Bugzilla软件缺陷库的。

在软件缺陷库中，一个软件缺陷是以缺陷报告的形式来记录和存储的。缺陷报告记录了一个软件缺陷的详细信息，包括发生缺陷的软件版本、缺陷问题简介以及详细介绍等。开发人员在收到缺陷库管理人员分派给他的缺陷报告后，会根据缺陷报告提供的信息来收集和重生缺陷，找出问题所在，进而实现缺陷问题的修复[66]。因此，从缺陷报告的产生到最终缺陷报告的处理完成需要一个过程，即缺陷报告的处理过程是一个动态的过程，每个缺陷报告都有其特定的生命周期。下面将依次详细介绍软件缺陷报告中所包含的信息和软件缺陷报告的生命周期。

(1) 软件缺陷报告

图7-1给出了Eclipse开源软件中一个缺陷报告(ID值为4201)的详细信息，该缺陷报告是使用缺陷追踪系统Bugzilla存储和管理的。在Bugzilla中，每个缺陷报告可以划分为四个部分，分别是：预定义字段、自由文本、附件和依赖关系[3]。下面将详细介绍这四个部分。

预定义字段提供了一个软件缺陷报告中各种不同的分类数据，这些不同的分类数据能够提供给其他用户和开发人员有关当前缺陷的基本信息，包括缺陷报告的ID值、状态(Status)、报告人和报告日期(Reported)等。在这些分类数据中，一些分类数据的值在报告生成的时候就已经被指定了，如缺陷报告的Id值和报告人，这些数据在报告生成的时候是默认生成的；而其他一些分类数据是报告人在记录缺陷报告的时候自己填写的，如产品(Product)、组件(Component)、版本(Version)、重要程度(Importance)和硬件(Hardware)等。此外，还有一些分类数据则在缺陷报告整个生命周期内都是动态变化的，随着缺

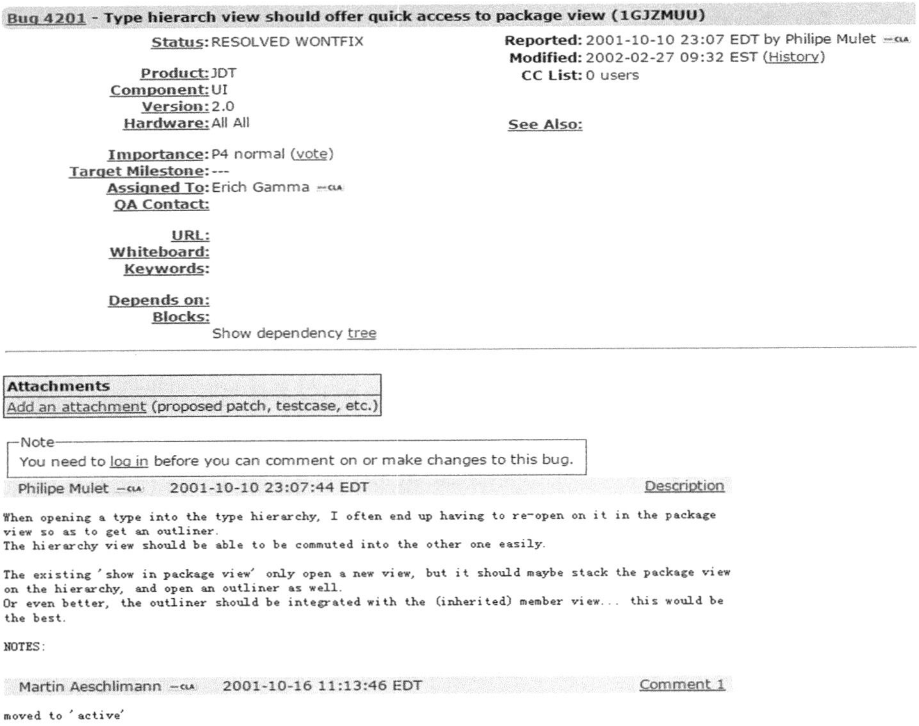

Bug 4201 - Type hierarch view should offer quick access to package view (1GJZMUU)

Status: RESOLVED WONTFIX
Reported: 2001-10-10 23:07 EDT by Philipe Mulet
Modified: 2002-02-27 09:32 EST (History)
CC List: 0 users

Product: JDT
Component: UI
Version: 2.0
Hardware: All All
See Also:

Importance: P4 normal (vote)
Target Milestone: ---
Assigned To: Erich Gamma
QA Contact:

URL:
Whiteboard:
Keywords:

Depends on:
Blocks:
Show dependency tree

Attachments
Add an attachment (proposed patch, testcase, etc.)

Note
You need to log in before you can comment on or make changes to this bug.

Philipe Mulet 2001-10-10 23:07:44 EDT Description

When opening a type into the type hierarchy, I often end up having to re-open on it in the package view so as to get an outliner.
The hierarchy view should be able to be commuted into the other one easily.

The existing 'show in package view' only open a new view, but it should maybe stack the package view on the hierarchy, and open an outliner as well.
Or even better, the outliner should be integrated with the (inherited) member view... this would be the best.

NOTES:

Martin Aeschlimann 2001-10-16 11:13:46 EDT Comment 1

moved to 'active'

图 7-1　Eclipse 缺陷报告 4201 的详细信息

陷报告处理进度的不同而变化，如状态(Status)、被分派处理缺陷报告的开发人员(Assigned to)等。

自由文本是用户和开发人员使用自然语言对软件缺陷的描述以及相关的修复建议，其主要包含三个部分，分别是缺陷问题的总结(Summary)、缺陷问题的详细介绍(Description)和评论区域(Comment)。其中，缺陷问题的总结是报告人用一句简短扼要的话来描述缺陷问题，其将作为缺陷报告的标题来使用，方便其他用户能够直接看出该缺陷问题是什么问题。缺陷问题的详细介绍则是对缺陷问题出现时的系统异常进行详细描述，这些信息将有助于开发人员重生缺陷问题，加快缺陷的修复过程。评论区域则是报告人和感兴趣的开发人员彼此之间进行交流的区域，这些感兴趣的开发人员可能在之前的开发和维护过程中遇到过同一个或者相似的问题，因而可以给出自己对处理该当前缺陷报告的一些有用的建议。

附件部分则是由用户和修复该缺陷的开发人员提供的，其中用户提供的附件往往是有关缺陷问题的相关截图等信息，而修复该缺陷的开发人员提供的附件通常是其提供的修复补丁和相关的测试用例等。

依赖关系则是描述了不同缺陷报告之间的依赖关系，主要包含了两个字段，分别是依赖(Depends on)和阻碍(Blocks)。前一个字段(Depends on)是指解决当前缺陷报告的前提是先解决其所依赖的缺陷报告，后一个字段(Blocks)是指想要解决依赖于当前缺陷报告的其他缺陷报告，需要先处理当前的缺陷报告。

(2) 缺陷报告生命周期

图 7-2 给出了软件缺陷报告的生命周期，在每个缺陷报告的生命周期中，主要包含 7 个状态，分别是 UNCONFIRMED、NEW、ASSIGNED、RESOLVED、VERIFIED、CLOSED 和 REOPENED。此外，RESOLVED 状态有 5 种不同的解决方案，分别是 FIXED、DUPLICATE、WONTIFIX、WORKSFORME 和 INVALID。

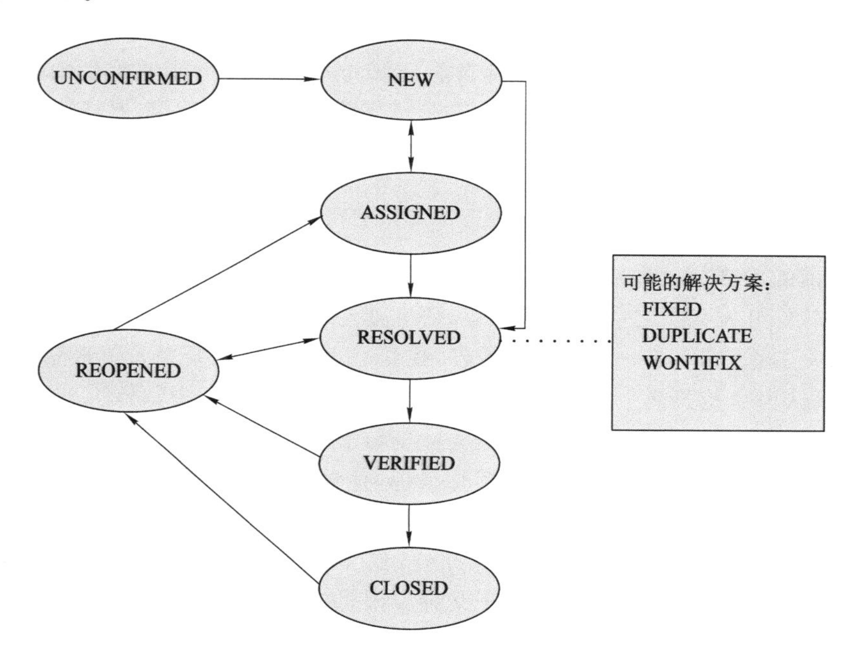

图 7-2　软件缺陷报告的生命周期

当一个缺陷报告刚被提交到缺陷库的时候，其初始状态是 UNCONFIRMED，随后缺陷库管理人员对该缺陷报告进行分析确认，一旦确认该报告描述的问题确实是一个缺陷问题时，便会将缺陷报告的状态更改为 NEW，随后为该缺陷报告分派一位开发人员来处理，此时缺陷报告的状态将变为 ASSIGNED。如果该开发人员发现他没有能力或者是没有时间来处理该缺陷报告时,他将会将缺陷报告的状态从 ASSIGNED 改为 NEW,此时该缺陷报告将等待重新分派开发人员。开发人员对缺陷问题进行修复完成后,缺陷报告的状态会将变为 RESOLVED,随后测试人员会对该缺陷报告的补丁进行测试,此时缺陷报告的状态将会变为 VERIFIED。如果补丁文件通过了项目测试人员的测试,那么该缺陷报告将会被关闭,状态变成 CLOSED,此时就完成了一个缺陷报告完整的生命周期。此外,处于 RESOLVED、VERIFIED 和 CLOSED 状态的缺陷报告随时有可能被打开,状态将变为 REOPENED。处于 REOPENED 状态的缺陷报告需要重新分派开发人员来处理,一旦重新安排好开发人员,缺陷报告的状态将从 REOPENED 变为 ASSIGNED。

对于 RESOLVED 的缺陷报告,共有 5 种不同的修复方案,其中 FIXED 修复方案是指开发人员对源代码库的源代码进行了更改,DUPLICATE 修复方案是指开发人员发现当前的缺陷报告和之前已经提交的缺陷报告是相同的缺陷问题,WORKSFORME 修复方案是指当前分派的开发人员不能够重生缺陷报告描述的缺陷问题,WONTFIX 修复方案是指当前缺陷报告将不能被修复,而 INVALID 修复方案则指当前的缺陷报告描述的问题事实上并不是一个缺陷问题。

7.2.2 研究动机

当前的大多数软件缺陷分派研究[70,77,83]主要是关注于软件缺陷报告和某个特定的软件开发人员之间的对应关系,研究建立软件缺陷报告和开发人员之间的一对一关系,即对于一个新缺陷报告,找到一个最合适的开发人员来修复该缺陷,本章认为这是狭义上的软件缺陷分派。在软件维护过程中,虽然一个缺陷最终可能由一名开发人员来修复,但其实际的修复过程往往是由多名开发人员协作完成的,这些开发人员对该缺陷都感兴趣,他们彼此之间会相互交流探讨,每个人都可能提出自己的修复意见来帮助缺陷问题得到尽快的修复,即软件缺陷的修复过程也是一个社会过程[198]。此外,狭义上的软件缺陷分派虽然找到了一个可能最合适的开发人员,但由于某种原因,该开发人员不能够处理当前缺陷报告,这时就需要重新对当前缺陷报告进行分派,这会延缓缺陷报告的处理过程。因此,本章研究的内容将是建立软件缺陷报告和开发人员之间的一对多关系,即对于一个新缺陷报告,找到对其感兴趣的所有开发人员来处理该缺陷报告,本章称之为广义上的软件缺陷分派。

据我们所知,当前广义上软件缺陷分类的研究有 Wu 等[95]提出的 DREX 方法。对于一个新缺陷报告,DREX 方法使用其近邻缺陷报告的评论者信息来构建社会网络,然后使用了社会网络的 6 种度量来对开发人员进行排序,包括度

(Degree)、入度(InDegree)、出度(OutDegree)、中介中心度(Betweenness)、接近中心度(Closeness)和 PageRank。通过实验研究,发现 OutDegree 度量是表现最好的度量。而本章发现基于 OutDegree 的 DREX 方法存在着一个问题:在某个缺陷报告的相似缺陷报告集的评论信息中,容易出现多个开发人员 OutDegree 相同的情况,在这种情况下,使用 OutDegree 来对开发人员进行排序是不合适的。Xuan 等[96]提出的开发者优先化算法为每个开发者赋予一个不同的优先化权值,能够区分那些具有相同 OutDegree 的开发者。因此,在本章研究中,将使用开发者优先化算法来寻找那些对新缺陷报告比较感兴趣的那些开发人员,并将缺陷报告分派给这些感兴趣的开发人员来处理。

7.3 缺陷分派方法

7.3.1 框架

图 7-3 给出了本章的软件缺陷定位方法 DRDP 框图。该方法主要包含了三个模块,分别是:K 近邻搜索、开发者评论网络构建和开发者优先化。即对于一个新的软件缺陷报告,首先在历史缺陷报告库中搜索与其最相似的 K 个缺陷报告,然后收集这 K 个缺陷报告的评论信息,并利用这些评论信息来构建一个开发者评论网络,最后基于该开发者评论网络,DRDP 使用开发者优先化算法[96]来对这些开发者进行排名。排名靠前的开发者被认为是对该新缺陷报告更感兴趣的开发者,因此将是优先分派的开发者。

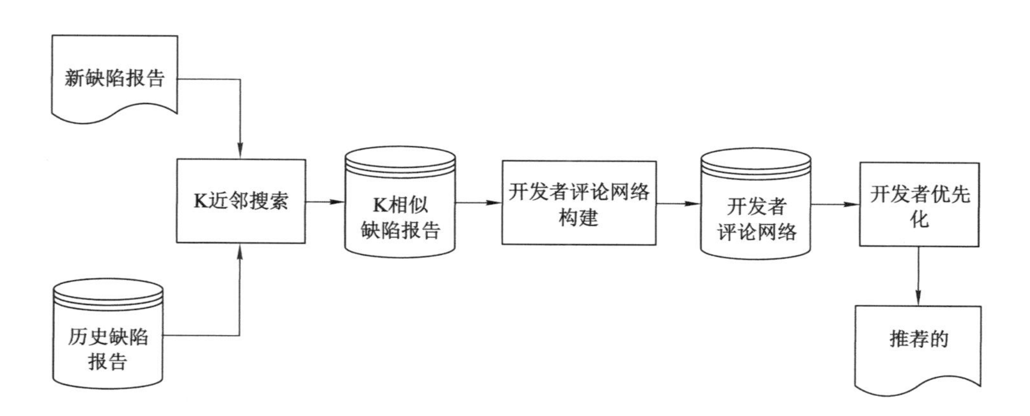

图 7-3　软件缺陷分派方法 DRDP 框图

7.3.2 K 近邻搜索

对于一个新缺陷报告，在历史缺陷报告库中可能存在着与其相似的软件缺陷报告，这些相似缺陷报告描述的可能是同一个问题或者是相似的问题，因此对这些相似缺陷报告感兴趣的开发人员也有可能是相同的。由于缺陷报告都是以文本的形式提供的，而向量空间模型（VSM）则适用于计算两个文本之间的相似度。因此，DRDP 方法采用了 KNN 算法[197]的核心思想，使用向量空间模型从历史缺陷报告库中检索与当前新缺陷报告最相似的 K 个缺陷报告。接下来本节将详细介绍向量空间模型和如何使用向量空间模型来得到这 K 个相似缺陷报告的。

（1）向量空间模型

向量空间模型 VSM 是一个应用于信息过滤、信息撷取、索引以及评估相关性的代数模型[199]。VSM 把对文本内容的处理简化为向量空间中的向量运算，即对于一个文档库来说，VSM 将它转化为一个对应的 $m \times n$ 词-文档矩阵。在该词-文档矩阵中，每一行代表一个词，每一列代表一个文档。为了方便，本书将这样的词-文档矩阵命名为 $\boldsymbol{D}$，并且用 $\boldsymbol{D}_k$（$1 \leqslant k \leqslant n$）来表示每一列，即每一个文档对应的词频向量。

词-文档矩阵 $\boldsymbol{D}$ 中的第 i 行 j 列元素 D_{ij} 代表了词 w_i 在文档 d_j 中的权值，该权值可以是原始的频率值（词在文档中出现的次数）或者 tf-idf 值[200]。本书选取了更流行的 tf-idf 值，其定义如下：

$$\mathrm{tf}(t,d)=\log(f_{td})+1,\mathrm{idf}(t)=\frac{\#\,\mathrm{docs}}{n_t} \tag{7-1}$$

式中，f_{td} 代表词 t 在文档 d 中出现的频率；# docs 代表文档库中所有文档的数量；n_t 代表包含词 t 的文档数量。因此词-文档矩阵 $\boldsymbol{D}$ 中的值 D_{ij} 定义如下：

$$D_{ij}=\mathrm{tf}(w_i,d_j)\times\mathrm{idf}(w_i)=[\log(f_{w_i d_j})+1]\times\left(\frac{\#\,\mathrm{docs}}{n_{w_i}}\right) \tag{7-2}$$

对于两个文档 D_i 和 D_j，*VSM* 经常使用余弦相似度来计算它们之间的相关性分值，定义如下：

$$\cos\mathrm{ine}(D_i,D_j)=\frac{D_i \cdot D_j}{|D_i|\times|D_j|} \tag{7-3}$$

（2）K 相似缺陷报告

给定一个历史缺陷报告库，本章将其看作一个缺陷报告文档库，而对于一个新缺陷报告，本章将其看作一个文档查询。因此，本章可以使用 VSM 模型从缺陷报告库中查找与新缺陷报告最相似的 K 个缺陷报告。在使用 VSM 模型前，将使用下面四步将缺陷报告转化为一个词列表：tokenization、splitting、stemming 和 stop words removal。

首先 DRDP 采用词袋模型[201]从已修复缺陷报告的 summary 和 description 中收集单词的信息(tokenization)，然后将组合词划分为独立的单词(Splitting)，如"SpecialFunctions"将被划分为"Special"和"Function"。DRDP 随后应用 Porter Stemming 算法[202]将前面得到的所有单词去除词根，返回这些单词最原始的形式(Stemming)，如"argue""argued""arguing"都将转化为"argu"的形式。最后根据 RainBow 停用词列表删除如"a""an""the"等停用词(stop words removal)。

经过上述四步将一个缺陷报告转化为一个单词列表后，DRDP 使用 VSM 模型将已修复缺陷报告库中的缺陷报告和新缺陷报告转化为对应的词频向量。式(7-3)将被用来计算新缺陷报告和一个历史缺陷报告之间的相似度值。根据新缺陷报告和每个历史缺陷报告间的相似度值大小，对历史缺陷报告进行排序，排名靠前的 K 个缺陷报告被认为是新缺陷报告的 K 个相似缺陷报告。

7.3.3　开发者评论网络构建

在得到的 K 个相似缺陷报告中，每个缺陷报告都可能有开发者对该缺陷报告进行评论。这些进行评论的开发者都是对该缺陷报告感兴趣的，他们的评论往往有助于缺陷报告的快速处理。在每个缺陷报告的评论中，后面的一个开发者会对前面一个开发者的评论提出自己的建议或者想法，因此综合这 K 个相似缺陷报告中的开发者和评论信息，本章可以构造一个开发者评论网络[96]。

开发者评论网络是一个有向加权网络，在该网络中，每一个节点代表一个开发者，而每一条有向边都是代表一个评论，即终点对应的开发者对起点的开发者发起了一个评论，其中每条有向边的权值代表终点开发者对起点开发者发起的评论次数。本章将使用 Xuan 等[96]提供的两个缺陷报告来详细介绍如何来构建开发者评论网络。不同点在于：他们构建的开发者网络使用了缺陷报告的报告者信息，而本章构建的网络则仅仅使用评论者的信息。

Xuan 等[96]提供的两个缺陷报告(Bug 261871 和 Bug 264696)是 Eclipse 的产品 PDE 中两个已经修复的缺陷报告。在表 7-1 中，给出了这两个缺陷报告的详细评论信息，包括每个缺陷报告的评论者名字以及他们每次评论的时间。由表 7-1 可以看出，这两个缺陷报告都有 7 条评论，而且评论者中还共享两个相同的开发者 caniszczyk 和 cwindatt。

表 7-1　两个缺陷报告的评论信息

评论者顺序	Bug 261871		Bug 264696	
	开发者	评论时间	开发者	评论时间
评论者 1	cwindatt	2009-01-21 12:54	cwindatt	2009-03-12 16:25
评论者 2	bcabe	2009-01-21 12:56	ankur_sharma	2009-04-03 16:24
评论者 3	oliver_thomann	2009-01-21 13:40	cwindatt	2009-04-06 10:31
评论者 4	bcabe	2009-01-21 14:08	ankur_sharma	2009-04-14 17:01
评论者 5	oliver_thomann	2009-01-21 14:18	caniszczyk	2009-04-14 19:53
评论者 6	bcabe	2009-01-21 15:43	ankur_sharma	2009-04-15 06:49
评论者 7	caniszczyk	2009-01-23 10:58	cwindatt	2009-04-15 12:49

基于表 7-1，本章构建了如图 7-4 所示的开发者评论网络。在图 7-4 中，共有 5 个节点，分别代表 5 个不同的开发者，他们包括 cwindatt、caniszczyk、bcabe、oliver_thomann 和 ankur_sharma。此外，在该图中还有 8 条有向加权连接，每个有向连接都代表了连接终点的开发者对连接起点的开发者进行的评论。此外，有向连接的权值代表了终点开发者对起点开发者发起的评论总次数。例如开发者 cwindatt 和开发者 bcabe 之间的有向连接，权值为 1，这意味着开发者 bcabe 对 cwindatt 做了一次评论，体现在表 7-1 中给出的 Bug 261871 中评论者 2(bcabe)对评论者 1(cwindatt)所做的评论。

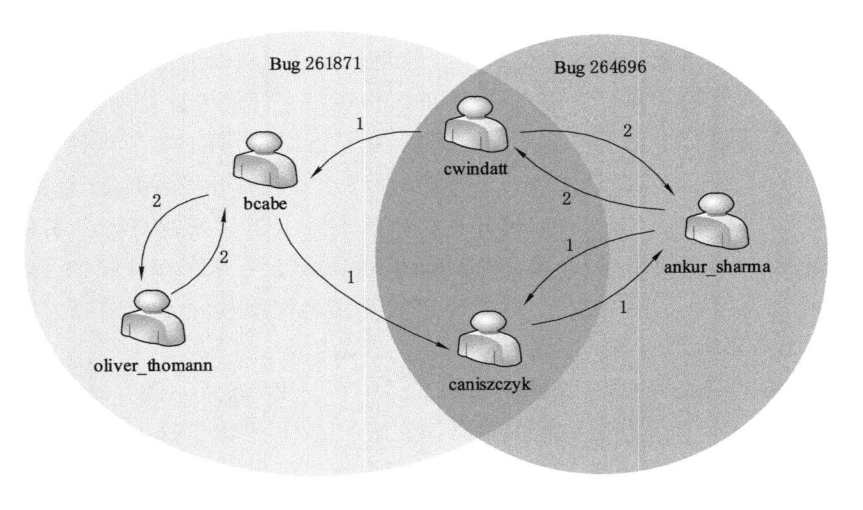

图 7-4　两个样例缺陷报告的开发者评论网络

7.3.4　开发者优先化

Xuan 等[96]提出了开发者优先化算法，旨在给软件缺陷库中的每个开发者赋予一个优先化权值，然后根据该优先化权值对开发者进行排名，进而帮助完成各项软件任务。该开发者优先化算法扩展了 Lü 等[203]提出的领导者网络 LeaderRank 算法，将原算法中连接的二值权值变更为基于评论次数的整数值权值。算法 7-1给出了开发者优先化算法的详细过程。

算法 7-1　开发者优先化算法

输入：开发者评价网络，包含 n 个开发者 $d_i(1 \leqslant i \leqslant n)$

输出：每个开发者 d_i 的最终优先化权值 P_i

1. 在开发者评价网络中增加一个虚拟开发者 d_0，同时建立 d_0 和其他所有开发者 d_i 之间的双向连接，连接权值设置为 1
2. 设置所有开发者的初始优先化权值，其中 $p_i(0)=1\ (1 \leqslant i \leqslant n)$ 且 $p_0(0)=0$
3. For $t=1$ to t_c do　//t_c 代表收敛次数
4. $p_i(t)=\sum_{j=0}^{n} w_{ji} p_j(t-1)/o_j$，其中 w_{ji} 代表开发者 d_i 对 d_j 做的评论次数，即从 d_j 到 d_i 有向连接的权值，o_j 代表开发者 d_j 的权值出度
5. $P_i=[p_i(t_c)+p_0(t_c)/n]/M(1 \leqslant i \leqslant n)$，其中 M 是用来归一化的一个函数，其定义如下：$M=p_0(t_c)/n+\max_{1 \leqslant i \leqslant n} p_i(t_c)$

给定一个开发者评价网络，使用算法 7-1 给出的开发者优先化算法，本书可以得到该开发者评价网络中每个开发者的优先化权值，并根据这些优先化权值对开发者进行排名，排名靠前的开发者被认为是对新缺陷报告更感兴趣的开发者。

7.4　实验结果与分析

7.4.1　实验数据

在本章研究中我们使用 Eclipse 的开源软件缺陷库中收集的数据来做实验，选择了 Eclipse JDT 产品的三个重要组件 Core、Debug 和 UI，这三个组件分别是 Eclipse JDT 的核心组件、除错组件和界面组件。在本章实验中，我们收集了这三个组件的 3.x 版本(包含 3.0、3.0.1、3.0.2、3.1、3.1.1、3.1.2、3.2、3.2.1、3.2.2、3.3、3.3.1、3.3.2、3.4、3.4.1、3.4.2、3.5、3.5.1、3.5.2、3.6、3.6.1、3.6.2、3.7、3.7.1、3.7.2、3.8、3.8.1、3.8.2，总共 27 个版本)对应的所有缺陷报告。Wu 等[95]发现包

含 1～2 个评论者的缺陷报告大多数都是被直接修复的，并没有提供开发者彼此之间的讨论信息，因此本章对这些收集到的原始缺陷报告进行预处理，删除评论人数少于 3 的那些缺陷报告，然后使用预处理后的缺陷报告来进行本章的缺陷分派方法研究。表 7-2 给出了本章所采用的三个数据集的详细信息，包括对实验数据集的描述、原始缺陷报告的数量和预处理后得到的缺陷报告数量。

表 7-2　实验数据的统计信息

实验数据	描述	原始报告数量	预处理后报告数量
Core	Eclipse 开发工具箱的核心组件	10 171	5 850
Debug	Eclipse 开发工具箱的除错组件	4 549	1 486
UI	Eclipse 开发工具箱的界面组件	11 242	4 058

7.4.2　评估指标

在本章研究中，使用信息检索和文本分类中广泛使用的两个性能指标 Precision和 Recall 来评估基于开发者优先化的软件缺陷报告分派方法 DRDP 的开发者分派性能。对于一个新缺陷报告 b_{new} 来说，本章假设为该缺陷报告分派了 R 个感兴趣的开发者，并将这 R 个开发者标记为 $d_1, d_2, \cdots, d_R$。此外，假设对 b_{new} 真正感兴趣的开发者集合为 Real Developers。式(7-4)和式(7-5)分别给出了 Precision 和 Recall 性能指标的计算方法。

$$\text{Precision} = \frac{|\{d_1, d_2, \cdots, d_R\} \cap \{\text{Real Developers}\}|}{|\{d_1, d_2, \cdots, d_R\}|} \tag{7-4}$$

$$\text{Recall} = \frac{|\{d_1, d_2, \cdots, d_R\} \cap \{\text{Real Developers}\}|}{|\{\text{Real Developers}\}|} \tag{7-5}$$

在这两个性能评估指标中，Precision 计算了在 DRDP 方法所分派的 R 个开发者中，真正对新缺陷报告感兴趣的开发者所占的比重，随着 R 值的增大，Precision 值可能会变小。Recall 计算了分派的 R 个开发者中真正感兴趣的开发者占所有真正感兴趣的开发者的比重，随着 R 值的增大，Recall 值可能会变大。本章希望这两个性能评估指标 Precision 和 Recall 的值都是越大越好，然而事实上这两种指标在某种情况下是矛盾的，即一个指标增大的同时另外一个指标可能会减小。因此，本章需要将这两个指标综合考虑来评估缺陷分派的性能，最常用的方法就是性能指标 F-Measure 了。式(7-6)给出了 F-Measure 性能指标的计算方法。

$$\text{F-Measure} = \frac{2 * \text{Precision} * \text{Recall}}{\text{Precision} + \text{Recall}} \tag{7-6}$$

7.4.3　实验设置

在本章实验研究中，我们使用的验证方法如下：将每个实验数据集平均分为 5 折，分别记为 Fold1、Fold2、Fold3、Fold4 和 Fold5。总共做了 4 个实验，第一个实验把 Fold1 作为训练集（历史缺陷报告集），把 Fold2 作为测试集（新缺陷报告集）；第二个实验把 Fold1 和 Fold2 作为训练集，把 Fold3 作为测试集；第三个实验把 Fold1、Fold2 和 Fold3 作为训练集，把 Fold4 作为测试集；第 4 个实验把 Fold1、Fold2、Fold3 和 Fold4 作为训练集，把 Fold5 作为测试集。每个实验都有其对应的缺陷分派结果，最后将这 4 个实验的平均结果作为最终的实验结果。

在 K 近邻搜索中，本章需要设置新缺陷报告搜索到的相似报告数量（K 值）。在本章实验研究中，K 取值为 10、20、30、40、50、60、70、80、90、100。

本章实验研究选取的性能评估指标是前面介绍的 Precision、Recall 和 F-Measure三个指标。在这三个性能评估指标的定义中，需要设置分派的开发人员数量（R 值）。在本章实验研究中，R 取值为 3、4、5、6、7、8、9、10。

本章选取的比较方法是 Wu 等[95]提出的基于 OutDegree 的 DREX 方法。

7.4.4　实验设计

本章进行三项研究：第一个研究是比较分析在分派不同数量的开发人员时，本章基于开发者优先化的 DRDP 方法和 DREX 方法相比，哪个方法能够取得更好的缺陷分派结果；第二个研究是比较分析在搜索不同数量的相似缺陷报告时，本章的 DRDP 方法是否优于 DREX 方法；第三个研究是参数敏感性分析，即相似缺陷报告的数量 K 值取值不同时，DRDP 方法的性能是如何变化的。

① 研究 1：在分派不同数量的开发人员时，DRDP 方法是否优于 DREX 方法？

对于一个新缺陷报告，DRDP 方法和 DREX 方法都能够找到许多对其可能感兴趣的开发人员。显然将新缺陷报告分派给所有潜在感兴趣的开发人员是不合适的，因此本章选择分派排名靠前的前 R 个开发者。在实验研究中，本章选择了不同的 R 值，因此分析比较 DRDP 和 DREX 在分派不同数量的开发人员时的缺陷分派性能是有必要的。

为了获得 DRDP 方法和 DREX 方法在 R 取值不同时的缺陷分派结果，对于一个特定的数据集和一个特定的 R 值，我们计算这两个方法在所有 K 值上缺陷分派结果的平均值作为本章的实验分析结果。

② 研究 2：在搜索不同数量的相似缺陷报告时，DRDP 方法是否优于 DREX 方法？

在 DRDP 方法和 DREX 方法中，相似报告数量是非常重要的。选择不同的相似报告数量,可能会得到不同的缺陷分派结果。选取相似报告数量比较少时,可能找不到所有潜在感兴趣的开发者,而选取比较多的相似报告数量时,可能会找到许多不感兴趣的开发者。因此在本章研究中,我们希望分析比较 DRDP 方法和 DREX 方法在选择不同数量的相似报告时的缺陷分派性能。

对于一个特定的数据集和一个特定的 K 值,本章计算 DRDP 方法和 DREX 方法在所有 R 值上的平均结果作为本章的实验分析结果。

③ 研究 3:相似缺陷报告数量 K 对 DRDP 方法的影响?

在 DRDP 方法中,相似缺陷报告数量 K 是影响 DRDP 方法的一个参数,因此本章需要分析相似缺陷报告数量 K 值对 DRDP 方法的影响,即观察 K 值变化时,DRDP 方法的分派性能是如何变化,从而找出最适合的 K 值取值范围。

在该研究中,本章使用每个数据集在不同 K 值和 R 值时得到的缺陷分派结果来作为本章的实验分析结果。

7.4.5 结果与分析

(1) DRDP 和 DREX 在不同 R 值时的缺陷分派结果

表 7-3 给出了 DRDP 方法和 DREX 方法在分派不同数量的开发人员时(R 值不同)所取得的缺陷分派结果,包括 Precision、Recall 和 F-Measure 性能评估指标。对于表 7-3 中的一个特定的数据集和 R 值来说,其对应的缺陷分派结果是在所有不同 K 值上缺陷分派结果的平均值。值得说明的是,在相同的数据集和 R 值下,对于每个性能评估指标,DRDP 和 DREX 方法中较好的缺陷分派结果用黑体标出。

表 7-3 DRDP 方法和 DREX 方法在不同 R 值时的缺陷分派结果

方法	R	Core			Debug			UI		
		Precision	Recall	F-Measure	Precision	Recall	F-Measure	Precision	Recall	F-Measure
DRDP	3	**0.429**	**0.329**	**0.372**	**0.522**	**0.450**	**0.483**	**0.408**	**0.342**	**0.372**
	4	**0.386**	**0.394**	**0.390**	**0.458**	**0.526**	**0.490**	**0.372**	**0.414**	**0.392**
	5	**0.348**	**0.442**	**0.389**	**0.411**	**0.590**	**0.485**	**0.329**	**0.457**	**0.382**
	6	**0.315**	**0.480**	**0.381**	**0.367**	**0.632**	**0.464**	**0.294**	**0.489**	**0.367**
	7	**0.288**	**0.511**	**0.369**	**0.330**	**0.661**	**0.440**	**0.265**	**0.514**	**0.350**
	8	**0.266**	**0.538**	**0.356**	**0.301**	**0.688**	**0.419**	**0.240**	**0.531**	**0.331**
	9	**0.248**	**0.562**	**0.344**	**0.276**	**0.710**	**0.398**	**0.220**	**0.549**	**0.314**
	10	**0.231**	**0.583**	**0.331**	**0.256**	**0.729**	**0.379**	**0.204**	**0.564**	**0.300**

表7-3(续)

方法	R	Core			Debug			UI		
		Precision	Recall	F-Measure	Precision	Recall	F-Measure	Precision	Recall	F-Measure
DREX	3	0.420	0.321	0.364	0.511	0.441	0.474	0.380	0.319	0.347
	4	0.374	0.380	0.377	0.447	0.514	0.478	0.349	0.389	0.368
	5	0.336	0.426	0.376	0.393	0.564	0.463	0.313	0.434	0.364
	6	0.305	0.462	0.367	0.350	0.602	0.443	0.281	0.467	0.351
	7	0.279	0.493	0.357	0.316	0.632	0.421	0.254	0.492	0.335
	8	0.258	0.519	0.345	0.288	0.658	0.401	0.231	0.512	0.319
	9	0.240	0.543	0.333	0.265	0.679	0.381	0.213	0.528	0.303
	10	0.224	0.562	0.321	0.245	0.698	0.363	0.197	0.543	0.289

由表 7-3 可以看出,对于本章所使用的任何一个性能评估指标,对于一个特定的数据集来说,DRDP 方法在分派相同数量的开发人员时都要好于 DREX 方法,这意味着在使用本章所分派的开发者数量时,DRDP 方法也好于 DREX 方法的缺陷分派结果。

此外,我们同时也发现一个现象:当分派的开发者数量不同时,DRDP 方法对 DREX 方法的性能提升比例可能是不同的。比如,对于数据集 Core 来说,当 *R* 取值为 3 时,对于 Precision、Recall 和 F-Measure 三个指标来说,DRDP 方法提升 DREX 方法的比例分别为 2.238%、2.345%和 2.299%,然而当 *R* 取值为 10 时,这三个指标的性能提升比例变为了 3.204%、3.614%和 3.320%。又比如,对于数据集 UI 来说,当 *R* 取值为 3 时,对于 Precision、Recall 和 F-Measure 三个指标来说,DRDP 方法对 DREX 方法的性能提升比例分别为 7.509%、7.276%和 7.383%,而当 *R* 取值为 10 时,对应指标的性能提升比例变为了 3.644%、3.867%和 3.704%。因此本章接下来需要分析当分派开发者数量 *R* 值变化时,DRDP 方法对 DREX 方法的性能提升比例是如何变化的。表 7-4 给出了 *R* 取不同的数值时,DRDP 方法对 DREX 方法的性能提升百分比。

在表 7-4 中,每一行代表当 *R* 取特定值时,每个数据集在每个性能指标上 DRDP 方法对 DREX 方法的性能提升比例。值得注意的是,对于一个特定的数据集和性能评估指标来说,取得最高性能提升比例的 *R* 值对应的数值用黑体标出。

表 7-4　在不同 *R* 值时 DRDP 方法对 DREX 方法的性能提升比例　单位：%

R	Core			Debug			UI		
	Precision	Recall	F-Measure	Precision	Recall	F-Measure	Precision	Recall	F-Measure
3	2.238	2.345	2.299	2.121	2.005	2.058	**7.509**	**7.276**	**7.383**
4	3.315	3.623	3.467	2.504	2.419	2.465	6.555	6.393	6.478
5	**3.490**	3.924	**3.681**	4.653	4.743	4.690	5.148	5.113	5.134
6	3.436	**3.952**	3.640	**4.702**	**4.898**	**4.774**	4.789	4.833	4.806
7	3.195	3.739	3.391	4.429	4.665	4.508	4.355	4.418	4.377
8	3.114	3.651	3.292	4.424	4.643	4.491	3.878	3.810	3.857
9	3.074	3.501	3.204	4.384	4.596	4.443	3.418	3.906	3.558
10	3.204	3.614	3.320	4.342	4.515	4.387	3.644	3.867	3.704

由表 7-4 可以看出：① 不同数据集在取得最大的性能提升比例时所对应的开发者分派数量 *R* 值是不同的。对于数据集 Core 来说，Precison 和 F-Measure 指标在 *R* 为 5 时取得了最大的性能提升比例，Recall 指标在 *R* 为 6 时取得了最大的性能提升比例；对于数据集 Debug 来说，三个性能评估指标在 *R* 取值为 6 时得到了最大性能提升比例；对于数据集 UI 来说，三个性能评估指标在 *R* 取值为 3 时都取得了最大的性能提升比例。② 对于同一个数据集来说，当分派开发者数量 *R* 值相同时，三个性能评估指标的性能提升比例是接近的。③ 对于同一个数据集和一个特定的性能评估指标来说，当分派开发者数量 *R* 值变化时，DRDP 方法对 DREX 方法的性能提升比例也是变化的。

为了更好地观察当 *R* 值变化时，DRDP 方法对 DREX 方法性能提升比例变化的趋势，本章将表 7-4 中的数据用散点图画出，并给出对应的趋势图。图 7-5 给出了详细的散点图以及对应的趋势图。图 7-5(a)是在使用性能评估指标 Precision 作为缺陷分派性能评价，当 *R* 值变化时 DRDP 方法对 DREX 方法的性能提升比例变化的趋势图；图 7-5(b)是在使用 Recall 作为缺陷分派性能评价指标时，DRDP 方法对 DREX 方法的性能提升比例随 *R* 值变化的趋势图；图 7-5(c)是在使用 F-Measure 作为缺陷分派性能评价指标时，DRDP 方法对 DREX 方法的性能提升比例随 *R* 值变化而变化的趋势图。

由图 7-5 可以看出：① 当采用相同的评估指标作为缺陷分派结果度量时，不同数据集的变化趋势随着开发者分派数量 *R* 值的变化而变化的趋势是不相同的；② 对于同一个数据集来说，无论采用哪一种性能评估指标作为缺陷分派结果的度量，DRDP 方法对 DREX 方法的性能提升比例随着 *R* 值变化而

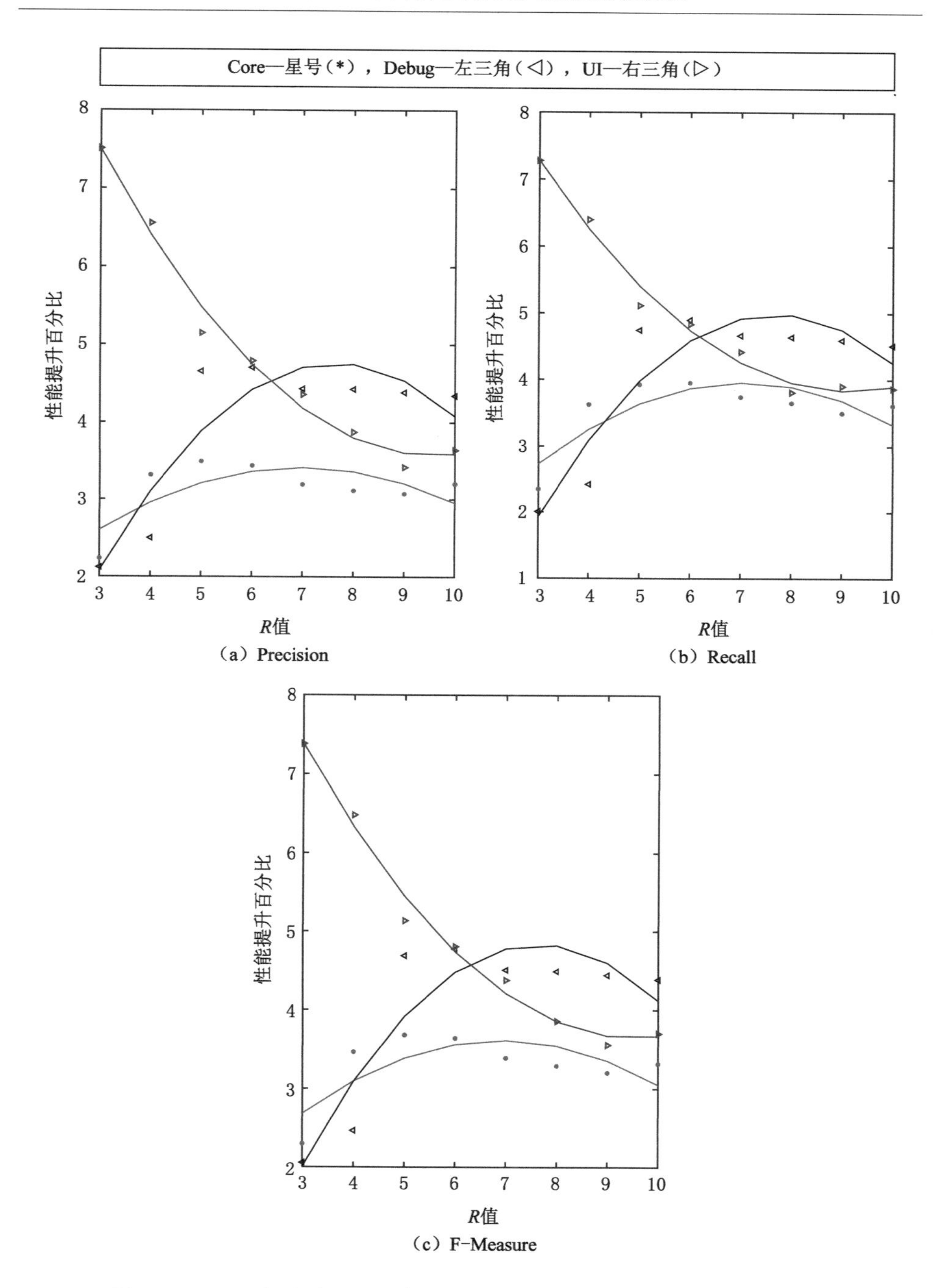

图 7-5　DRDP 方法对 DREX 方法的性能提升比例随 R 值变化的趋势图

变化的趋势是相同的。具体来说，对于数据集 Core 和 Debug，当分派开发者数量 R 值增大时，性能提升比例都是先增大后减小的，区别在于 Core 数据的变化趋势相比较 Debug 数据来说要平缓一些，对于数据集 UI 来说，当分派开发者的数量 R 值变大时，DRDP 方法对 DREX 方法的性能提升比例是先降低后保持稳定的。

综上所述，可以得出如下结论：在使用本章所分派的开发者数量时，无论采用哪一个性能评估指标（Precision、Recall 和 F-Measure），DRDP 方法都能够提升 DREX 方法的缺陷分派性能，三个指标的平均提升比例依次为 4%、4.19%和 4.06%。此外，随着 R 值的变化，对于不同的数据集来说，DRDP 方法对 DREX 方法的性能提升比例是不同的。

(2) DRDP 方法和 DREX 方法在不同 K 值时的缺陷分派结果

表 7-5 给出了当相似缺陷报告数量（K 值）不同时，DRDP 方法和 DREX 方法的在三种不同性能评估指标上的缺陷分派结果，包括 Precision、Recall 和 F-Measure。对于表 7-5 中的任何一个数据来说，其是对应方法（DRDP 或者 DREX）在特定的 K 值和数据集上采用分派不同的开发者数量得到的平均缺陷分派结果。此外，值得说明的是，在表 7-5 中，对于一个特定的数据集和 K 值来说，DRDP 方法和 DREX 方法中较好的缺陷分派结果用黑体标出。

表 7-5　DRDP 方法和 DREX 方法在不同 K 值时的缺陷分派结果

方法	K	Core			Debug			UI		
		Precision	Recall	F-Measure	Precision	Recall	F-Measure	Precision	Recall	F-Measure
DRDP	10	**0.288**	**0.440**	**0.348**	**0.313**	**0.533**	**0.394**	**0.252**	**0.421**	**0.316**
	20	**0.306**	**0.467**	**0.370**	**0.341**	**0.580**	**0.429**	**0.277**	**0.457**	**0.345**
	30	**0.313**	**0.477**	**0.378**	**0.354**	**0.603**	**0.446**	**0.287**	**0.476**	**0.358**
	40	**0.316**	**0.483**	**0.382**	**0.364**	**0.621**	**0.459**	**0.294**	**0.486**	**0.366**
	50	**0.317**	**0.485**	**0.383**	**0.371**	**0.633**	**0.468**	**0.298**	**0.491**	**0.371**
	60	**0.319**	**0.487**	**0.385**	**0.376**	**0.641**	**0.474**	**0.299**	**0.494**	**0.373**
	70	**0.320**	**0.488**	**0.386**	**0.379**	**0.649**	**0.479**	**0.301**	**0.498**	**0.375**
	80	**0.320**	**0.490**	**0.387**	**0.383**	**0.655**	**0.483**	**0.302**	**0.499**	**0.376**
	90	**0.321**	**0.491**	**0.388**	**0.385**	**0.658**	**0.485**	**0.303**	**0.501**	**0.378**
	100	**0.321**	**0.491**	**0.388**	**0.386**	**0.660**	**0.487**	**0.304**	**0.502**	**0.378**

表7-5(续)

方法	K	Core			Debug			UI		
		Precision	Recall	F-Measure	Precision	Recall	F-Measure	Precision	Recall	F-Measure
DREX	10	0.268	0.408	0.324	0.296	0.505	0.373	0.233	0.390	0.292
	20	0.291	0.442	0.351	0.323	0.549	0.407	0.257	0.428	0.321
	30	0.301	0.457	0.363	0.339	0.576	0.427	0.269	0.449	0.337
	40	0.307	0.466	0.370	0.350	0.595	0.441	0.277	0.461	0.346
	50	0.309	0.471	0.374	0.358	0.607	0.450	0.283	0.468	0.353
	60	0.312	0.475	0.377	0.363	0.617	0.457	0.286	0.474	0.357
	70	0.313	0.477	0.378	0.368	0.625	0.463	0.289	0.480	0.361
	80	0.314	0.479	0.379	0.372	0.633	0.468	0.291	0.482	0.363
	90	0.315	0.480	0.380	0.373	0.636	0.471	0.293	0.485	0.365
	100	0.315	0.479	0.380	0.376	0.640	0.474	0.294	0.487	0.366

由表 7-5 可以看出，对于本章研究所使用的任何一个 K 值，DRDP 方法在所有的数据集和性能评估指标上都要好于 DREX 方法，这意味着当选择的相似缺陷报告数量不同时，基于开发者优先化的 DRDP 方法要好于 DREX 方法。此外，我们还发现，当选择的相似报告数量不同时，DRDP 方法对 DREX 方法的性能提升比例也是不同的。比如，对于数据集 Core 来说，当 K 值为 10 时，在 Precision、Recall 和 F-measure 三个性能评估指标上，DRDP 方法对 DREX 方法的性能提升比例分别为 7.267%、7.850%和 4.498%；而当 K 值为 100 时，在这三个性能评估指标上，DRDP 方法对 DREX 方法的性能提升比例分别为 1.952%、2.367%和 2.116%。显然，对于数据集 Core 来说，K 值为 10 时的性能提升比例要显然好于 K 值为 100 时的性能提升比例。又比如，对于数据集 Debug 来说，在 K 值为 10 时，在三个性能评估指标上，DRDP 方法对 DREX 方法的性能提升比例分别为 5.612%、5.468%和 5.559%；而当 K 值为 100 时，对应指标的性能提升比例分别为 2.573%、3.151%和 2.786%。显然，这两个 K 值对应的性能提升比例也是不一样的。因此，下面将继续分析当相似缺陷报告数量 K 值变化时，DRDP 方法对 DREX 方法的性能提升比例是如何变化的。

表 7-6 给出了当 K 取值不同时，DRDP 方法对 DREX 方法的性能提升百分比。在表 7-6 中，对于一个特定的数据集和评估指标，性能提升比例最大值用黑体标出。

表 7-6 在不同 K 值下 DRDP 方法对 DREX 方法的性能提升比例 单位:%

K	Core			Debug			UI		
	Precision	Recall	F-Measure	Precision	Recall	F-Measure	Precision	Recall	F-Measure
10	**7.267**	**7.850**	**7.498**	**5.612**	5.468	**5.559**	**8.166**	**7.797**	**8.028**
20	5.089	5.707	5.334	5.351	**5.773**	5.507	7.622	6.863	7.336
30	3.833	4.393	4.055	4.476	4.739	4.573	6.673	6.065	6.444
40	3.137	3.730	3.372	3.885	4.505	4.114	5.937	5.435	5.748
50	2.436	3.004	2.660	3.690	4.179	3.870	5.280	4.869	5.125
60	2.131	2.566	2.303	3.506	3.898	3.651	4.755	4.293	4.581
70	2.054	2.488	2.225	3.177	3.784	3.401	4.120	3.736	3.975
80	1.843	2.289	2.019	2.988	3.475	3.168	3.731	3.424	3.615
90	1.844	2.298	2.024	2.971	3.399	3.129	3.581	3.278	3.466
100	1.952	2.367	2.116	2.573	3.151	2.786	3.480	3.146	3.354

由表 7-6 可以看出:① 对于同一个数据集来说,当 K 取值不同时,在相同性能评估指标上的性能提升比例是不同的;② 对于同一个数据集来说,当相似报告数量 K 值确定时,三种性能评估指标的性能提升比例是相近的;③ 对于不同的数据集和不同的性能评估指标,在 K 取值不同时,DRDP 方法对 DREX 方法的性能提升比例是不同的,且获得最佳性能提升比例对应的 K 值是不同的。具体来说,对于数据集 Core 和 UI,当 K 取值为 10 时,在三种性能评估指标 Precision、Recall 和 F-Measure 上,DRDP 方法对 DREX 方法提升的比例最大,而对于数据集 Debug 来说,当 K 取值为 20 时,Recall 性能指标得到了最大的提升比例,而当 K 取值为 10 时,Precision 和 Recall 取得了最大的性能提升比例。为了更清楚地展示 DRDP 方法对 DREX 方法的性能提升比例随着 K 值变化而变化的趋势。我们将表 7-6 中的数据用散点画出,并给出对应的趋势变化图。

图 7-6 给出了在三个性能评估指标下 DRDP 方法对 DREX 方法的性能提升比例随着相似缺陷报告数量 K 值变化而变化的趋势图。图 7-6(a)是采用性能评估指标 Precision 时,DRDP 方法对 DREX 方法的性能提升比例随 K 值变化的趋势图,图 7-6(b)是采用性能评估指标 Recall 时,DRDP 方法对 DREX 方法的性能提升比例随 K 值变化的趋势图,而图 7-6(c)是采用性能评估指标 F-Measure 作为缺陷分派结果的度量时,DRDP 方法对 DREX 方法的性能提升比例随 K 值变化而变化的趋势图。

由图 7-6 可以看出:① 对于同一个数据集来说,虽然采用不同的性能评估指标,但当相似缺陷报告数量 K 值变化时,DRDP 方法对 DREX 方法的性能提

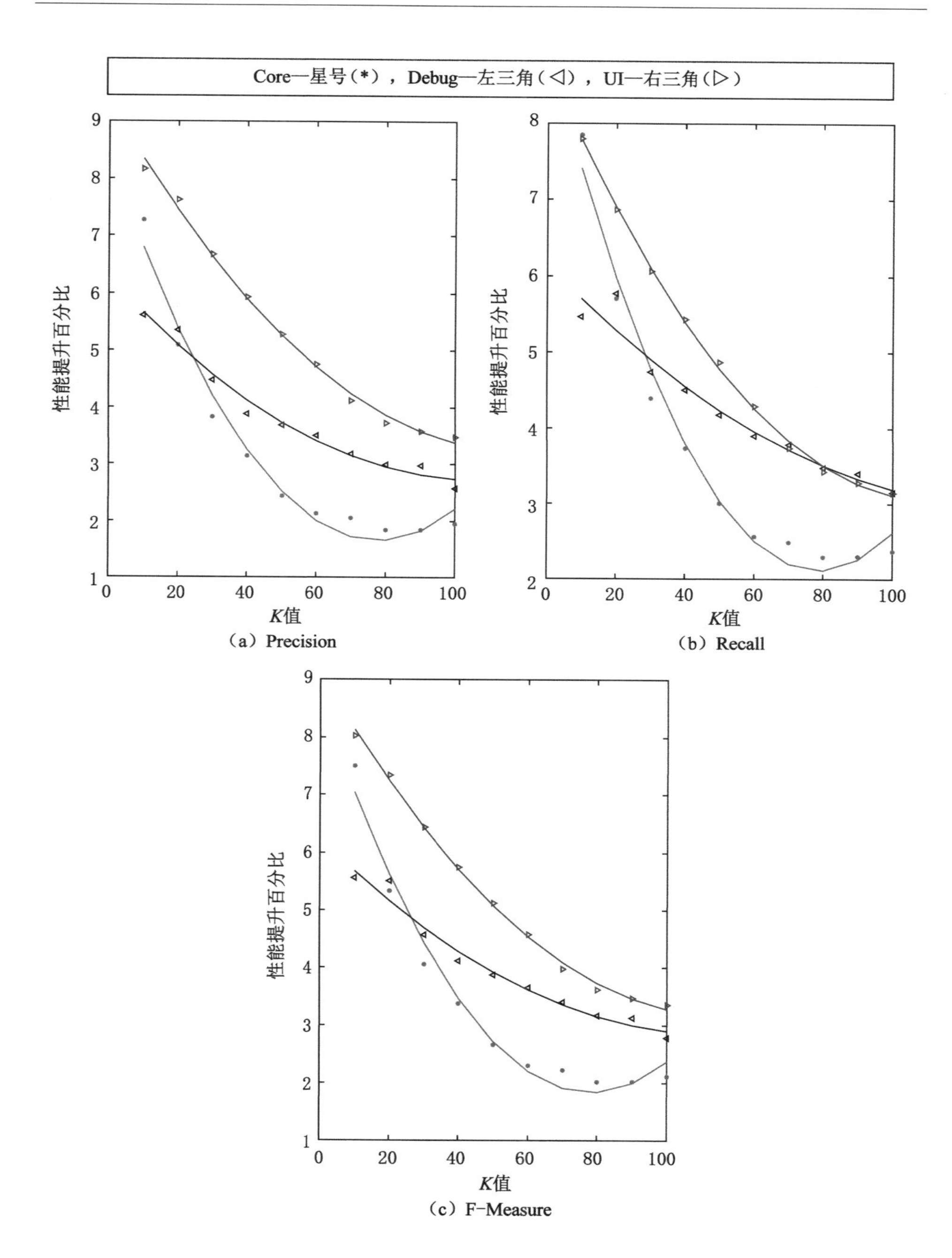

图 7-6　DRDP 方法对 DREX 方法的性能提升比例随 K 值变化的趋势图

升比例变化的趋势是相同的;② 当采用相同的性能评估指标作为衡量缺陷分派的性能时,对于不同的数据集来说,当相似缺陷报告数量 K 值变化时,DRDP 方法对 DREX 方法的性能提升比例变化趋势是不同的。具体来说,随着 K 值的增大,对于数据集 Debug 和 UI 来说,DRDP 方法对 DREX 方法的性能提升比例是下降的,而对于数据集 Core 来说,DRDP 方法对 DREX 方法的性能提升比例是先下降后上升的,大体在 K 取值范围为 80 附近时,得到了最低的性能提升比例,而 K 取值 80 也是 DREX 方法的建议选取值。

综上所述,我们可以得出如下结论:对于本章研究所使用的所有 K 值,DRDP 方法在所有数据集和所有性能评估指标上都能够提升 DREX 方法的缺陷分派性能。此外,随着 K 值的变化,DRDP 方法对 DREX 方法的性能提升比例是变化的。总体来说,当 K 取值越小时,DRDP 方法对 DREX 方法的性能提升比例越大。

(3) 不同 K 值对 DRDP 方法的影响

在这一节我们将重点研究不同的相似缺陷报告数量 K 值对 DRDP 方法的影响,希望通过研究分析可以得到最适合 DRDP 方法的 K 值。由于在本章研究中采用了三个性能评估指标作为衡量软件缺陷自动分派的结果,因此在下面的分析中本节将根据不同的指标来分析不同 K 值对 DRDP 方法的影响。

表 7-7 给出了 DRDP 方法在不同 R 值和 K 值下的 Precision 值,即分派开发者数量不同和相似缺陷报告数量不同时,以 Precision 作为评估指标的缺陷分派结果。在表 7-7 中,对于一个给定的数据集和 R 值,最好的 Precision 值已经用黑体标出。

表 7-7 DRDP 方法在不同 *R* 值和 *K* 值时的 Precision 值

数据集	*R*	*K* 值									
		10	20	30	40	50	60	70	80	90	100
Core	3	0.396	0.422	0.431	0.434	0.434	0.434	0.436	**0.437**	0.436	0.435
	4	0.353	0.377	0.385	0.387	0.390	0.392	0.393	0.392	0.394	**0.396**
	5	0.317	0.340	0.347	0.350	0.353	0.353	0.354	0.354	**0.355**	**0.355**
	6	0.287	0.309	0.315	0.318	0.319	0.320	0.320	0.321	**0.322**	0.321
	7	0.265	0.281	0.287	0.292	0.292	0.293	0.293	0.293	**0.294**	0.293
	8	0.245	0.259	0.264	0.268	0.269	0.270	0.271	**0.272**	**0.272**	**0.272**
	9	0.228	0.239	0.244	0.249	0.250	0.251	0.253	**0.254**	**0.254**	**0.254**
	10	0.212	0.222	0.227	0.232	0.234	0.235	0.237	0.238	**0.239**	**0.239**

表7-7(续)

数据集	R	K值									
		10	20	30	40	50	60	70	80	90	100
Debug	3	0.465	0.502	0.519	0.526	0.527	0.535	0.534	0.538	**0.539**	0.537
	4	0.390	0.427	0.446	0.460	0.470	0.474	0.478	0.478	**0.479**	**0.479**
	5	0.344	0.377	0.398	0.407	0.418	0.424	0.429	0.435	0.438	**0.440**
	6	0.307	0.337	0.352	0.362	0.372	0.377	0.382	0.390	0.392	**0.396**
	7	0.278	0.304	0.316	0.328	0.334	0.339	0.345	0.350	0.350	**0.353**
	8	0.256	0.279	0.290	0.300	0.306	0.309	0.313	0.317	**0.319**	**0.319**
	9	0.238	0.258	0.265	0.275	0.281	0.284	0.288	0.290	0.291	**0.292**
	10	0.222	0.240	0.247	0.255	0.259	0.263	0.266	0.267	**0.269**	**0.269**
UI	3	0.356	0.395	0.405	0.412	0.418	0.418	0.419	0.419	**0.421**	**0.421**
	4	0.313	0.350	0.365	0.374	0.382	0.384	0.386	0.388	0.389	**0.390**
	5	0.278	0.311	0.322	0.332	0.338	0.340	0.341	0.342	0.343	**0.345**
	6	0.252	0.277	0.288	0.296	0.300	0.302	0.305	0.306	0.307	**0.308**
	7	0.231	0.250	0.261	0.267	0.269	0.272	0.274	0.275	0.276	**0.277**
	8	0.211	0.227	0.237	0.242	0.244	0.246	0.248	0.248	**0.250**	**0.250**
	9	0.196	0.209	0.218	0.222	0.224	0.225	0.227	0.227	0.228	**0.229**
	10	0.183	0.195	0.202	0.206	0.207	0.208	0.210	0.210	**0.211**	**0.211**

由表7-7可以看出：① 对于所有的数据集来说，当分派开发者数量 R 取值不同时，最好的Precision值通常在 K 取值大于等于80时得到；② 对于给定的数据集和 R 值来说，当 K 值发生变化时，Precision值也是变化的，这意味着 K 值取值不同，DRDP方法得到的缺陷分派结果(Precision值)也是不同的。为了研究当 K 值发生变化时，DRDP方法得到的Precision值是如何变化的，本节接下来需要分析DRDP方法在相邻 K 值时的Precision提升比例。表7-8给出DRDP在相邻 K 值时的Precision提升比例。在表7-8中，对于给定的数据集和 R 值来说，DRDP方法取得的最大性能提升比例已经用黑体标出。

由表7-8可以看出：① 对于本章研究中使用的所有数据集和 R 值来说，DRDP在 K 取值为10时得到了最大的Precision性能提升比例；② 给定数据集和 R 值，当 K 值增大时，Precision的性能提升比例有下降的趋势。为了更清楚地看清这种变化趋势，我们将表7-8中的数据用散点画出，并给出其对应的趋势图。图7-7给出了DRDP方法在相邻 K 值时的Precision提升比例随 K 值变化的趋势图。

表 7-8　DRDP 方法在相邻 *K* 值时的 Precision 提升比例　　单位：%

数据集	R	K 值								
		10	20	30	40	50	60	70	80	90
Core	3	**6.566**	2.133	0.696	0.000	0.000	0.461	0.229	−0.229	−0.229
	4	**6.799**	2.122	0.519	0.775	0.513	0.255	−0.254	0.510	0.508
	5	**7.256**	2.059	0.865	0.857	0.000	0.283	0.000	0.282	0.000
	6	**7.666**	1.942	0.952	0.314	0.313	0.000	0.313	0.312	−0.311
	7	**6.038**	2.135	1.742	0.000	0.342	0.000	0.000	0.341	−0.340
	8	**5.714**	1.931	1.515	0.373	0.372	0.370	0.369	0.000	0.000
	9	**4.825**	2.092	2.049	0.402	0.400	0.797	0.395	0.000	0.000
	10	**4.717**	2.252	2.203	0.862	0.427	0.851	0.422	0.420	0.000
Debug	3	**7.957**	3.386	1.349	0.190	1.518	−0.187	0.749	0.186	−0.371
	4	**9.487**	4.450	3.139	2.174	0.851	0.844	0.000	0.209	0.000
	5	**9.593**	5.570	2.261	2.703	1.435	1.179	1.399	0.690	0.457
	6	**9.772**	4.451	2.841	2.762	1.344	1.326	2.094	0.513	1.020
	7	**9.353**	3.947	3.797	1.829	1.497	1.770	1.449	0.000	0.857
	8	**8.984**	3.943	3.448	2.000	0.980	1.294	1.278	0.631	0.000
	9	**8.403**	2.713	3.774	2.182	1.068	1.408	0.694	0.345	0.344
	10	**8.108**	2.917	3.239	1.569	1.544	1.141	0.376	0.749	0.000
UI	3	**10.955**	2.532	1.728	1.456	0.000	0.239	0.000	0.477	0.000
	4	**11.821**	4.286	2.466	2.139	0.524	0.521	0.518	0.258	0.257
	5	**11.871**	3.537	3.106	1.807	0.592	0.294	0.293	0.292	0.583
	6	**9.921**	3.971	2.778	1.351	0.667	0.993	0.328	0.327	0.326
	7	**8.225**	4.400	2.299	0.749	1.115	0.735	0.365	0.364	0.362
	8	**7.583**	4.405	2.110	0.826	0.820	0.813	0.000	0.806	0.000
	9	**6.633**	4.306	1.835	0.901	0.446	0.889	0.000	0.441	0.439
	10	**6.557**	3.590	1.980	0.485	0.483	0.962	0.000	0.476	0.000

在图 7-7 中，图 7-7(a1)和(a2)是 Core 数据集在 R 值为 3、4、5、6 和 R 值为 7、8、9、10 时的 Precision 提升比例随 K 值变化的趋势图，图 7-7(b1)和(b2)是 Debug 数据集在 R 值为 3、4、5、6 和 R 值为 7、8、9、10 时的 Precision 提升比例随 K 值变化的趋势图，图 7-7(c1)和(c2)是 UI 数据集在 R 值为 3、4、5、6 和 R 值为 7、8、9、10 时的 Precision 提升比例随 K 值变化的趋势图。

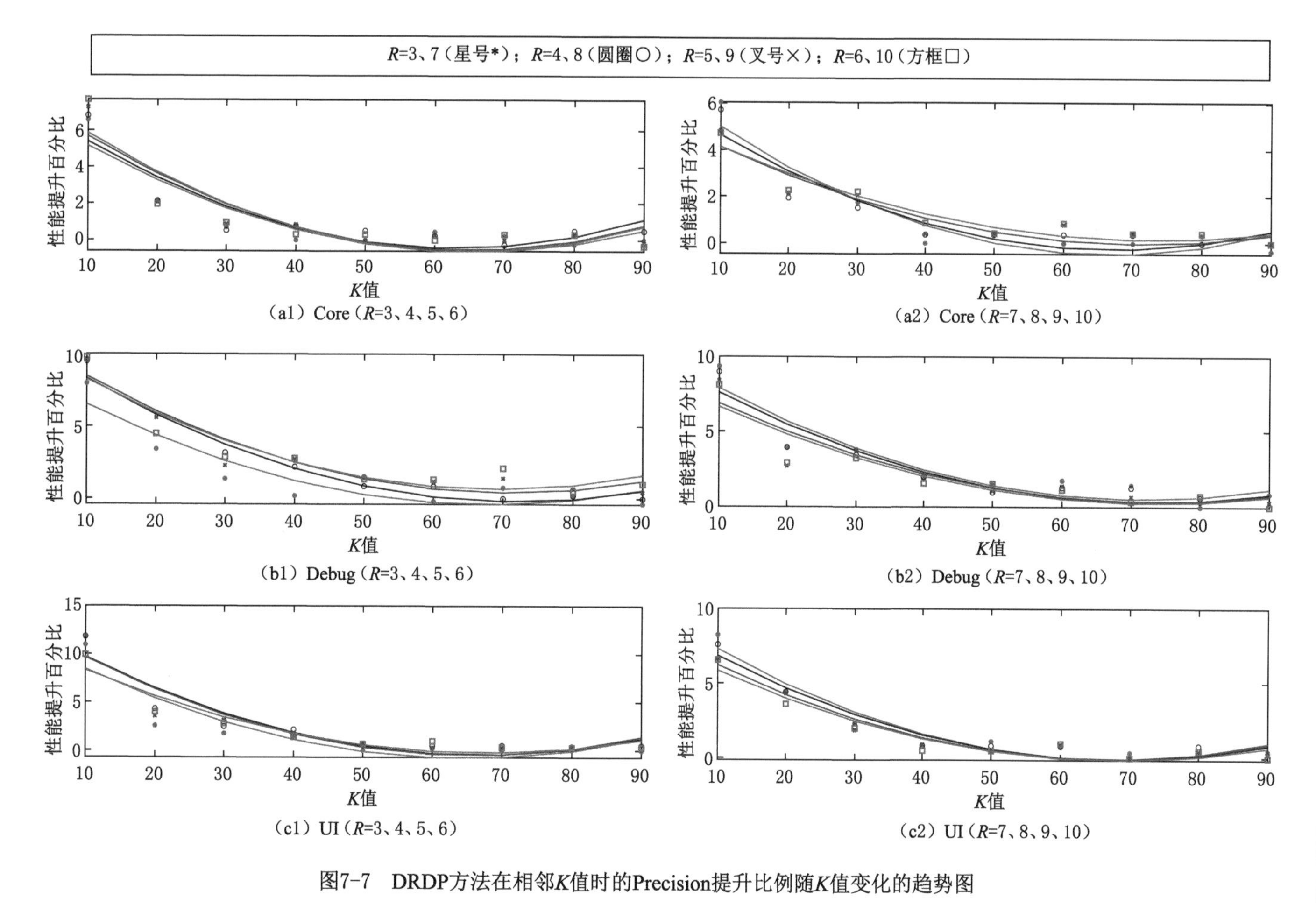

图7-7　DRDP方法在相邻K值时的Precision提升比例随K值变化的趋势图

由图 7-7 可以看出：① 对于数据集 Core 来说，由图 7-7(a1)和(a2)可以看出，当 K 值从 10 到 60 变化时，相邻 K 值的 Precision 提升比例是下降的，而当 K 值从 60 到 90 变化时，相邻 K 值的 Precision 性能提升比例基本保持稳定，且接近于 0；② 对于数据集 Debug 来说，由图 7-7(b1)和(b2)可以看出，当 K 值从 10 到 60 变化时，相邻 K 值的 Precision 提升比例也是在一直下降的，而当 K 值从 60 到 90 变化时，相邻 K 值的 Precision 提升比例保持稳定，且在 0 附近波动；③ 对于数据集 UI 来说，由图 7-7(c1)和(c2)可以看出，当 K 值从 10 到 60 变化时，相邻 K 值的 Precision 性能提升比例是下降的，而当 K 值从 60 到 90 变化时，相邻 K 值的性能提升比例保持稳定，且在 0 附近波动，即 Precision 值在这段 K 值区间保持很稳定，没有明显的降低或者提升。

综上所述，可以得出如下结论：当以 Precision 性能评估指标来衡量 DRDP 方法的缺陷分派效果时，当 K 取值区间在 10 和 60 之间时，随着 K 值的增大，Precision 结果在增大，只是提升比例在逐渐减小；而当 K 取值区间在 60 和 90 之间时，随着 K 值的增大，Precision 结果有可能增大，也有可能减小，但变化幅度很小，可以说此时缺陷分派结果保持很稳定。因此，在采用性能评估指标 Precision 时，本章基于开发者优先化的缺陷分派方法 DRDP 合适的 K 值取值范围在 60 附近。

表 7-9 给出了 DRDP 方法在开发者分派数量(R 值)和相似缺陷报告数量(K 值)不同时的 Recall 性能指标值。值得注意的是，对于表 7-9 中每一行中最好的 Recall 值已经用黑体标出。

表 7-9　DRDP 方法在不同 R 和 K 值时的 Recall 值

数据集	R	K 值									
		10	20	30	40	50	60	70	80	90	100
Core	3	0.304	0.323	0.330	0.333	0.332	0.332	0.333	**0.334**	0.333	0.333
	4	0.360	0.384	0.393	0.395	0.398	0.401	0.401	0.399	0.402	**0.403**
	5	0.403	0.433	0.441	0.445	0.448	0.449	0.450	0.450	0.451	**0.452**
	6	0.438	0.470	0.480	0.485	0.486	0.488	0.488	0.489	**0.490**	0.489
	7	0.469	0.499	0.510	0.517	0.518	0.520	0.520	0.519	**0.521**	0.520
	8	0.496	0.524	0.533	0.541	0.544	0.546	0.548	0.549	**0.551**	0.550
	9	0.518	0.544	0.555	0.565	0.568	0.570	0.573	**0.576**	**0.576**	**0.576**
	10	0.535	0.560	0.573	0.583	0.588	0.591	0.595	0.600	0.601	**0.602**

表7-9(续)

数据集	R	K 值									
		10	20	30	40	50	60	70	80	90	100
Debug	3	0.402	0.432	0.447	0.452	0.453	0.461	0.460	**0.464**	**0.464**	**0.464**
	4	0.449	0.491	0.513	0.528	0.539	0.544	0.549	0.550	**0.551**	**0.551**
	5	0.494	0.542	0.571	0.584	0.600	0.608	0.617	0.625	0.630	**0.633**
	6	0.527	0.580	0.608	0.625	0.640	0.649	0.658	0.671	0.676	**0.682**
	7	0.558	0.610	0.636	0.658	0.669	0.680	0.692	0.701	0.701	**0.708**
	8	0.586	0.639	0.664	0.687	0.700	0.707	0.717	0.725	**0.729**	**0.729**
	9	0.614	0.663	0.684	0.709	0.722	0.730	0.740	0.743	0.746	**0.750**
	10	0.635	0.685	0.705	0.729	0.740	0.750	0.758	0.759	0.765	**0.766**
UI	3	0.299	0.331	0.339	0.345	0.350	0.350	0.351	0.351	**0.353**	0.352
	4	0.349	0.389	0.406	0.416	0.425	0.427	0.430	0.431	0.432	**0.433**
	5	0.385	0.432	0.448	0.462	0.469	0.471	0.473	0.473	0.476	**0.477**
	6	0.421	0.462	0.480	0.493	0.498	0.502	0.506	0.508	0.510	**0.513**
	7	0.449	0.485	0.506	0.517	0.522	0.525	0.530	0.532	0.534	**0.538**
	8	0.469	0.503	0.524	0.537	0.539	0.544	0.548	0.549	**0.553**	**0.553**
	9	0.488	0.520	0.544	0.553	0.557	0.561	0.565	0.566	0.567	**0.569**
	10	0.506	0.538	0.559	0.568	0.571	0.575	0.580	0.581	**0.583**	0.581

由表7-9可以看出:① 对于所有数据集来说,对于所有给出的分派开发者数量,最好的Recall指标通常在 K 取值大于等于80时得到;② 对于同一个数据集来说,给定分派开发者数量 R 值,当 K 值发生变化时,DRDP方法得到的Recall值也是不同的,这意味着不同的相似缺陷报告数量对DRDP方法的缺陷分派结果是有影响的。为了进一步研究 K 值对DRDP方法的影响,下面将分析当 K 值变大时,DRDP方法的Recall值是如何变化的。表7-10给出了DRDP方法在相邻 K 值变化时的Recall指标性能提升比例。在表7-10中,每一行中的最大值,即Recall指标的最大性能提升比例已经用黑体标出。

由表7-10可以看出:① 对于本章研究所使用的三个数据集Core、Debug和UI来说,基于开发者优先化的DRDP方法在相邻 K 值变化时所得到的最大Recall性能提升比例通常在 K 值为10时得到,即 K 值为20时对 K 值为10时的Recall提升比例最大;② 对于一个给定的数据集和开发者分派数量(R 值)来说,当 K 值发生变化时,其相邻 K 值对应的Recall性能提升比例也是随之变化的,且随着 K 值的增大有减小的趋势。为了更清楚明白地显示这种变化趋势,图7-8给出了

DRDP 方法在相邻 K 值变化时的 Recall 提升比例随 K 值变化的趋势图。

表 7-10 DRDP 方法在相邻 K 值时的 Recall 提升比例 单位:%

数据集	R	K 值								
		10	20	30	40	50	60	70	80	90
Core	3	**6.250**	2.167	0.909	−0.300	0.000	0.301	0.300	−0.299	0.000
	4	**6.667**	2.344	0.509	0.759	0.754	0.000	−0.499	0.752	0.249
	5	**7.444**	1.848	0.907	0.674	0.223	0.223	0.000	0.222	0.222
	6	**7.306**	2.128	1.042	0.206	0.412	0.000	0.205	0.204	−0.204
	7	**6.397**	2.204	1.373	0.193	0.386	0.000	−0.192	0.385	−0.192
	8	**5.645**	1.718	1.501	0.555	0.368	0.366	0.182	0.364	−0.181
	9	**5.019**	2.022	1.802	0.531	0.352	0.526	0.524	0.000	0.000
	10	**4.673**	2.321	1.745	0.858	0.510	0.677	0.840	0.167	0.166
Debug	3	**7.463**	3.472	1.119	0.221	1.766	−0.217	0.870	0.000	0.000
	4	**9.354**	4.481	2.924	2.083	0.928	0.919	0.182	0.182	0.000
	5	**9.717**	5.351	2.277	2.740	1.333	1.480	1.297	0.800	0.476
	6	**10.057**	4.828	2.796	2.400	1.406	1.387	1.976	0.745	0.888
	7	**9.319**	4.262	3.459	1.672	1.644	1.765	1.301	0.000	0.999
	8	**9.044**	3.912	3.464	1.892	1.000	1.414	1.116	0.552	0.000
	9	**7.980**	3.167	3.655	1.834	1.108	1.370	0.405	0.404	0.536
	10	**7.874**	2.920	3.404	1.509	1.351	1.067	0.132	0.791	0.131
UI	3	**10.702**	2.417	1.770	1.449	0.000	0.286	0.000	0.570	−0.283
	4	**11.461**	4.370	2.463	2.163	0.471	0.703	0.233	0.232	0.231
	5	**12.208**	3.704	3.125	1.515	0.426	0.425	0.000	0.634	0.210
	6	**9.739**	3.896	2.708	1.014	0.803	0.797	0.395	0.394	0.588
	7	**8.018**	4.330	2.174	0.967	0.575	0.952	0.377	0.376	0.749
	8	**7.249**	4.175	2.481	0.372	0.928	0.735	0.182	0.729	0.000
	9	**6.557**	4.615	1.654	0.723	0.718	0.713	0.177	0.177	0.353
	10	**6.324**	3.903	1.610	0.528	0.701	0.870	0.172	0.344	−0.343

由图 7-8 可以看出:① 对于数据集 Core 来说,当 K 值从 10 到 60 变化时,随着 K 值的增大,Recall 提升比例是下降的,而当 K 取值区间在 60 到 90 范围内时,随着 K 值的增大,Recall 提升比例是保持稳定的,且接近于 0,这意味在这段区间内的 K 值对 DRDP 方法的缺陷分派结果影响不大。② 对于数据集

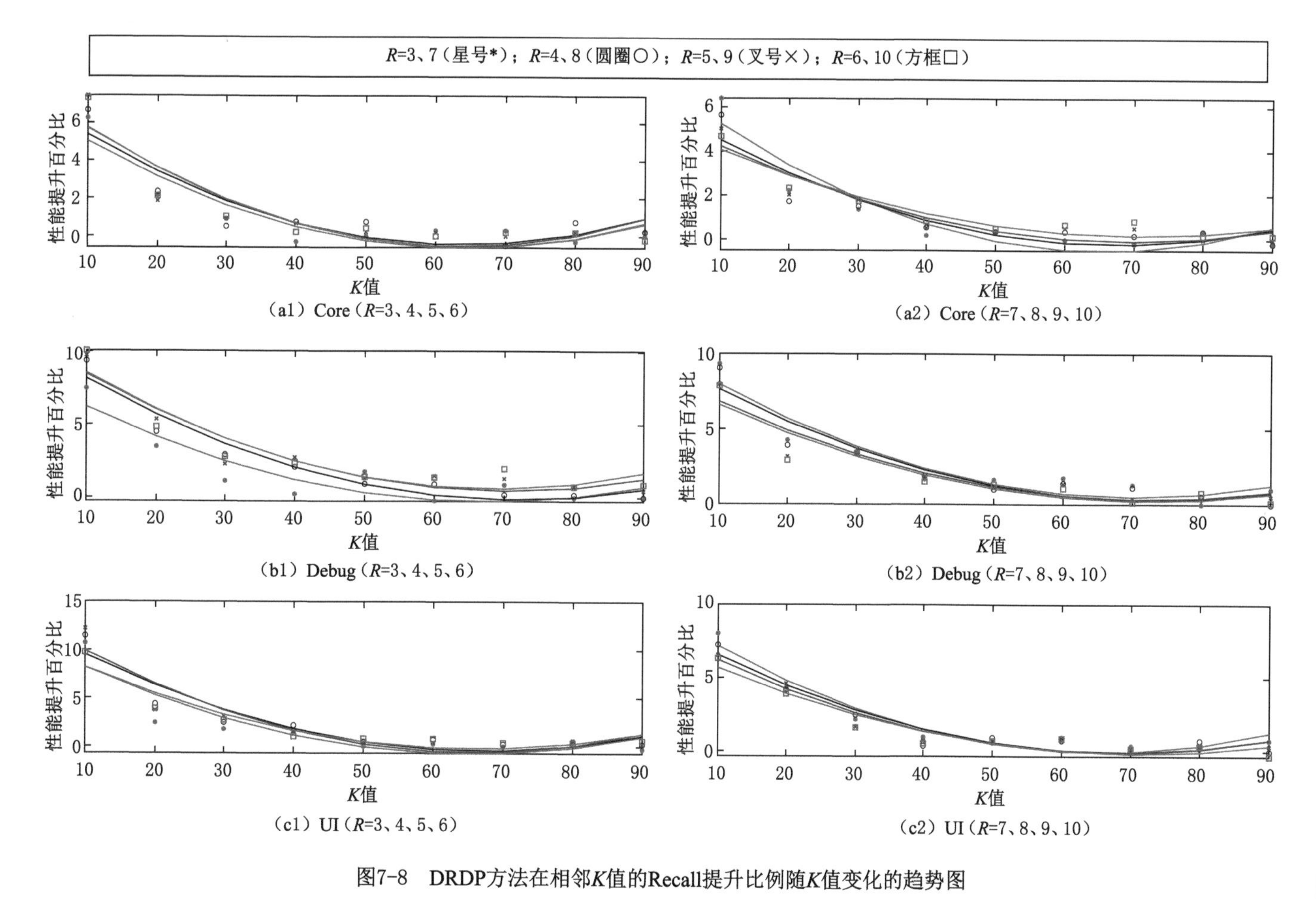

（a1）Core（R=3、4、5、6）

（a2）Core（R=7、8、9、10）

（b1）Debug（R=3、4、5、6）

（b2）Debug（R=7、8、9、10）

（c1）UI（R=3、4、5、6）

（c2）UI（R=7、8、9、10）

图7-8　DRDP方法在相邻K值的Recall提升比例随K值变化的趋势图

Debug 来说，当 K 值取值区间在 10 和 60 之间时，随着 K 值的增大，DRDP 方法在相邻 K 值时的 Recall 提升比例是保持下降的；而当 K 取值从 60 到 90 变化时，DRDP 方法在相邻 K 值时的 Recall 提升比例也是保持稳定于 0 的。③ 对于数据集 UI 来说，当 K 值从 10 到 60 变化时，DRDP 方法在相邻 K 值时的 Recall 提升比例是随着 K 值的增大而减小的，而当 K 值取值区间在 60 到 90 范围内时，DRDP 方法在相邻 K 值时的 Recall 提升比例是随着 K 值的增大而基本保持不变的，同样在 0 值附近波动。

综上所述，得出如下结论：当选择 Recall 值作为衡量 DRDP 方法的缺陷分派性能时，当 K 取值区间在 10 和 60 之间时，随着 K 值的增大，DRDP 方法的 Recall 指标也随着增大，只是相邻 K 值间的 Recall 提升比例在逐渐减小，即 K 值的增大对 DRDP 方法的影响在变小；而当 K 取值区间在 60 和 90 之间时，随着 K 值的增大，DRDP 方法的 Recall 指标有可能增大，也有可能减小，但变化幅度很小，可以说 K 取值在 60 和 90 之间时，基于开发者优先化的 DRDP 方法缺陷分派结果 Recall 值保持很稳定，说明此时 K 值的增大对 DRDP 方法的影响非常小。因此，当采用性能评估指标 Recall 来衡量 DRDP 方法的缺陷分派性能时，本章基于开发者优先化的缺陷分派方法 DRDP 合适的 K 值（相似缺陷报告数量）取值范围在 60 附近。

表 7-11 给出了 DRDP 方法在分派开发者数量（R 值）和相似缺陷报告数量（K 值）变化时的 F-Measure 值。在该表中的每一行，最大的 F-Measure 值已经用黑体标出。

表 7-11 DRDP 方法在不同 *R* 值和 *K* 值时的 F-Measure 值

数据集	*R* 值	*K* 值									
		10	20	30	40	50	60	70	80	90	100
Core	3	0.344	0.366	0.374	0.377	0.376	0.376	0.378	**0.379**	0.378	0.377
	4	0.356	0.380	0.389	0.391	0.394	0.396	0.397	0.395	0.398	**0.399**
	5	0.355	0.381	0.388	0.392	0.395	0.395	0.396	0.396	0.397	**0.398**
	6	0.347	0.373	0.380	0.384	0.385	0.387	0.387	0.388	**0.389**	0.388
	7	0.339	0.360	0.367	0.373	0.373	0.375	0.375	0.375	**0.376**	0.375
	8	0.328	0.347	0.353	0.358	0.360	0.361	0.363	**0.364**	**0.364**	0.364
	9	0.317	0.332	0.339	0.346	0.347	0.349	0.351	**0.353**	**0.353**	**0.353**
	10	0.304	0.318	0.325	0.332	0.335	0.336	0.339	0.341	**0.342**	**0.342**

表7-11(续)

数据集	R 值	K 值									
		10	20	30	40	50	60	70	80	90	100
Debug	3	0.431	0.464	0.480	0.486	0.487	0.495	0.494	0.498	**0.499**	0.498
	4	0.417	0.457	0.477	0.492	0.502	0.507	0.511	0.511	**0.512**	0.512
	5	0.406	0.445	0.469	0.480	0.493	0.500	0.506	0.513	0.517	**0.519**
	6	0.388	0.426	0.446	0.458	0.471	0.477	0.483	0.493	0.496	**0.501**
	7	0.371	0.406	0.422	0.438	0.446	0.452	0.460	0.467	0.467	**0.471**
	8	0.356	0.388	0.404	0.418	0.426	0.430	0.436	0.441	**0.444**	**0.444**
	9	0.343	0.371	0.382	0.396	0.405	0.409	0.415	0.417	0.419	**0.420**
	10	0.329	0.355	0.366	0.378	0.384	0.389	0.394	0.395	**0.398**	**0.398**
UI	3	0.325	0.360	0.369	0.376	0.381	0.381	0.382	0.382	**0.384**	0.383
	4	0.330	0.368	0.384	0.394	0.402	0.404	0.407	0.408	0.409	**0.410**
	5	0.323	0.362	0.375	0.386	0.393	0.395	0.396	0.397	0.399	**0.400**
	6	0.315	0.346	0.360	0.370	0.374	0.377	0.381	0.382	0.383	**0.385**
	7	0.305	0.330	0.344	0.352	0.355	0.358	0.361	0.363	0.364	**0.366**
	8	0.291	0.313	0.326	0.334	0.336	0.339	0.341	0.342	**0.344**	**0.344**
	9	0.280	0.298	0.311	0.317	0.320	0.321	0.324	0.324	0.325	**0.327**
	10	0.269	0.286	0.297	0.302	0.304	0.305	0.308	0.308	**0.310**	**0.310**

由表7-11可以看出：① 对于数据集Core来说，对于本章研究使用的所有开发者分派数量，当 K 取值在80到100之间时，DRDP方法能够得到最大的F-Measure值；而对于数据集Debug和UI来说，对于所有 R 值，DRDP方法在 K 取值在90和100之间时能够得到最大的F-Measure值。② 对于一个特定的数据集和一个给定开发者分派数量(R 值)，DRDP方法的F-Measure值是随着 K 值的变化而变化的，这意味着当选取F-Measure作为DRDP方法的缺陷分派结果时，K 值的变化对DRDP方法是有影响的。为了进一步研究 K 值的变化对DRDP方法缺陷分派结果F-Measure值的影响，下面将讨论分析当 K 值变化时，F-Measure值的性能提升比例是如何变化的。

表7-12给出了DRDP方法在相邻 K 值变化时的F-Measure值提升比例。在表7-12中，每一行最好的F-Measure值提升比例已经用黑体标出。

表 7-12 DRDP 方法在相邻 K 值时的 F-Measure 值提升比例 单位:%

数据集	R	K 值								
		10	20	30	40	50	60	70	80	90
Core	3	**6.395**	2.186	0.802	−0.265	0.000	0.532	0.265	−0.264	−0.265
	4	**6.742**	2.368	0.514	0.767	0.508	0.253	−0.504	0.759	0.251
	5	**7.324**	1.837	1.031	0.765	0.000	0.253	0.000	0.253	0.252
	6	**7.493**	1.877	1.053	0.260	0.519	0.000	0.258	0.258	−0.257
	7	**6.195**	1.944	1.635	0.000	0.536	0.000	0.000	0.267	−0.266
	8	**5.793**	1.729	1.416	0.559	0.278	0.554	0.275	0.000	0.000
	9	**4.732**	2.108	2.065	0.289	0.576	0.573	0.570	0.000	0.000
	10	**4.605**	2.201	2.154	0.904	0.299	0.893	0.590	0.293	0.000
Debug	3	**7.657**	3.448	1.250	0.206	1.643	−0.202	0.810	0.201	−0.200
	4	**9.592**	4.376	3.145	2.033	0.996	0.789	0.000	0.196	0.000
	5	**9.606**	5.393	2.345	2.708	1.420	1.200	1.383	0.780	0.387
	6	**9.794**	4.695	2.691	2.838	1.274	1.258	2.070	0.609	1.008
	7	**9.434**	3.941	3.791	1.826	1.345	1.770	1.522	0.000	0.857
	8	**8.989**	4.124	3.465	1.914	0.939	1.395	1.147	0.680	0.000
	9	**8.163**	2.965	3.665	2.273	0.988	1.467	0.482	0.480	0.239
	10	**7.903**	3.099	3.279	1.587	1.302	1.285	0.254	0.759	0.000
UI	3	**10.769**	2.500	1.897	1.330	0.000	0.262	0.000	0.524	−0.260
	4	**11.515**	4.348	2.604	2.030	0.498	0.743	0.246	0.245	0.244
	5	**12.074**	3.591	2.933	1.813	0.509	0.253	0.253	0.504	0.251
	6	**9.841**	4.046	2.778	1.081	0.802	1.061	0.262	0.262	0.522
	7	**8.197**	4.242	2.326	0.852	0.845	0.838	0.554	0.275	0.549
	8	**7.560**	4.153	2.454	0.599	0.893	0.590	0.293	0.585	0.000
	9	**6.429**	4.362	1.929	0.946	0.313	0.935	0.000	0.309	0.615
	10	**6.320**	3.846	1.684	0.662	0.329	0.984	0.000	0.649	0.000

由表 7-12 可以看出:① 对于本章研究使用的三个数据集 Core、Debug 和 UI 来说,无论分派开发者的数量如何变化,DRDP 方法都在 K 取值为 10 时得到了最大的性能提升比例,这意味着当 K 取值较小时,DRDP 方法在相邻 K 值变化时的性能提升比例较大。② 给定一个数据集和具体的分派开发者数量(R 值),当 K 值发生变化时,DRDP 方法在相邻 K 值变化时的 F-Measure 值提升

比例也是不同的，而随着 K 值的增大，F-Measure 值有下降的趋势。为了更清楚地显示这种变化趋势，我们将表 7-12 中的所有数据用散点图画出，并给出对应的趋势图。图 7-9 给出了 DRDP 方法在相邻 K 值变化时 F-Measure 值提升比例随着 K 值变化而变化的趋势图。

由图 7-9 可以看出：① 对于数据集 Core 来说，当 K 值取值范围在 10 和 60 之间时，随着 K 值的增大，DRDP 方法在相邻 K 值的 F-Measure 值提升比例是下降的，这意味着在该区间范围内，K 值的增大对 DRDP 方法缺陷分派结果的影响是变小的；而当 K 值取值范围在 60 和 90 之间时，DRDP 方法在相邻 K 值的 F-Measure 值提升比例是随着 K 值的增大而保持不变的，而且在 0 值附近波动，这意味着在该区间范围内，K 值的增大对 DRDP 方法缺陷分派结果的影响是不变的。② 对于数据集 Debug 来说，当 K 取值在 10 和 60 之间时，DRDP 方法在相邻 K 值的 F-Measure 值提升比例随着 K 值的增大时下降，而当 K 取值在 60 和 90 之间时，随着 K 值的增大，DRDP 方法在相邻 K 值的 F-Measure 值提升比例保持不变且接近 0 值。③ 对于数据集 UI 来说，当 K 在 10 和 60 之间变化时，随着 K 值的增大，DRDP 方法在相邻 K 值的 F-Measure 值提升比例是下降的，而当 K 值大于 60 小于 90 时，随着 K 值的增大，DRDP 方法的 F-Measure 值提升比例没有明显变化，且其值接近于 0。

因此，当选择 F-Measure 值作为衡量 DRDP 方法的缺陷分派结果时，当 K 取值在 10 和 60 之间时，随着 K 值的增大，DRDP 方法的 F-Measure 值也随着增大，只是相邻 K 值间的 F-Measure 值提升比例在逐渐减小，即随着 K 值的增大，DRDP 方法的缺陷分派性能在提高，但随着 K 值的增大，K 值的变化对 DRDP 方法的影响在变小；而当 K 取值区间在 60 和 90 之间时，随着 K 值的增大，DRDP 方法的 F-Measure 值有可能增大，也有可能减小，但变化幅度很小，可以说 K 取值在 60 和 90 之间时，基于开发者优先化的 DRDP 方法缺陷分派结果 F-Measure 值保持很稳定，说明此时 K 值的增大对 DRDP 方法的影响非常小。因此，当采用性能评估指标 F-Measure 值来衡量 DRDP 方法的缺陷分派性能时，本章基于开发者优先化的缺陷分派方法 DRDP 方法合适的 K 值取值范围在 60 附近。

综上所述，得出如下结论：对于本章研究使用的所有数据集和 R 值来说，无论使用 Precision、Recall 和 F-Measure 三种指标中的哪一个，我们均可以得到相同的结论。即不同数量的相似缺陷报告(K 值)对 DRDP 方法的缺陷分派性能影响是不同的。具体来说，当 K 值小于 60 时，随着 K 值的增大，DRDP 方法的分派性能提升，但提升比例在降低；而当 K 值大于 60 时，随着 K 值的增大，DRDP 方法的缺陷分派性能变化不大，保持稳定。因此，本章推荐最适合 DRDP 方法的相似缺陷报告数量 K 值选取在 60 附近。

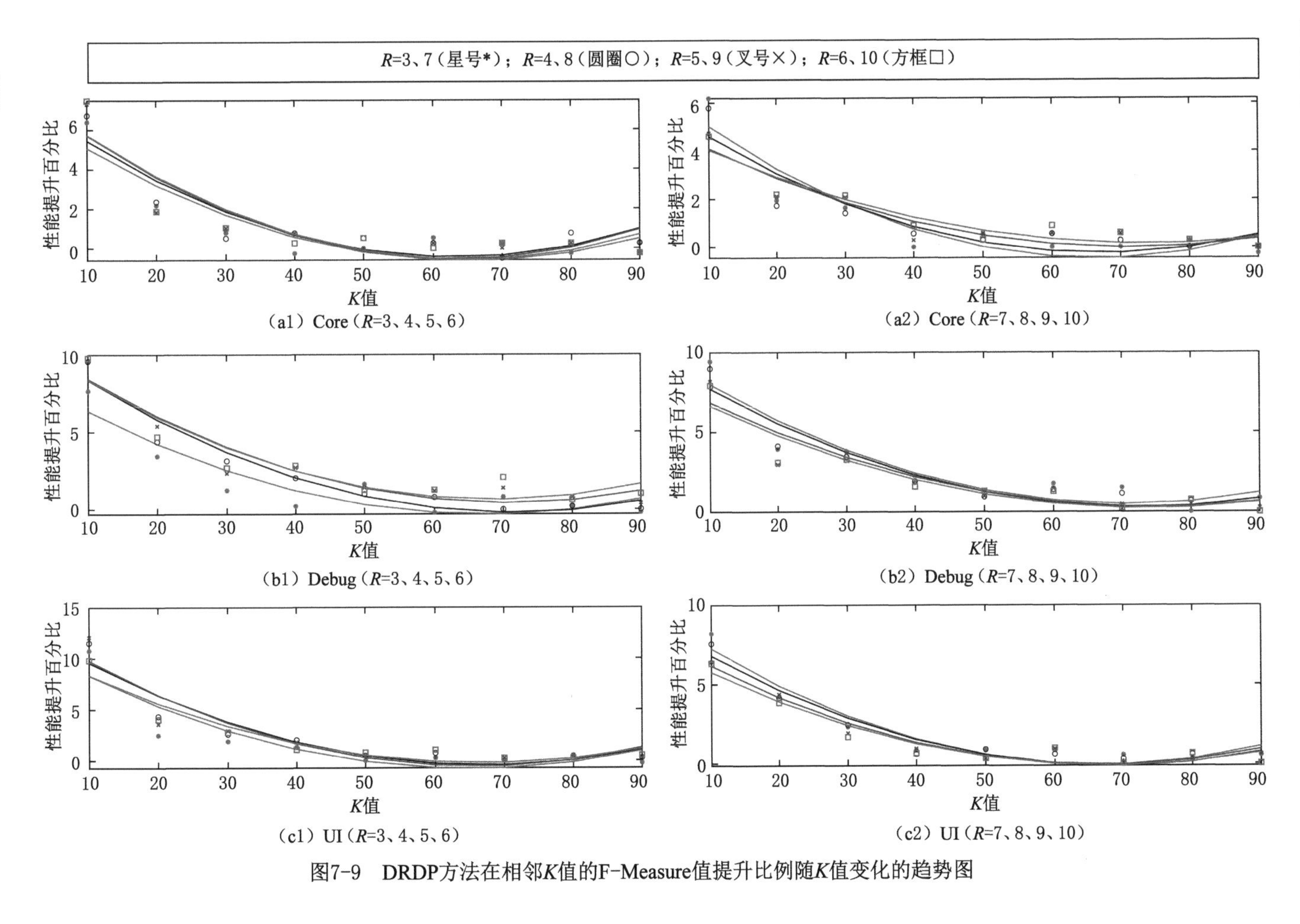

图7-9　DRDP方法在相邻K值的F-Measure值提升比例随K值变化的趋势图

7.5　本章小结

本章提出了基于开发者优先化的软件缺陷分派方法 DRDP。该方法能够将缺陷报告分派给那些对该缺陷报告潜在感兴趣的开发者，而不是分派给一个可能修复该缺陷报告的开发者，这有助于加快缺陷的修复过程。和 DREX 方法相比，DRDP 方法方法为每个潜在感兴趣的开发者赋予了一个不同的优先化权值，避免了 DREX 方法中开发者可能出现权值相同的问题。

DRDP 方法缺陷分派方法由三部分组成：K 近邻搜索、开发者评论网络构建和开发者优先化。对于一个新缺陷报告，DRDP 方法首先计算当前新缺陷报告和历史缺陷报告库中每个缺陷报告之间的相似度值，从中找出一个 K 相似缺陷报告集。随后根据 K 相似缺陷报告集中所有缺陷报告的评论人信息，构建一个开发者评论网络。该开发者评论网络是一个有向加权网络，其中开发者是网络的节点，开发者之间的评论关系是网络的有向连接，评论次数则是连接权值。最后使用开发者优先化算法对开发者评论网络中的每个开发者节点进行优先化，为每个开发者计算一个不同的优先化权值。优先化权值大的开发者被认为是对当前缺陷报告更感兴趣的开发者，可以优先分派。

在本章的实验研究中，选取了 Eclipse 的三个项目 Core、Debug 和 UI。此外，本章还选取了三个性能评估指标 Precision、Recall 和 F-Measure。通过实验我们发现，在所有采用的数据集上，当分派的开发者数量相同时，DRDP 方法要好于 DREX 方法。此外，在所有数据集上，当相似缺陷报告的数量选择相同时，DRDP 方法也要好于 DREX 方法。最后本章通过实验分析了相似缺陷报告的数量（K 值）变化对 DRDP 方法缺陷分派性能的影响，最终给出了最适合 DRDP 方法的 K 值取值范围，该值在 60 附近。

第8章 基于相似报告分析和源文件查询的缺陷定位方法

8.1 引言

软件缺陷在软件开发和维护过程中是始终存在的。每天软件用户和开发人员都会发现大量的软件缺陷[69]，并将这些缺陷以缺陷报告的形式提交到缺陷追踪系统(缺陷库)。缺陷追踪系统管理人员根据自己的经验将新的缺陷报告分派给合适的软件开发者，随后这些开发者利用缺陷报告中提供的信息和自己的专业知识，在软件源代码中寻找缺陷出现的位置(软件缺陷定位)。然而在实际的软件缺陷定位过程中源代码的数量很多，开发者往往很难快速准确地找到缺陷所对应的源代码位置[97-98]。因此，如何对软件缺陷进行快速准确地定位成为软件工程领域中研究人员关注的热点，并在过去的几年中得到了广泛的研究[100-101,117-118]。

当前的软件缺陷定位方法可以划分为两大类：动态分析和静态分析。动态分析方法首先运行程序，然后收集能够描述程序运行时行为的统计特性，最后分析这些统计特性来计算源程序每个代码模块出现缺陷的可能性[101]。因此，当前的动态分析方法都是基于测试用例集执行程序来定位缺陷出现的源代码位置，这些方法包含基于频谱的缺陷定位方法[110-111]和基于程序不变量的缺陷定位方法[100,113]等。与动态分析方法不一样，静态分析方法不需要去运行程序，而是通过直接检查程序模型或者源代码库来进行缺陷定位。当前有名的静态分析方法包括程序切片[114-116]和软件库挖掘[97,117-118]。由于本章提出的基于相似报告分析和源文件查询的缺陷定位方法也是一种库挖掘方法，因此在本章研究中将重点关注那些利用库挖掘技术来定位软件缺陷的方法。

基于库挖掘的缺陷定位旨在为每个新缺陷报告发现包含对应缺陷问题的源代码文件，这个过程涉及了两个库，分别是缺陷库和源代码文件库。当前已经有很多研究方法被应用于基于库挖掘的缺陷定位问题，包括基于向量空间模型(VSM)方法[117,204-205]、潜在语义索引(LSI)方法[103,206]和潜在狄利克雷分布(LDA)方法[121,126,207]。这些方法都可看作源文件直接查询方法，即将缺陷定位问题看作一个文本检索问题，给定一个新的缺陷报告和许多源代码文件，把新缺陷报告看作一个查询，计算该新缺陷报告和每个源代码文件之间的相关性分值，最后根据这些相关性分值对源代码文件进行排序，排序靠前的源代码文件被认为与该缺陷报告更相关，即更有可能包含缺陷报告描述的缺陷问题。然而这些方法忽视了相似缺陷报告间的有用信息(缺陷报告间的相似关系以及缺陷报告和源代码文件之间的对应修复关系)和源代码文件间的相似关系，由于解决相似的缺陷报告可能需要去修复相似的源代码文件[97]，因此所有这些信息都可能用来提升软件缺陷定位的性能。尽管 Zhou 等在文献[97]中提出的 BugLocator 方法使用了相似报告的信息，但他们假设相似的报告可能需要修复相同的源代码文件，从而忽视了另外一种可能性:相似的缺陷报告可能需要修复相似的源代码文件，这不仅涉及了缺陷报告之间的相似关系，还涉及了源代码文件之间的相似关系，即 BugLocator 方法忽视了源代码文件之间的相似关系。

本章提出了一个集成相似报告分析和源文件查询的缺陷定位方法 CSSB (Combining Similar reports analysis and Source files query for Bug localization)，该方法将相似报告分析的缺陷定位结果和源文件查询的缺陷定位结果通过加权的方法集成起来，因此 CSSB 方法包含三部分:相似报告分析、源文件查询和加权集成。相似报告分析通过利用相似报告的信息和源代码文件之间的相似关系来计算新缺陷报告和每个源代码文件之间的相关性分值。此外，源文件查询应用一个改进的向量空间模型来计算该新缺陷报告和每个源代码文件之间的另一个相关性分值。最后通过一个可调整的权值将这两个相关性分值集成起来，从而得到一个代表新缺陷报告和每个源代码文件最终相关性的分值。CSSB 方法认为分值高的源代码文件与当前的新缺陷报告更相关，即最终相关性分值高的源代码文件更有可能包含新缺陷报告对应的缺陷代码。

本章选择了5个项目对软件缺陷定位方法 CSSB 进行了性能测试，包括 Zxing、SWT、Core、Debug 和 UI。这5个项目分别有不同的缺陷报告数量和源代码文件数量。此外，本章选择了5个性能指标来评估 CSSB 方法的缺陷定位性能，这5种指标分别是 Top 1、Top 5、Top 10、MRR 和 MAP。本章首先通过实验比较了 CSSB 和相似报告分析(SRA，similar reports analysis)以及源文件查询(SFQ，source files query)的缺陷定位结果，实验结果表明 CSSB 方法的缺陷定位结果要好于相似报告分析的缺陷定位结果，同时也要好于源文件查询的缺陷定位结果，进而验证了 CSSB 方法的有效性。随后本章比较了 CSSB 方法和软件缺陷定位方法 BugLocator[97] 的缺陷定位性能，实验结果表明 CSSB 方法比 BugLocator 方法性能更好。最后本章通过实验分析了 CSSB 方法的参数敏感性。

8.2 缺陷定位方法

8.2.1 框架

对于新缺陷报告，当前的研究关注于直接从源代码文件库中搜索相关的源文件，然而没有使用那些已经修复的缺陷报告信息。事实上，相似的缺陷报告可能描述的是相同或者相似的问题，而开发者为了修复这些相似的缺陷报告，可能需要去修改相同的或者相似的源代码文件。因此，本章的软件缺陷定位方法 CSSB 结合相似缺陷报告的相关信息（包含缺陷报告间的相似关系以及缺陷报告和源代码文件之间的对应修复关系）以及直接搜索源代码文件来定位缺陷报告所对应的源代码文件，其中在使用相似报告的信息时，CSSB 方法利用了源代码文件之间的相似关系。

图 8-1 给出 CSSB 方法的框架，它包含三个部分：① 相似报告分析；② 源文件查询；③ 加权集成。在相似报告分析中，本章拟使用相似缺陷报告的信息和源代码文件间的相似关系来计算新缺陷报告和每个源文件之间的一个相关性分值，称之为 SimScore，其中 CSSB 方法使用 VSM 模型从已修复的缺陷报告仓库中获得相似的缺陷报告，同时使用 VSM 模型从源代码文件仓库中获得源代码文件间的相似关系。在源文件搜索中，CSSB 方法使用 rVSM（revised vector space model）模型来计算新缺陷报告和每个源代码文件间的另一个相关性分值，称之为 SrcScore。最后在加权集成过程中，CSSB 方法使用加权策略将这两个相关性分值（SimScore 和 SrcScore）集成为一个相关性分值 FinalScore，所有的源代码文件都会根据 FinalScore 值进行降序排序，排名靠前的源代码文件认为是新缺陷报告对应需要修复的源代码文件。

8.2.2 相似报告分析

相似报告分析旨在利用相似缺陷报告的信息以及源文件之间的相似关系来计算新缺陷报告和每个源代码文件之间的相关性分值 SimScore。在相似报告分析中，CSSB 方法基于 KNN 分类算法的核心思想，使用 VSM 模型从已修复缺陷报告仓库中搜索新缺陷报告的 K 个相似报告。与此同时，CSSB 方法也将 VSM 模型应用到源代码文件仓库中，从而得到一个存储源文件之间相似关系的

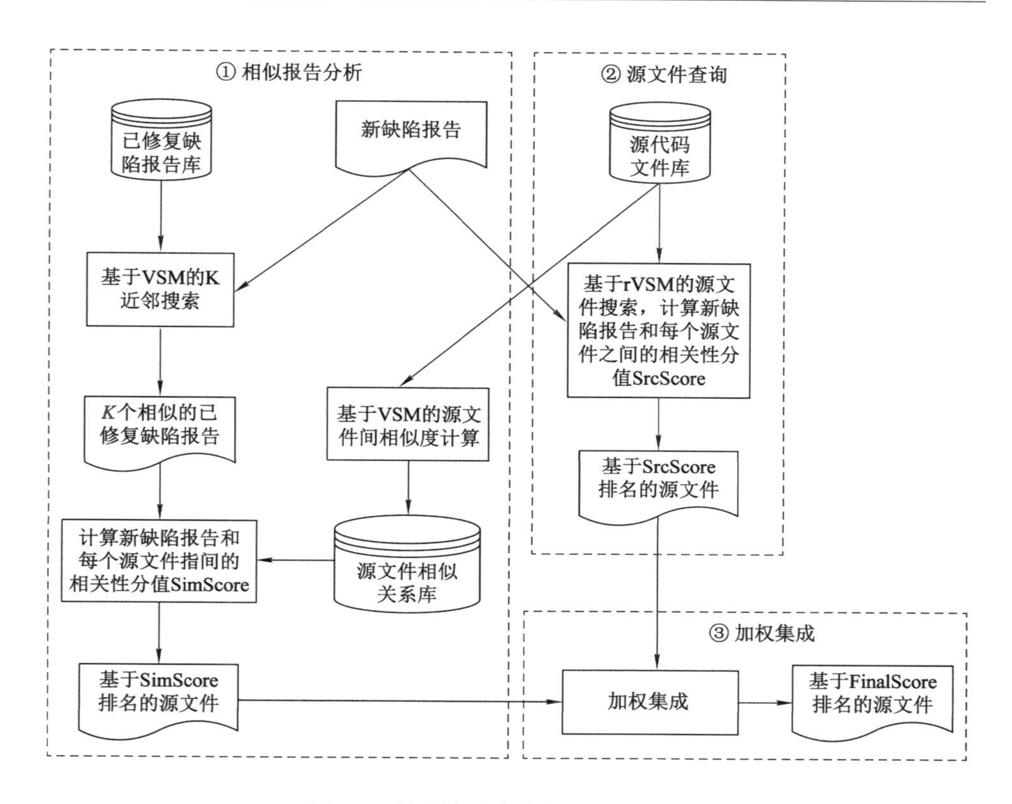

图 8-1　软件缺陷定位方法 CSSB 框架

源文件相似关系库。随后 CSSB 方法使用这 K 个相似缺陷报告的修复信息以及源文件相似关系库来计算新缺陷报告和每个源文件之间的相关性分值 SimScore。对于一个新缺陷报告，每个源代码文件都会有一个 SimScore，因此所有的源代码文件将会根据这些 SimScore 进行降序排序。

由于向量空间模型（VSM）和如何使用向量空间模型来获得 K 个相似的缺陷报告方法在 7.3.2 小节已经详细介绍，因此接下来本节将介绍如何使用 VSM 模型来获得源文件相似库，以及如何使用相似缺陷报告的信息和源文件相似库来计算 SimScore，并根据 SimScore 的值对源文件进行排序。

（1）源文件相似库

每个源代码文件都是一个结构化的文档，因此源代码文件库可以看作源代码文件的文档库。因此在源代码文件库上使用 VSM 模型之前，7.3.2 小节介绍的将文档转化为单词列表的 4 步（tokenization、splitting、stemming 和 stop words removal）同样适用于源代码文件库。需要说明的是，CSSB 方法在 tokenization 步骤中处理的是源文件中的代码和注释部分。

当每个源代码文件已经被转化为一个对应的单词列表后，本节使用 VSM 模型将每个源代码文件转化为一个对应的词频向量，并用 $\boldsymbol{S}_i$ 来表示。根据式(7-3)可以得到两个源代码文件 S_i 和 S_j 之间的余弦相似度值 cosine(S_i,S_j)，该值代表了两个源代码文件之间的相似度。通过这种方式，我们获得了每个源代码文件和所有其他源代码文件之间的相似度值，并用相似关系库来存储这些源代码文件之间的相似关系。

为了方便介绍，本章使用一个二维矩阵 FS 来形式化源代码文件相似关系库。在二维矩阵 FS 中，值 FS_{ij} 代表了源文件 S_i 和源文件 S_j 之间的相似度值，且其值范围在 0 和 1 之间。某个源代码文件和它自身之间的相似度值为 1，即 $FS_{ii}=1$。

(2) 基于 SimScore 的源文件排名

基于前面的介绍，K 个相似缺陷报告和源代码文件相似库已经得到，接下来需要利用这些信息来计算新缺陷报告和每个源文件之间的相关性分值 SimScore。为了详细清楚地介绍如何计算 SimScore，本章采用了如图 8-2 所示的分层结构图。

在图 8-2 中，第一层是待处理的新缺陷报告，第二层是从已修复缺陷报告库中得到的 K 个缺陷报告，这 K 个缺陷报告和当前待处理的新缺陷报告最相似，第三层是这 K 个缺陷报告对应修复的源代码文件，每个缺陷报告至少需要修复一个源代码文件。第三层中的源代码文件将和源文件相似关系库一起使用来计算 SimScore。

首先，计算新缺陷报告和第三层中每个源文件的相关性分值，并用 RBFF (Relevance score between new Bug and Fixed source File)来表示。RBFF 定义如下：

$$\mathrm{RBFF}(B_{\mathrm{new}},S_j)=\sum\mathrm{cosine}(B_{\mathrm{new}},B_i) \tag{8-1}$$

式中，B_i 属于第二层中的已修复缺陷报告；S_j 属于第三层中的源代码文件。

其次，使用 RBFF 和源文件相似关系矩阵 FS 来计算相关性分值 SimScore，定义如下：

$$\mathrm{SimScore}(B_{\mathrm{new}},S_i)=\sum(\mathrm{RBFF}(B_{\mathrm{new}},S_j)\times FS_{ji}) \tag{8-2}$$

因此给定一个新缺陷报告，式(8-2)可用来计算该新缺陷报告和每个源文件之间的相关性分值 SimScore，然后根据这些相关性分值对源文件进行降序排列，排名靠前的源文件被认为是根据相似报告分析得到的更有可能包含该新缺陷的文件。

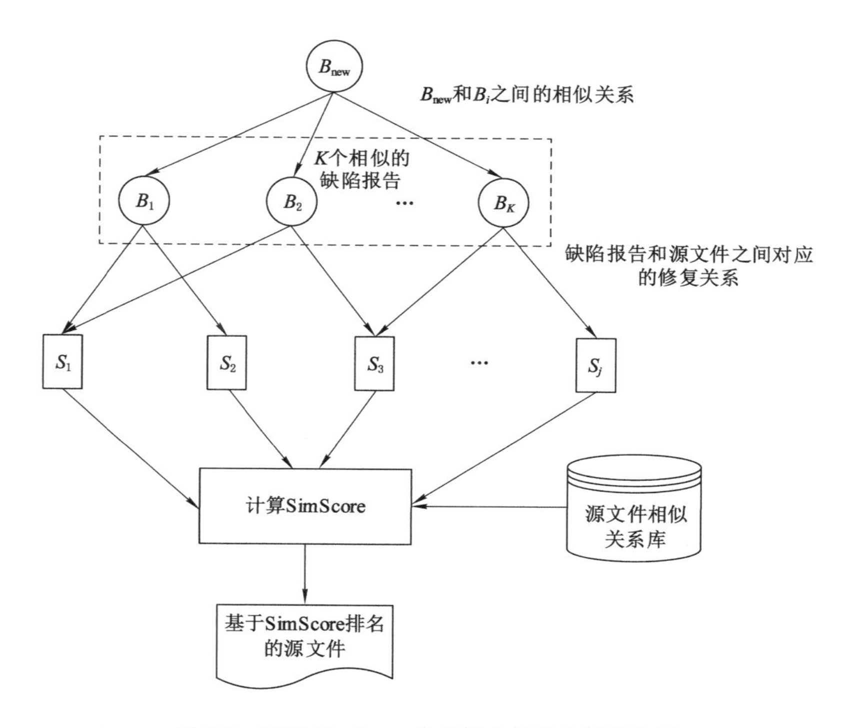

图 8-2　基于 SimScore 排名源文件的分层结构图

8.2.3　源文件查询

对于新缺陷报告，源文件查询方法旨在直接从源代码文件库中搜索与该新缺陷报告相关的源文件，其中最常用的方法就是基于 VSM 模型的方法。然而 Zhou 等[97]对传统的 VSM 进行了改进，在考虑源代码文件大小的基础上，提出了一个改进的 VSM 模型 rVSM，并通过实验验证了 rVSM 要优于 VSM。因此，本章将使用 rVSM 模型来进行源文件查询。

接下来首先详细地介绍 rVSM 模型，然后介绍如何使用 rVSM 模型来计算新缺陷报告和每个源代码文件之间的相关性分值 SrcScore，并根据 SrcScore 值对源文件进行排名。

(1) 改进向量空间模型 rVSM

传统的 VSM 模型在对小文档进行排序时取得了很好的结果，然后处理大文档时效果却很差，这是由于大文档彼此之间的相似度值很小的原因。根据之前的研究，源文件越大，越有可能包含缺陷[208-209]。Zhou 等[97]为了在软件缺陷定位时提升大文件的排名提出了 rVSM 模型，该模型首先定义了一个函数 G 来表示文档大小模型：

$$G_i(\#\text{terms})=\frac{1}{1+e^{-N_i(\#\text{terms})}} \tag{8-3}$$

式中，#terms 代表文档 D_i 中的单词总数，函数 $N_i(x)$ 表示对 x 值进行归一化，本章选取了最小-最大归一化方法[210]作为 $N_i(x)$。

对于两个独立的文档 D_i 和 D_j，rVSM 模型使用余弦相似度和文档大小模型函数 G 来计算这两个文档之间的相似度，定义如下：

$$r\text{Cosine}(D_i,D_j)=G_j(\#\text{terms})\times\text{cosine}(D_i,D_j) \tag{8-4}$$

(2) 基于 SrcScore 的源文件排名

给定新缺陷报告，使用式(8-4)来计算该新缺陷报告和每个源文件之间的相关性分值 SrcScore，定义如下：

$$\text{SrcScore}(B_{\text{new}},S_i)=\text{rCosine}(B_{\text{new}},S_i) \tag{8-5}$$

式中，B_{new} 是新缺陷报告；S_i 是任一个源文件。根据式(8-5)，可获得新缺陷报告和每个源代码文件之间的相关性分值，然后根据这些相关性分值对源文件进行降序排列，排名靠前的源文件被认为是根据源文件查询得到的更有可能包含该新缺陷的文件。

8.2.4 加权集成

前面分别通过相似报告分析得到了新缺陷报告和每个源文件之间的相关性分值 SimScore，通过源文件查询得到了新缺陷报告和每个源文件之间的相关性分值 SrcScore，本小节将使用加权的方法将这两个相关性分值集成起来，得到新缺陷报告和每个源文件之间唯一的相关性分值 FinalScore，其定义如下：

$$\begin{aligned}\text{FinalScore}(B_{\text{new}},S_i)=&\alpha\times N(\text{SimScore}(B_{\text{new}},S_i))+\\&(1-\alpha)\times N(\text{SrcScore}(B_{\text{new}},S_i))\end{aligned} \tag{8-6}$$

式中，α 是介于 0 和 1 之间的权值因子；$N(x)$是最小-最大归一化函数。

给定一个新缺陷报告，可根据式(8-6)得到该缺陷报告和每个源文件之间的相关性分值 FinalScore，并根据 FinalScore 值对源文件进行排名，排名靠前的文件被认为是根据 CSSB 方法得到的更有可能包含该新缺陷的源文件。

8.3 实验结果与分析

8.3.1 实验数据

为了验证软件缺陷定位方法 CSSB 的有效性，本章选取了 5 个不同的开源项目来做实验。表 8-1 提供了关于这 5 个项目的详细统计信息，包括项目名称、项目对应的版本号、项目的简介、已修复缺陷报告的数量和源文件的数量。这 5 个开源项目有完整的缺陷库和更改历史，此外它们的缺陷报告数量和源文件数量是不相同的。

表 8-1　实验数据的统计信息

项目	版本	简介	缺陷数量	源文件数量
Zxing	1.6	安卓应用的条码图像处理库	20	391
SWT	3.1	开源的 Java 标准部件工具包	98	484
Core	3.1	Eclipse 开发工具箱的核心组件	680	4 895
Debug	3.1	Eclipse 开发工具箱的除错组件	225	1 205
UI	3.1	Eclipse 开发工具箱的界面组件	497	8 163

对于 Zxing 和 SWT 两个项目，Zhou 等在文献[97]中已经使用了它们，因此这两个项目的缺陷报告和源代码文件都可以通过 Zhou 等的网站 http://code.google.com/p/bugcenter 得到。此外，尽管 Zhou 等使用了两个其他的项目 Eclipse和 AspectJ，并且在网站上提供了这两个项目的缺陷报告，但这两个项目的源代码文件无法通过他们的网站获得。根据文献[97]中提供的项目信息，本书尝试着去收集 Eclipse 和 AspectJ 这两个项目的源代码文件，但遗憾的是，本书收集到的项目源文件数量和文献[97]中提供的不一样。因此，本章放弃了这两个项目，但保留了另外两个项目 Zxing 和 SWT。

Core、Debug 和 UI 是大型开源软件系统 Eclipse 中的三个重要组件。这三个组件可能由不同的项目开发人员负责并独立开发的。因此，本章把这三个组件视为三个独立地项目且应用文献[97]中提供的方法来收集它们相应的数据，并用这些数据来验证 CSSB 方法的有效性。对于这三个项目，我们首先利用缺陷追踪系统 Bugzilla 来收集它们对应的已修复缺陷报告，随后由于一部分缺陷报告中并没有提供其对应修复的源代码文件，我们将使用文献[175]中提供的传统启发式方法，通过挖掘源代码更改历史，从而建立缺陷报告和源代码文件之间的对应修复关系。

8.3.2　评估指标

本章中选取了三种不同类型的评估指标，包括 Top N Rank、MRR 和 MAP。这三种评估指标源自信息检索领域，并被广泛应用于软件缺陷定位研究中[97,204,211-213]。下面将详细介绍这三种评估指标。

(1) Top N Rank

Top N Rank 代表定位到的缺陷报告的数量，这些缺陷报告对应修复的源代码文件至少有一个排名在返回结果的 Top N 中。对于一个给定的缺陷报告 B_i，其可能需要修复多个源代码文件。如果定位返回结果的 Top N 个文件中至少包含一个 B_i 对应修复的源代码文件，则认为缺陷报告 B_i 被定位到了。因此 Top N Rank 的值越大，说明定位到的缺陷报告数量越多，缺陷定位的性能越好。在本书的实验中，N 取值为 1、5 和 10，因此总共有三个指标 Top 1 Rank、Top 5 Rank 和 Top 10 Rank。

(2) MRR

MRR 是国际上评估搜索算法的通用指标，该指标用来评估根据查询得到且按照正确可能性进行排序的结果列表[214]。在本章研究中，一个缺陷报告可以视为一个查询，而返回的排名源文件列表则视为对应该缺陷报告查询的结果列表。因此，MRR 是一个适合用来评估软件缺陷定位研究的指标。

一个查询的倒数排名是第一个正确结果排名的倒数，因此 MRR 是一系列查询 Q 的倒数排名的平均值：

$$\text{MRR}=\frac{1}{|Q|}\sum_{i=1}^{|Q|}\frac{1}{\text{rank}_i} \tag{8-7}$$

MRR 的值越大，缺陷定位的性能越好。举个例子，假设我们有 3 个待定位的缺陷报告，并且在源文件库中有 4 个源代码文件。表 8-2 给出了每个缺陷报告对应修复的源文件，每个缺陷报告作为查询返回的文件列表，第一个正确文件的排名以及每个缺陷报告的倒数排名。需要注意的是，在表 8-2 中每个缺陷报告返回文件列表中的第一个正确文件都用黑体标出。

表 8-2　计算 MRR 指标的样例

缺陷报告	修复文件	返回排名文件	排名	倒数排名
B_1	S_1、S_4	S_2、$\boldsymbol{S_4}$、S_1、S_3	2	1/2
B_2	S_2	S_3、S_1、$\boldsymbol{S_2}$、S_4	3	1/3
B_3	S_3	$\boldsymbol{S_3}$、S_4、S_2、S_1	1	1/1

根据表 8-2 中提供的三个缺陷报告相关信息，我们可以计算得到这三个缺陷报告的 MRR 值是(1/2+1/3+1/1)/3=0.61。

(3) MAP

实际上，对于某个特定的缺陷报告，其可能需要修复多个源代码文件，而这些源代码文件在返回文件列表中的排名是不相同的。然而，上述的 MRR 指标只考虑了返回文件列表的第一个正确文件，却忽视了其他的正确文件。比如，表 8-2 中

的缺陷报告 B_1 对应修复两个源文件 S_1 和 S_4，分别在返回文件列表中排名 3 和 2。然而当计算 MRR 指标时，仅仅考虑了第一个正确的文件 S_4，却忽视了第二个正确的文件 S_1。因此，对于有多个正确答案的查询来说，使用 MRR 指标可能是不完美的。在这种情况下，MAP 会是一个好的替代指标。

MAP 是信息检索领域的常用度量指标[200]，该指标计算了所有查询 Q 平均精度值的平均值：

$$\text{MAP}=\frac{1}{|Q|}\sum_{i=1}^{|Q|}\text{Avg }P(i) \tag{8-8}$$

式中，Avg $P(i)$是查询 i 的平均精度值，其计算方法如下：

$$\text{Avg }P(i)=\frac{\sum_{j=1}^{N}(P(j)\times \text{rel}(j))}{\text{number of relevant files}} \tag{8-9}$$

式中，j 是返回文件列表中的排名；N 是返回文件的数量；rel(j)代表排名 j 的文件是否与缺陷报告相关，若相关，值为 1，否则为 0。

此外，$P(j)$是在排名 j 处的精度，其定义如下所示：

$$P(j)=\frac{\text{number of relevant files in top } j \text{ positions}}{j} \tag{8-10}$$

为了清楚明白地展示如何计算 MAP 指标，表 8-3 提供了一个样例。在该样例中，假设有 3 个缺陷报告和 4 个源代码文件。在表 8-3 中，每个缺陷报告对应的 $P(j)\times\text{rel}(j)$的值以及 Avg P 值的大小都已经给出。随后本章可以使用式(8-8)来计算 MAP 指标：(0.58＋0.83＋0.81)/3＝0.74。

表 8-3　计算 MAP 指标的样例

缺陷报告	修复文件	返回文件列表	$P(j)\times\text{rel}(j)$	Avg P
B_1	S_1、S_4	S_2、$\boldsymbol{S_4}$、$\boldsymbol{S_1}$、S_3	0、1/2、2/3、0	(1/2＋2/3)/2＝0.58
B_2	S_2、S_3	$\boldsymbol{S_3}$、S_1、$\boldsymbol{S_2}$、S_4	1/1、0、2/3、0	(1/1＋2/3)/2＝0.83
B_3	S_1、S_2、S_3	$\boldsymbol{S_3}$、S_4、$\boldsymbol{S_2}$、$\boldsymbol{S_1}$	1/1、0、2/3、3/4	(1/1＋2/3＋3/4)/3＝0.81

在软件缺陷定位中，一个缺陷报告可能与多个源代码文件相关，因此我们也将使用 MAP 指标来评估 CSSB 方法的性能。MAP 的值越大，缺陷定位性能越好。

8.3.3　实验设置

本章采用“留一法”交叉验证方法来做实验，即假设有 N 个缺陷报告，每次迭代选择 1 个缺陷报告作为待定位的新缺陷报告，而将其他 $N-1$ 个缺陷报告作为历史已修复的缺陷报告。因此，对于每一个缺陷报告，我们都可以得到一个返回源文件列表，该列表根据 CSSB 方法得到的结果进行排序。

本章采用的性能评估指标是前面详细介绍的三类评估指标，包括 Top N Rank、MRR 和 MAP。其中的 N 值，本章选择了 1、5 和 10。因此，本章总共使用了 5 个评估指标来评估缺陷定位方法 CSSB 的性能，包括 Top 1、Top 5、Top 10、MRR 和 MAP。

相似报告的数量 K 值选择从 1 到 10，每次递增 1。此外，本章也进行了不限制相似报告数量的实验，即在计算 SimScore 相关性分值时，所有的相似报告信息都使用了。

加权集成中的权值因子 α 从 0.1 到 0.9，每次递增 0.1。此外本章还统计了 $\alpha=1$ 的实验结果，这代表仅仅使用相似报告分析方法时的缺陷定位结果，同时还统计了 $\alpha=0$ 的实验结果，这代表了仅仅进行源文件查询时的缺陷定位结果。

8.3.4 实验设计

本章进行 4 项研究：第一个研究是验证结合了相似报告分析和源文件查询的缺陷定位方法 CSSB 是否有效；第二个研究是比较 CSSB 方法和软件缺陷定位方法 BugLocator，以此来验证 CSSB 方法是否能够提升 BugLocator 方法的缺陷定位性能；最后两个研究是 CSSB 方法的参数敏感性分析，其中第三个研究是分析加权集成中权值因子 α 的值对 CSSB 方法的影响，第四个研究是分析相似报告分析中相似缺陷报告的数量 K 值对 CSSB 方法的影响。

① 研究 1：CSSB 方法是否有效？

CSSB 方法集成了相似报告分析和源文件查询两部分。实际上，每一部分都可以单独地用来进行软件缺陷定位。因此，在这个研究中本章将通过比较 CSSB 方法的缺陷定位结果和每个部分的缺陷定位结果，从而分析将两部分集成后的方法 CSSB 是否优于任一部分。

② 研究 2：CSSB 方法是否优于 BugLocator 方法？

在文献[97]中，Zhou 等已经通过实验验证了 BugLocator 方法优于一些常用的软件缺陷定位方法，包括 Smoothed Unigram Model、Latent Semantic Indexing、Vector Space Model 和 Latent Dirichlet Allocation。因此，在本研究中我们通过比较 CSSB 方法和 BugLocator 方法的缺陷定位结果，从而去分析 CSSB 方法是否能够提升 BugLocator 方法的性能。

③ 研究 3：α 值对 CSSB 方法的影响？

该研究通过不断改变 CSSB 方法中 α 的值去获得最佳的软件缺陷定位性能，从而给出最适合 CSSB 方法的 α 值。由于在 CSSB 方法中还有另外一个参数 K 也是一直变化的，因此对于某个特定的 α 值，本章将收集所有设置 K 值的平均缺陷定位结果。之后通过分析比较这些缺陷定位结果来寻找最适合CSSB方法的α值。

④ 研究4:K值对CSSB方法的影响?

该研究通过不断变化CSSB方法中K的值来获得最好的软件缺陷定位性能,从而得到最适合CSSB的K值。在前面的研究中,本章已经分析了最适合CSSB方法的α值,在此基础上,本章将根据不同的K值来收集缺陷定位结果,并通过分析比较这些缺陷定位结果来寻找最适合的K值。

8.3.5　结果与分析

(1) CSSB方法的有效性

软件缺陷定位方法CSSB是相似报告分析和源文件查询的加权集成。由于相似报告分析和源文件查询都可以直接用来定位软件缺陷,因此为了验证如此加权集成的有效性,本节比较了CSSB方法和相似报告分析(similar reports analysis,SRA)以及源文件查询(source files query,SFQ)的缺陷定位结果。表8-4给出了CSSB方法、相似报告分析、源文件查询的缺陷定位结果。

表8-4　CSSB方法和它两个子部分的缺陷定位结果

方法	数据集	α	K	Top 1	Top 5	Top 10	MRR	MAP
SRA	Zxing	1	3	4	5	6	0.241	0.183
	SWT	1	5	35	55	62	0.448	0.379
	Core	1	4	150	300	369	0.321	0.189
	Debug	1	5	55	115	131	0.365	0.311
	UI	1	3	72	147	183	0.217	0.162
SFQ	Zxing	0	/	5	12	14	0.402	0.345
	SWT	0	/	9	40	63	0.254	0.230
	Core	0	/	58	128	182	0.146	0.080
	Debug	0	/	40	94	126	0.292	0.232
	UI	0	/	48	116	162	0.172	0.126
CSSB	Zxing	0.4	1	**6**	**13**	**16**	**0.472**	**0.416**
	SWT	0.8	8	**44**	**66**	**77**	**0.552**	**0.479**
	Core	0.8	4	**181**	**381**	**447**	**0.397**	**0.242**
	Debug	0.7	9	**72**	**141**	**174**	**0.461**	**0.385**
	UI	0.8	5	**114**	**232**	**292**	**0.342**	**0.256**

在表 8-4 中，前面介绍的 5 个评价指标 Top 1、Top 5、Top 10、MRR 和 MAP 的结果都给出了。此外，表 8-4 中还给出了每种方法取得最佳缺陷定位结果时使用的 α 值和 K 值。需要说明的是，对于源文件查询，由于没用利用历史缺陷报告的信息，在表 8-4 中使用“/”来表示没用使用 K 参数。对于同一个性能评估指标和同一个数据集来说，CSSB 方法、SRA 方法和 SFQ 方法中的最好值已经用黑体标出。

由表 8-4 可以看出，对于任一数据集，在所有评价指标上 CSSB 方法都要优于 SRA 方法，下面将对每个数据集进行详细介绍。

对于数据集 Zxing 来说，CSSB 方法对 SRA 的最小提升是在指标 Top 1 上，提升比例为 50%，最大提升在指标 Top10 上，提升比例为 166.67%；对于数据集 SWT 来说，CSSB 方法对 SRA 的最小提升在指标 Top 5 上，提升比例为 20%，最大提升在指标 MAP 上，提升比例为 26.55%；对于数据集 Core 来说，CSSB 方法对 SRA 的最小提升在指标 Top 1 上，提升比例为 20.67%，最大提升在指标 MAP 上，提升比例为 27.61%；对于数据集 Debug 来说，CSSB 方法对 SRA 的最小提升在指标 Top 5 上，提升比例为 22.61%，最大提升在指标 Top 10 上，提升比例为 32.82%；对于数据集 UI 来说，CSSB 方法对 SRA 的最小提升在指标 MRR 上，提升比例为 57.23%，最大提升在指标 Top 10 上，提升比例为 59.56%。

此外，从表 8-4 中同样可以看出，对于任一个数据集，CSSB 方法在所有的评价指标上都要好于 SFQ 方法，下面将对每个数据集分别进行详细介绍。

具体来说，对于数据集 Zxing 来说，CSSB 方法对 SFQ 的最小提升在指标 Top 5 上，提升比例为 8.33%，最大提升在指标 MAP 上，提升比例为 20.56%；对于数据集 SWT 来说，CSSB 方法对于 SFQ 的最小提升在指标 Top 10 上，提升比例为 22.22%，最大提升在指标 Top 1 上，提升比例为 388.89%；对于数据集 Core 来说，CSSB 方法对于 SFQ 的最小提升在指标 Top 10 上，提升比例为 145.6%，最大提升在指标 Top 1 上，提升比例为 212.07%；对于数据集 Debug 来说，CSSB 方法对于 SFQ 的最小提升在指标 Top 10 上，提升比例为 38.1%，最大提升在指标 Top 1 上，提升比例为 80%；对于数据集 UI 来说，CSSB 方法对于 SFQ 的最小提升在指标 Top 10 上，提升比例为 80.25%，最大提升在指标 Top 1 上，提升比例为 137.5%。

为了更清楚地给出 CSSB、SRA 和 SFQ 三个方法的比较，图 8-3 给出了这三个方法在使用不同的性能评估指标时的直方图结果比较。在图 8-3 中，总共包含了 5 个不同的子图，其中图 8-3(a)给出了 Top 1 指标百分比（定位的缺陷报告数量占所有缺陷报告数量的百分比）的直方图比较，图 8-3(b)给出了 Top 5

指标的百分比的直方图比较，图 8-3(c)则给出了 Top 10 指标的百分比的直方图比较。此外，图 8-3(d)给出了 MRR 指标的直方图比较，而图 8-3(e)则给出了 MAP 值的直方图比较。

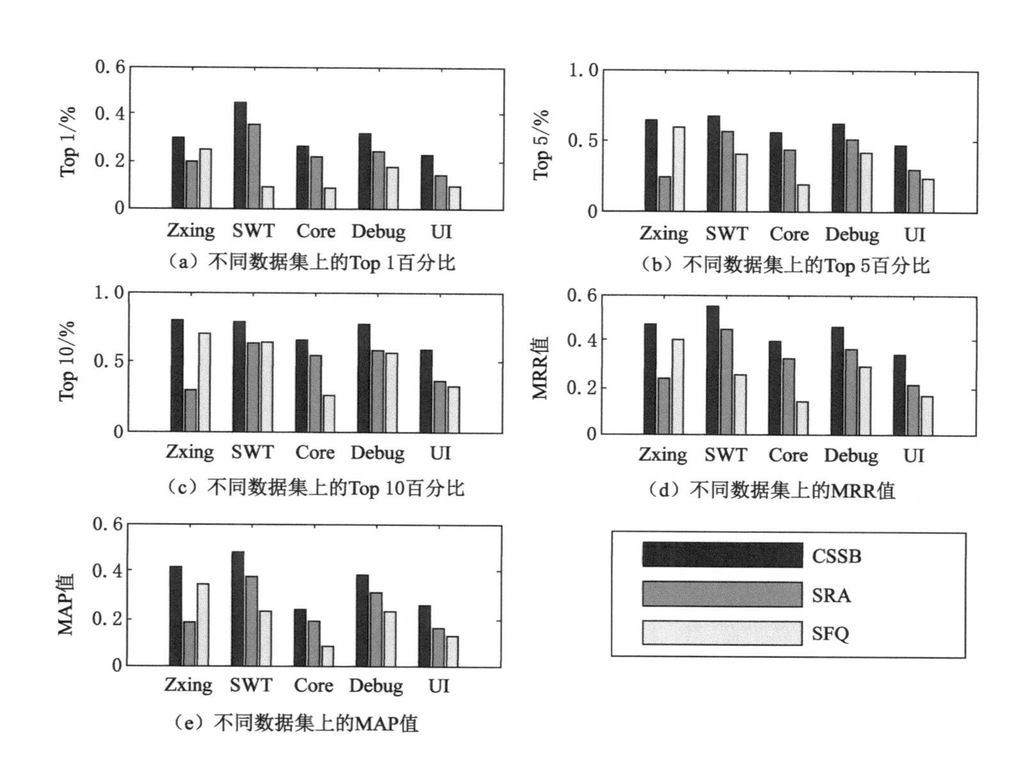

图 8-3　CSSB、SRA 和 SFQ 在不同指标上的直方图比较

由图 8-3 可以看出，在数据集 SWT、Core、Debug 和 UI 上，相似报告分析(SRA)的缺陷定位结果都要好于源文件查询(SFQ)的缺陷定位结果，而在数据集 Zxing 上，源文件查询(SFQ)的缺陷定位结果要好于 SRA 的缺陷定位结果。我们认为这样的结果可能与历史已修复的缺陷报告的数量多少有关系。Zxing 数据集总共 20 个缺陷报告，在“留一法”实验中，除去作为测试集的一个缺陷报告，历史已修复的缺陷报告数量总共才 19 个，因此在相似报告分析中可利用的缺陷报告数量很少，导致缺陷定位结果相对要差一些。而其他 4 个数据集的缺陷报告数量要多一些，故相似报告分析的结果要比源文件查询好。这也暗示了本章在缺陷定位研究中使用历史已修复缺陷报告的信息来帮助提升缺陷定位的

性能是可行的。

总而言之，对于本章使用的所有数据集，本章的软件缺陷预测方法 CSSB 在所有 5 个性能评估指标上都要优于相似报告分析（SRA）和源文件查询（SFQ），这表明将相似报告分析和源文件查询经过加权集成得到的方法 CSSB 是有效的。

（2）CSSB 方法和 BugLocator 方法的定位结果比较

基于相似报告可能需要修复相同文件的假设，软件缺陷定位方法 BugLocator 在源文件查询的基础上集成了相似报告分析。然而在实际中，一些缺陷报告描述的问题是相似的，但它们可能需要去修复一些相似的源文件而不是同一个源代码文件。因此，BugLocator 方法在它们的相似报告分析中没有考虑源代码文件之间的相似性，而这种相似性却有可能帮助提升软件缺陷定位的性能。本章的软件缺陷定位方法 CSSB 在相似报告分析中就考虑了源代码文件之间的相似性，因此有可能会提升 BugLocator 方法的缺陷定位性能。

表 8-5 给出了 CSSB 方法和 BugLocator 方法的最好的缺陷定位结果，而图 8-4 则给出了这些结果对应的直方图比较。对每个数据来说，表 8-5 已经给出了最好缺陷定位结果所使用的 α 值和 K 值。需要说明的是，BugLocator 方法使用了所有的相似缺陷报告的信息，因此在表 8-5 中用“All”来代表 K 值。此外，在表 8-5中，对于给定的数据集和评估指标，CSSB 和 BugLocator 两个方法中较好的缺陷定位结果用黑体标出。

表 8-5　CSSB 方法和 BugLocator 方法的缺陷定位结果

方法	数据集	α	K	Top 1	Top 5	Top 10	MRR	MAP
CSSB	Zxing	0.4	1	**6**	**13**	**16**	**0.472**	**0.416**
	SWT	0.8	8	**44**	**66**	**77**	**0.552**	**0.479**
	Core	0.8	4	**181**	**381**	**447**	**0.397**	**0.242**
	Debug	0.7	9	**72**	**141**	**174**	**0.461**	**0.385**
	UI	0.8	5	**114**	**232**	**292**	**0.342**	**0.256**
BugLocator	Zxing	0.2	All	4	**13**	**16**	0.415	0.378
	SWT	0.3	All	41	62	73	0.524	0.450
	Core	0.3	All	163	369	439	0.368	0.217
	Debug	0.3	All	65	136	167	0.439	0.362
	UI	0.2	All	102	218	282	0.319	0.229

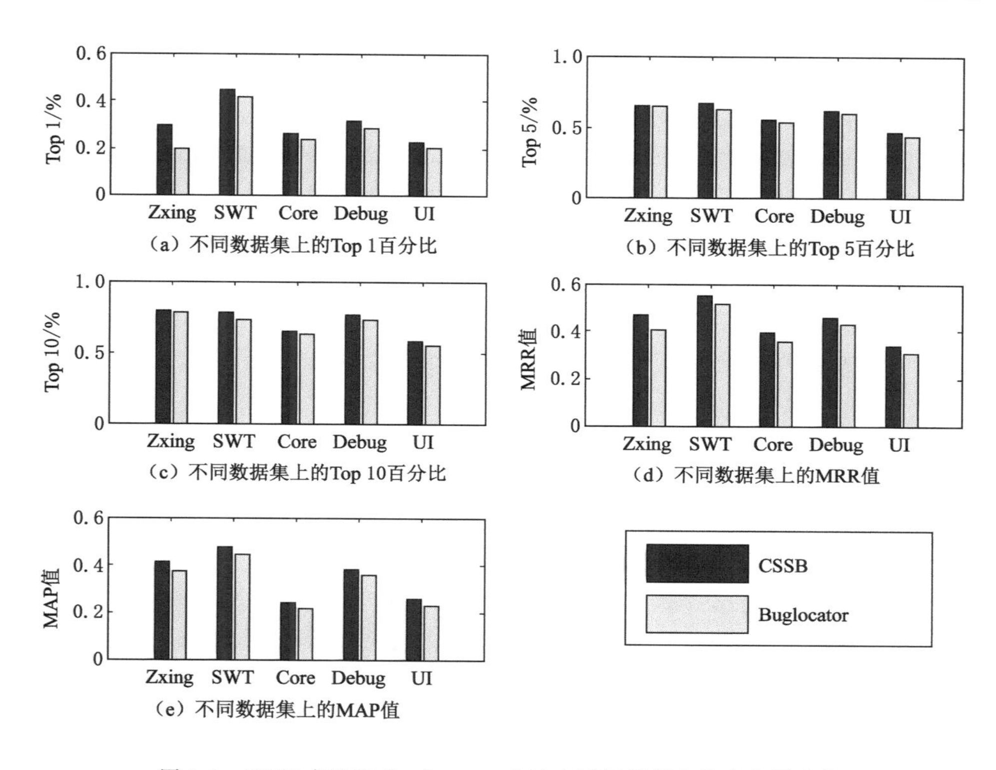

图 8-4　CSSB 方法和 BugLocator 方法在不同指标上的直方图比较

由图 8-4 可以看出，在数据集 Zxing 上使用 Top 5 和 Top 10 指标时，CSSB 方法和 BugLocator 方法得到了一样的缺陷定位结果，而使用其他三个性能评估指标时，CSSB 方法要好于 BugLocator 方法。对于其他四个数据集来说，无论选择哪个性能评估指标，CSSB 方法的缺陷定位结果都要好于 BugLocator 方法的缺陷定位结果。具体来说，结合表 8-5 可知，在数据集 Zxing 上，CSSB 方法对 BugLocator 方法的最大提升是在 Top 1 指标上，提升比例为 50%；在数据集 SWT 上，CSSB 方法对 BugLocator 方法的最大提升是在指标 Top 1 上，提升比例为 7.32%，最小提升在指标 MRR 上，提升比例为 5.23%；在数据集 Core 上的最大、最小提升比例分别为 11.34%和 1.82%，分别对应指标 MAP 和 Top 10；在数据集 Debug 上的最大、最小提升比例分别为 10.77%和 3.68%，分别对应指标 Top 1 和 Top 5；在数据集 UI 上，CSSB 方法对 BugLocator 方法的最大提升比例为 11.76%，对应指标 Top 1，而最小提升则是在指标 Top 10 上，对应的提升比例为 3.55%。

总体来说，本章的缺陷定位方法 CSSB 在大多数情况下能够提升 BugLocator

方法的缺陷定位性能，在 5 个指标（Top 1、Top 5、Top 10、MRR 和 MAP）上提升 BugLocator 方法的平均百分比依次为 11.2%、4.39%、2.97%、7.67%和 8.58%。可能原因分析如下：BugLocator 方法仅仅考虑了修复同一个文件来解决相似的缺陷报告，而本章的方法 CSSB 考虑了修复相似的源文件来解决相似的缺陷报告。两种方法都使用了相似报告分析过程，但在该过程中 BugLocator 方法仅仅考虑缺陷报告间的相似关系，却没用考虑源代码文件之间的相似关系，而 CSSB 方法对 BugLocator 方法进行了改进，在相似报告分析过程中不仅考虑了缺陷报告之间的相似关系，还综合考虑了源代码文件之间的相似关系，这将提升那些在源代码库中与相似报告对应修复的源代码文件比较相似的源代码文件在最终返回文件列表中的排名。

（3）CSSB 方法在不同 α 值时的定位结果

不同的 α 值意味着相似报告分析和源文件查询在 CSSB 方法中的不同权值比重，因此在实验中使用不同的 α 值将得到不同的缺陷定位结果。因此，很有必要研究不同 α 值对 CSSB 方法的影响，从而找到最适合 CSSB 方法的 α 值。

表 8-6 给出了在 5 个数据集上 CSSB 方法使用不同的 α 值得到的缺陷定位结果，包含了 5 个缺陷定位评估指标。需要说明的是，对某个特定的数据集和给定的 α 值，每个性能评估指标的值是在所有使用的 K 值上取得的定位结果的平均值。因此，在表 8-6 中，Top 1、Top 5 和 Top 10 指标的值可能不是一个整数。此外，对于每个数据来说，每个指标上的最好值都已经用黑体标出。

表 8-6　CSSB 方法在不同 α 值时的缺陷定位结果

数据集	指标	α 值								
		0.1	0.2	0.3	0.4	0.5	0.6	0.7	0.8	0.9
Zxing	Top 1	**5.0**	4.4	3.9	4.2	4.4	4.9	4.9	4.2	3.4
	Top 5	12.4	12.9	13.3	13.4	**13.5**	12.3	9.4	7.6	3.9
	Top 10	14.1	14.5	14.9	**15.6**	15.5	14.5	12.3	9.6	5.6
	MRR	0.406	0.386	0.381	0.403	**0.412**	0.409	0.376	0.319	0.217
	MAP	0.352	0.340	0.336	0.350	**0.358**	0.356	0.309	0.240	0.157
SWT	Top 1	12.0	15.1	16.2	18.7	23.3	27.1	34.7	**38.5**	34.7
	Top 5	44.9	47.4	52.5	54.4	57.5	63.9	**65.5**	63.6	56.4
	Top 10	67.6	70.9	72.6	77.1	**78.4**	77.2	77.2	74.4	65.1
	MRR	0.287	0.313	0.329	0.355	0.396	0.437	0.491	**0.508**	0.464
	MAP	0.259	0.281	0.295	0.320	0.352	0.383	0.431	**0.445**	0.399

表8-6(续)

数据集	指标	α 值								
		0.1	0.2	0.3	0.4	0.5	0.6	0.7	0.8	0.9
Core	Top 1	65.4	76.4	88.2	103.3	123.0	154.0	**174.0**	170.2	162.9
	Top 5	145.4	160.6	187.3	215.1	254.0	298.2	332.6	**352.2**	323.2
	Top 10	203.6	226.1	247.9	286.2	323.4	365.5	410.3	**424.4**	393.0
	MRR	0.162	0.183	0.207	0.238	0.279	0.330	0.369	**0.373**	0.351
	MAP	0.089	0.102	0.117	0.138	0.164	0.194	0.217	**0.223**	0.207
Debug	Top 1	39.9	41.7	43.2	46.5	52.0	58.7	**67.0**	66.3	62.7
	Top 5	96.5	101.6	111.5	119.7	127.4	128.7	**132.2**	131.8	124.5
	Top 10	131.1	140.7	146.8	155.0	161.5	165.3	**167.2**	164.9	151.3
	MRR	0.301	0.315	0.331	0.355	0.382	0.406	**0.436**	0.432	0.407
	MAP	0.242	0.258	0.273	0.296	0.321	0.342	0.366	**0.369**	0.345
UI	Top 1	51.5	54.3	61.7	67.2	76.2	90.1	97.2	**104.1**	102.4
	Top 5	122.7	133.1	141.3	154.9	175.5	194.4	212.5	**224.1**	204.1
	Top 10	171.0	183.4	201.0	216.5	235.1	255.8	271.1	**279.0**	256.4
	MRR	0.183	0.194	0.212	0.230	0.255	0.286	0.310	**0.324**	0.304
	MAP	0.136	0.147	0.161	0.174	0.193	0.214	0.231	**0.238**	0.222

由表 8-6 可以看出:① 对于同一个数据集来说,在使用给定的一个性能指标来评估定位结果时,CSSB 方法在不同 α 值下得到的缺陷定位结果是不相同的。② 对于同一个数据集来说,当使用不同的性能评估指标时,CSSB 方法取得最佳定位结果对应的 α 值可能是不同的。具体来说,在数据集 Zxing 上,当 α 为 0.5 时,有三个指标最好,当 α 为 0.1 和 0.4 时,分别有一个指标最好;在数据集 SWT 上,当 α 为 0.8 时,有三个性能评估指标最好,当 α 为 0.5 和 0.7 时,分别有一个性能指标最好;在数据集 Core 上,当 α 为 0.8 时,四个指标最好,当 α 为 0.7 时,一个指标最好;数据集 Debug 与 Core 恰恰相反,当 α 为 0.7 时,四个指标最好,当 α 为 0.8 时,一个指标最好;在数据集 UI 上,所有的指标都在 α 为 0.9 时得到了最佳的缺陷定位结果。③ 对于同一个性能评估指标来说,不同数据集上得到最佳缺陷定位结果时对应的 α 值也是不同的。接下来本章将依次分析每个数据集在不同 α 值的缺陷定位结果。

图 8-5～图 8-9 分别以散点图的形式给出了 5 个数据集在不同 α 值时的缺陷定位结果。在这 5 个图中,每个图都包含了两个子图,其中子图(a)给出了给定数据集在不同 α 值的 Top N 值,子图(b)给出了给定数据集在不同 α 值的 MRR 和 MAP 值。

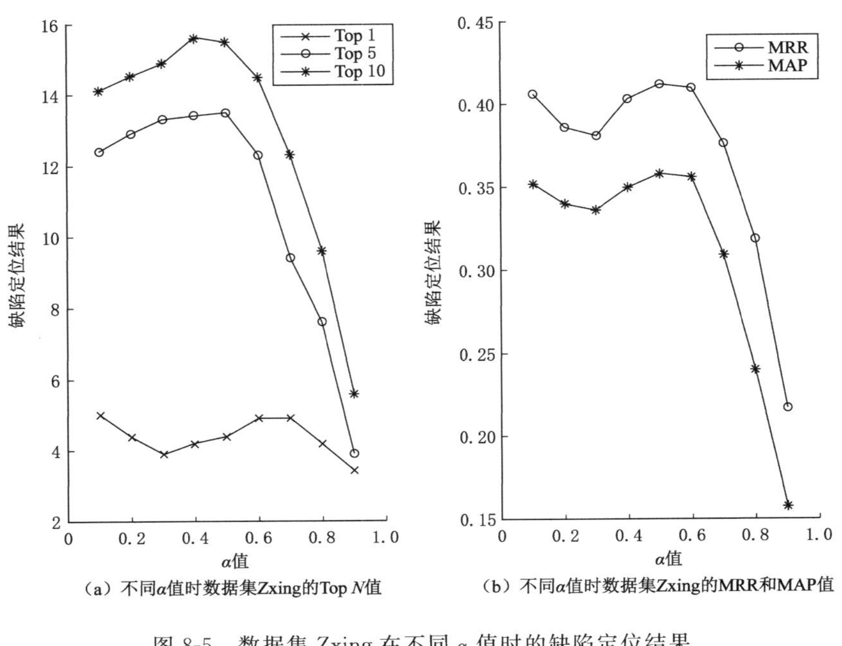

(a) 不同α值时数据集Zxing的Top N值　　(b) 不同α值时数据集Zxing的MRR和MAP值

图 8-5　数据集 Zxing 在不同 α 值时的缺陷定位结果

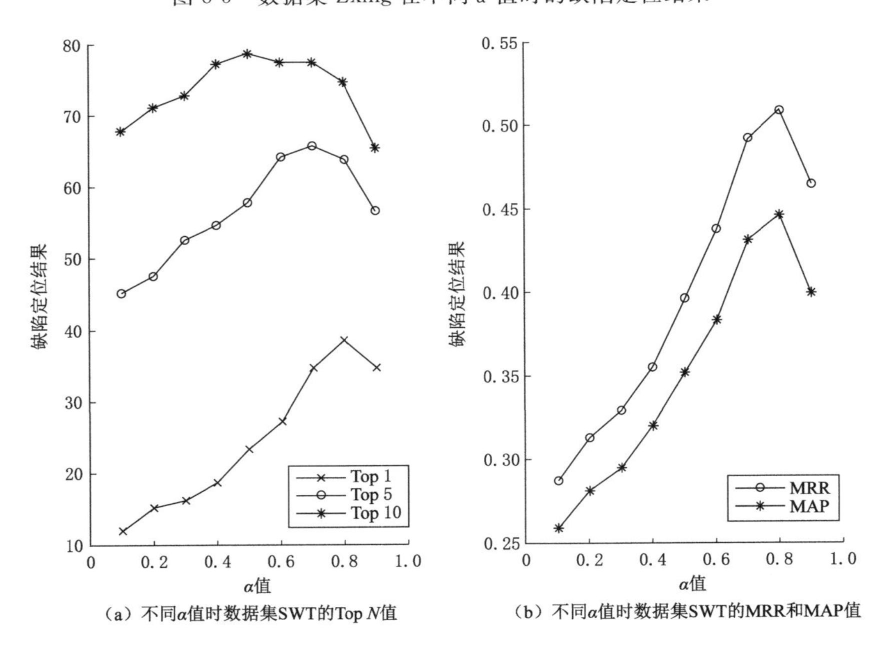

(a) 不同α值时数据集SWT的Top N值　　(b) 不同α值时数据集SWT的MRR和MAP值

图 8-6　数据集 SWT 在不同 α 值时的缺陷定位结果

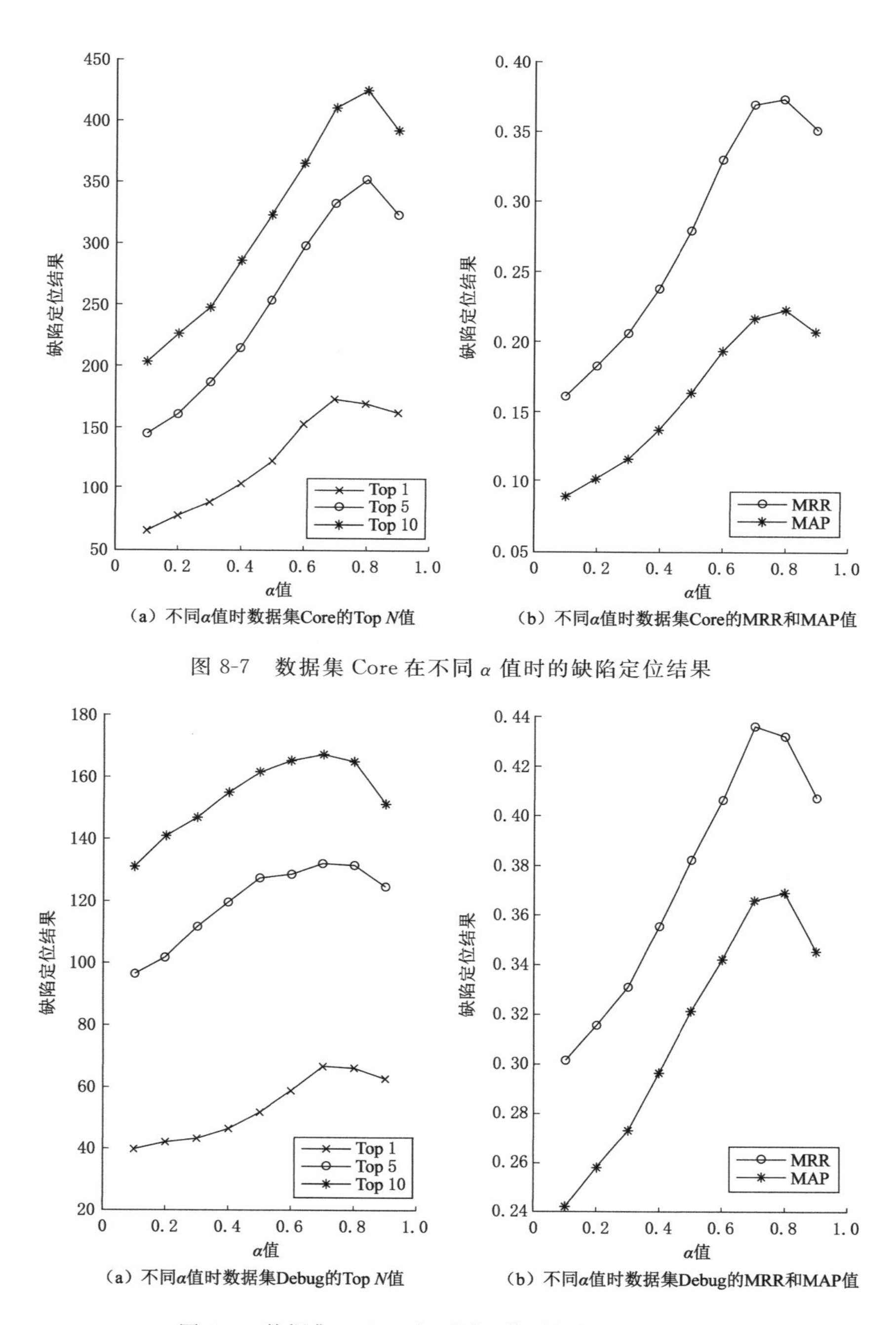

(a) 不同α值时数据集Core的Top N值

(b) 不同α值时数据集Core的MRR和MAP值

图 8-7　数据集 Core 在不同 α 值时的缺陷定位结果

(a) 不同α值时数据集Debug的Top N值

(b) 不同α值时数据集Debug的MRR和MAP值

图 8-8　数据集 Debug 在不同 α 值时的缺陷定位结果

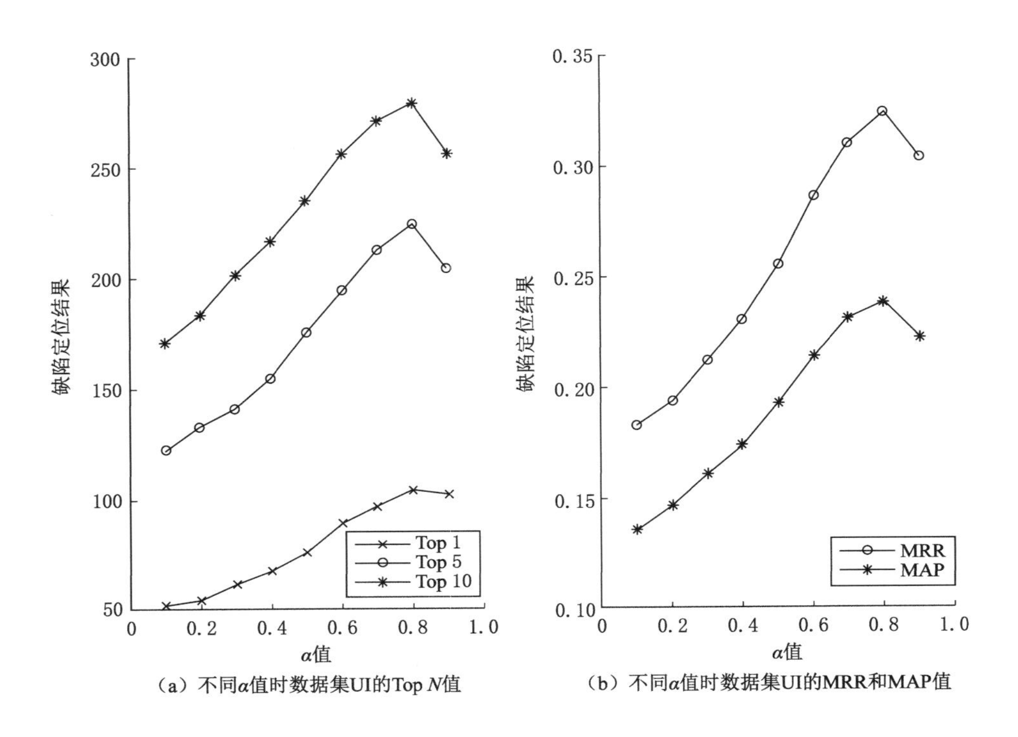

(a) 不同α值时数据集UI的Top N值　　(b) 不同α值时数据集UI的MRR和MAP值

图 8-9　数据集 UI 在不同 α 值时的缺陷定位结果

由图 8-5 可以看出，Top 5 和 Top 10 指标的变化趋势相同，随着 α 值的增大，先增大后降低，α 值在 0.4 和 0.5 之间时得到最好定位结果；MRR 和 MAP 指标的变化趋势相同，α 值从 0.1 到 0.3 变化时，定位性能下降，而当 α 值从 0.3 到 0.5 变化时，定位性能是上升的，此后随着 α 值的增大，定位性能开始下降。Top 1 则先下降再上升然后再下降，在 α 值为 0.1 时结果最好。综上所述，对于数据集 Zxing 来说，适合 CSSB 方法的 α 值小于 0.5，推荐范围在 0.4 和 0.5 之间。

由图 8-6 可以看出，5 个指标的变化趋势是相同的，随着 α 值的增大先增大后减小。Top 1、MRR 和 MAP 在 α 为 0.8 时最好，Top 5 在 α 为 0.7 时最好，Top 10 在 α 为 0.5 时最好。总之，数据集 SWT 的 α 值取值应该大于 0.5，推荐范围在 0.7 和 0.8 之间。

由图 8-7 可以看出，对于数据集 Core 来说，随着 α 值的增大，这 5 个性能评估指标的变化趋势基本是相同的，都是先增大后降低，在 α 值为 0.7 和 0.8 时得到了最好的缺陷定位结果，因此我们推荐给数据集 Core 的 α 值取值范围在 0.7 和 0.8 之间。

由图 8-8 可以看出，对于数据集 Debug 来说，当 α 值增大时，这 5 个性能评估指标的变化趋势基本是相同的，都是先增大后减小。总体来说，都是在 α 值为 0.7 和 0.8 时取得了最好的缺陷定位结果，因此对于数据集 Debug 来说，我们推荐的 α 值取值范围在 0.7 和 0.8 之间。

由图 8-9 可以看出，对于数据集 UI 来说，随着 α 值从 0.1 到 0.8 变化时，这 5 个性能指标的值都处于增大的趋势，而当 α 值从 0.8 到 0.9 变化时，这 5 个性能指标的值开始减小，这意味着对数据集 UI 最合适的 α 取值范围在 0.8 附近。

概括总结，对于 SWT、Core、Debug 和 UI 四个数据集来说，它们对应的 α 取值范围都大于 0.5，这说明相似报告分析在 CSSB 方法中占有更大的权重，而对数据集 Zxing 来说，其对应的 α 值取值范围小于等于 0.5，这说明源文件查询在 CSSB 方法中占更大的比重。究其原因，我们认为这和历史缺陷报告的数量有关，数据集 Zxing 的历史缺陷报告数量很少，所以在相似报告分析中，可得到的历史缺陷相似报告的质量可能会很一般，因此相似报告分析在 CSSB 方法中占的比重会小一些，而其他四个数据的历史缺陷报告数量相对多一些，则得到的历史缺陷相似报告的质量可能会好一些，因此相似报告分析在 CSSB 方法中所占的比重会大一些。因此，本节可以得到如下的结论：在使用 CSSB 方法来进行软件缺陷定位时，对于不同的数据集需要不同的 α 值，这将需要根据数据集的特性来确定，如果数据集的历史缺陷报告数量很多，本章建议 α 值至少要大于 0.5，而如果数据集的历史缺陷报告数量非常少，α 值建议取值小于 0.5。

(4) CSSB 方法在不同 K 值时的定位结果

在 CSSB 方法的相似报告分析中，由于一些相似报告和新缺陷报告之间的相似度值很小，这些相似报告能够提供的有用信息可能会很少，故可能不需要选择这些缺陷报告。因此，本章需要研究不同的 K 值对 CSSB 方法的影响，并选出适合的 K 值。

表 8-7 给出了在给定 α 值的情况下，当改变 K 值的时候，CSSB 方法在 5 个数据集上取得的缺陷定位结果。值得说明的是，该给定的 α 值是在表 8-6 的基础上，在每个数据集上对 5 个性能评估指标进行多数投票选择出来的。举个例子，在表 8-6 中，Zxing 数据集在 α 值为 0.5 时在 5 个性能评估指标中有 3 个性能评估指标取得了最好的缺陷定位结果，因此对于数据集 Zxing 来说，我们在表 8-7中提供的 α 值是 0.5。此外，在表 8-7 中，每个数据集上的每个性能评估指标中的最好的缺陷定位结果都用黑体标出。

表 8-7　CSSB 方法在不同 K 值下的缺陷定位结果

数据集 (α)	指标	K 值										
		1	2	3	4	5	6	7	8	9	10	All
Zxing (0.5)	Top 1	3	4	**5**	**5**	4	**5**	**5**	**5**	4	4	4
	Top 5	11	12	13	14	14	14	**15**	14	14	14	13
	Top 10	**16**	14	**16**	**16**	15	15	15	15	**16**	**16**	**16**
	MRR	0.364	0.389	0.428	**0.436**	0.415	0.432	0.434	0.434	0.411	0.399	0.393
	MAP	0.321	0.364	0.362	**0.368**	0.360	0.366	0.364	0.367	0.357	0.357	0.348
SWT (0.8)	Top 1	30	31	37	39	40	41	**44**	**44**	**44**	42	32
	Top 5	44	59	62	65	67	67	67	66	67	**69**	67
	Top 10	61	75	75	75	**77**	76	**77**	**77**	**77**	76	72
	MRR	0.399	0.443	0.502	0.517	0.530	0.540	**0.552**	**0.552**	0.549	0.540	0.464
	MAP	0.363	0.400	0.447	0.457	0.467	0.469	0.477	**0.479**	0.475	0.466	0.396
Core (0.8)	Top 1	172	177	180	**181**	178	174	177	170	169	162	132
	Top 5	295	348	363	**381**	374	367	371	367	369	363	276
	Top 10	377	416	434	**447**	445	443	440	441	440	429	356
	MRR	0.344	0.375	0.387	**0.397**	0.393	0.387	0.388	0.380	0.380	0.373	0.300
	MAP	0.213	0.224	0.235	**0.242**	0.237	0.234	0.233	0.229	0.226	0.220	0.165
Debug (0.7)	Top 1	58	69	71	67	68	67	71	71	**72**	70	53
	Top 5	112	130	128	133	134	137	140	136	**141**	139	124
	Top 10	148	157	161	168	173	174	**175**	174	174	173	162
	MRR	0.381	0.434	0.444	0.441	0.444	0.443	0.454	0.456	**0.461**	0.456	0.381
	MAP	0.327	0.366	0.372	0.370	0.375	0.371	0.379	0.377	**0.385**	0.384	0.324
UI (0.8)	Top 1	93	94	101	108	**114**	112	107	110	108	109	89
	Top 5	176	210	218	226	238	238	**241**	238	235	238	216
	Top 10	235	266	273	279	**298**	296	296	295	289	288	258
	MRR	0.274	0.299	0.315	0.328	**0.348**	0.343	0.340	0.344	0.341	0.341	0.294
	MAP	0.206	0.227	0.239	0.244	**0.256**	0.254	0.246	0.248	0.248	0.246	0.208

由表 8-7 可以看出：① 对于同一个数据集和同一个指标来说，K 值不同，CSSB 方法得到的缺陷定位结果是不同的，因此 K 值的变化对 CSSB 方法是有影响的；② 对于同一个数据集来说，性能评估指标不同，CSSB 方法取得最好定位结果时对应的 K 值可能是不同的；③ 对于不同的数据集来说，在相同评估指

标下，CSSB 方法最佳定位结果对应的 K 值是不同的；④ 当选择所有的相似缺陷报告时，只有在 Zxing 数据集上采用 Top 10 指标时才得到了最佳的缺陷定位结果，因此在 CSSB 方法中选择所有的相似缺陷报告是不合适的。本节接下来将分析每个数据集在不同 K 值时的缺陷定位结果，希望能够发现适合 CSSB 方法的最佳 K 值。

图 8-10～图 8-14 分别给出了本章使用的 5 个数据集（Zxing、SWT、Core、Debug 和 UI）在不同 K 值时的缺陷定位结果散点图。在这 5 个图中，每个图中都包含了两个子图，其中子图(a)代表给定数据集在不同 K 值时的 Top N 指标，包括 Top 1、Top5 和 Top 10；而子图(b)则代表了给定数据集在不同 K 值时的 MRR 和 MAP 指标值。

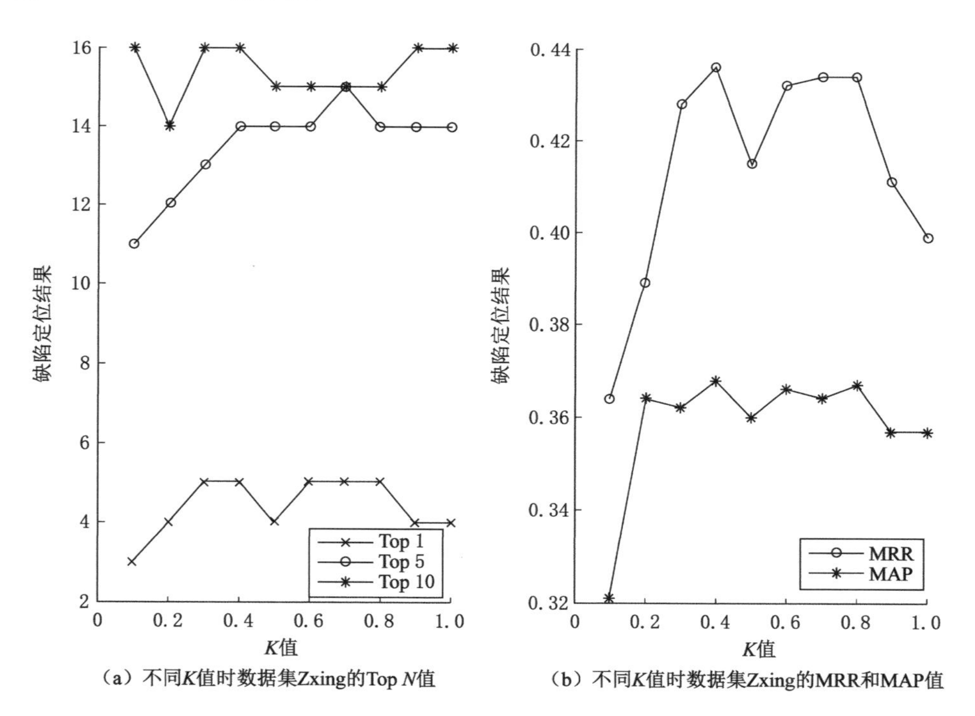

（a）不同K值时数据集Zxing的Top N值　　（b）不同K值时数据集Zxing的MRR和MAP值

图 8-10　数据集 Zxing 在不同 K 值时的缺陷定位结果

由图 8-10 可以看出，对于数据集 Zxing 来说，不同指标的变化趋势是不同的。MRR 和 MAP 两个指标在 K 为 4 时得到最好的缺陷定位结果，而 Top 1 和 Top 10 在 K 为 4 时也能够得到最好的缺陷定位结果，Top 5 在 K 为 4 时的定位结果 14 与最好的定位结果 15 也很接近，因此对于数据集 Zxing 来说，CSSB 方法在 α 为 0.5 时最合适的 K 取值是 4。

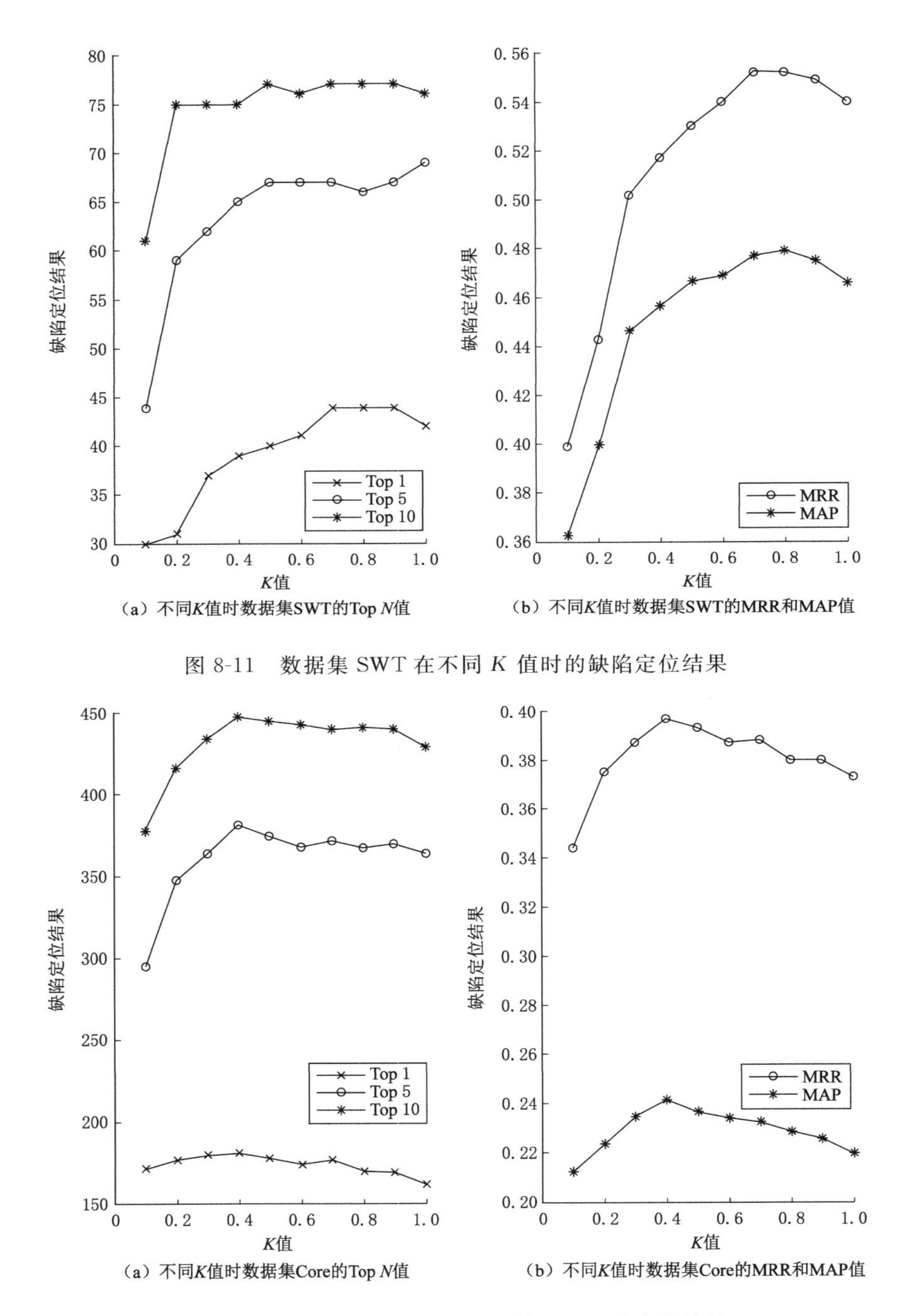

（a）不同K值时数据集SWT的Top N值

（b）不同K值时数据集SWT的MRR和MAP值

图 8-11　数据集 SWT 在不同 K 值时的缺陷定位结果

（a）不同K值时数据集Core的Top N值

（b）不同K值时数据集Core的MRR和MAP值

图 8-12　数据集 Core 在不同 K 值时的缺陷定位结果

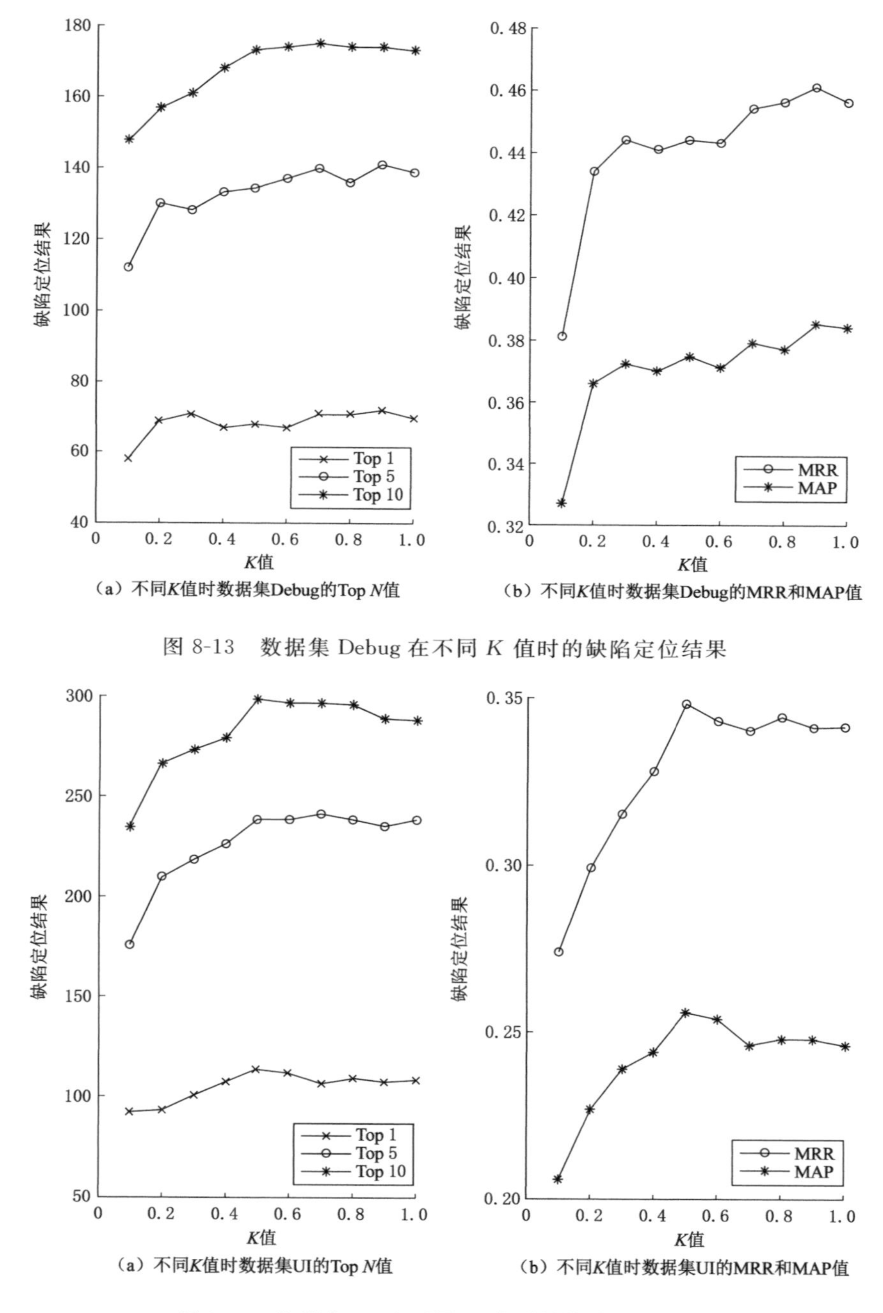

图 8-13　数据集 Debug 在不同 K 值时的缺陷定位结果

图 8-14　数据集 UI 在不同 K 值时的缺陷定位结果

由图 8-11 可以看出，对于数据集 SWT 来说，性能评估指标 Top 1、Top 10、MRR 和 MAP 随着 K 值的增大而变化的趋势是基本相同的，在 K 值为 7 和 8 时得到了最好的缺陷定位结果，而对于 Top 5 指标来说，在 K 为 7 和 8 时，其值分别为 67 和 66，非常接近最好的定位结果 69。因此，我们得出结论：对于数据集 SWT 来说，CSSB 方法在 α 为 0.8 时最合适的 K 取值是 7 和 8。

由图 8-12 可以看出，对于数据集 Core 来说，随着 K 值的增大，5 个性能评估指标的变化趋势都是先增大后减小，在 K 值为 4 时这 5 个性能评估指标都得到了最佳的缺陷定位结果。因此在 α 值为 0.8 时，最适合数据集 Core 的 K 取值为 4。

由图 8-13 可以看出，当 K 值从 1 到 9 变化时，4 个性能指标 Top 1、Top 5、MRR 和 MAP 都是波动上升的，当 K 值从 9 到 10 变化时，这 4 个性能指标开始下降。而对于指标 Top 10 来说，当 K 值在 5 到 9 变化时，CSSB 方法得到最佳的缺陷定位结果，因此对于数据集 Debug 来说，CSSB 方法最合适的 K 取值在 9 附近。

由图 8-14 可以看出，对于数据集 UI 来说，当 K 值增大时，5 个性能评估指标的变化趋势都是相同的，都是先增大后减小，在 K 值为 5 时取得了最佳的缺陷定位结果，因此对于数据集 UI 来说，CSSB 方法在 α 值为 0.8 时最合适的 K 取值在 5 附近。

根据上述分析，本节可以得出如下结论：① 对于不同的数据来说，CSSB 方法在相似报告分析中应该选择不同的相似缺陷报告数量；② 没有必要选择所有的相似报告来进行相似报告分析。从表 8-7 中可以看出，当选择所有的相似报告来进行相似报告分析时，取得的缺陷定位结果往往会低于前面分析得到的 K 值对应的缺陷定位结果，这往往是由于相似度值很小的缺陷报告会提供一些无用的信息，而这些信息会扰乱相似报告分析，因此在 CSSB 方法的相似报告分析中，本书不推荐选用所有的相似缺陷报告。

8.4 本章小结

本章提出了一种新的软件缺陷定位方法 CSSB，该方法集成了相似报告分析和源文件查询。和常用的缺陷定位方法不同之处在于：在相似缺陷报告倾向于修复相似源代码文件的假设下，CSSB 方法充分利用了相似缺陷报告的信息以及源代码文件之间的相似关系。

CSSB 缺陷定位方法由三部分组成：相似报告分析、源文件查询和加权集成。在相似报告分析中，对于一个待定位的新缺陷报告，首先使用向量空间模型在历史已修复的缺陷报告库中找出该新缺陷报告最相似的 K 个缺陷报告。与此同时，使用向量空间模型来计算源代码文件之间的相似关系，并构造一个源代码文件相似关系库。随后将 K 个相似缺陷报告的信息以及源代码文件之间的相似关系整合到一起，从而计算出新缺陷报告和每个源代码文件之间的一个相关性分值 SimScore。在源文件查询中，本章使用一个改进的向量空间模型来计算新缺陷报告和每个源代码文件之间的另一个相关性分值 SrcScore。最后使用加权集成的方法将这两个相关性分值集成为一个相关性分值 FinalScore，并根据该 FinalScore 对源代码文件进行降序排列，排名靠前的源代码文件被认为是新缺陷报告更有可能需要去修复的源代码文件。

在本章的实验研究中，选择了 5 个项目(Zxing、SWT、Core、Debug 和 UI)和 5 个性能评估指标(Top 1、Top 5、Top 10、MRR 和 MAP)。在实验中，我们首先比较了 CSSB 方法和它的两个子部分(相似报告分析和源文件查询)的缺陷定位结果，发现 CSSB 方法明显优于相似报告分析和源文件查询，从而验证了将相似报告分析和源文件搜索加权集成后的 CSSB 方法的有效性。随后本章通过实验比较了 CSSB 方法和 BugLocator 方法的缺陷定位结果，发现 CSSB 方法要优于 BugLocator 方法。最后本章对 CSSB 方法进行了参数敏感性分析，研究分析了不同的权值 α 和不同的相似报告数量 K 对 CSSB 方法的影响，并通过实验发现了最适合实验中数据集的 α 值和 K 值。

参考文献

[1] MALHOTRA R,CHAWLA S,SHARMA A.Software defect prediction using hybrid techniques:a systematic literature review[J].Soft computing,2023,27(12):8255-8288.

[2] ZHAO Y H,DAMEVSKI K,CHEN H.A systematic survey of just-in-time software defect prediction[J].ACM computing surveys,2023,55(10):1-35.

[3] ANVIK J,HIEW L,MURPHY G C.Coping with an open bug repository[C]//Proceedings of the 2005 OOPSLA workshop on eclipse technology exchange-eclipse'05.October 16-17,2005.San Diego,California.ACM,2005.

[4] 王青,伍书剑,李明树.软件缺陷预测技术[J].软件学报, 2008,19(7):1565-1580.

[5] 陈翔,顾庆,刘望舒,等.静态软件缺陷预测方法研究[J].软件学报,2016,27(1):1-25.

[6] MENZIES T,GREENWALD J,FRANK A.Data mining static code attributes to learn defect predictors[J].IEEE transactions on software engineering,2007,33(1):2-13.

[7] SONG Q B,JIA Z H,SHEPPERD M,et al.A general software defect-proneness prediction framework[J].IEEE transactions on software engineering,2011,37(3):356-370.

[8] GUO L,MA Y,CUKIC B,et al.Robust prediction of fault-proneness by random forests[C]//15th International Symposium on Software Reliability Engineering.Saint-Malo,France.IEEE,2004:417-428.

[9] EL EMAM K,BENLARBI S,GOEL N,et al.Comparing case-based reasoning classifiers for predicting high risk software components[J].Journal of systems and software,2001,55(3):301-320.

[10] KHOSHGOFTAAR T M,SELIYA N.Analogy-based practical classifica-

tion rules for software quality estimation[J].Empirical software engineering,2003,8(4):325-350.

[11] KHOSHGOFTAAR T M,ALLEN E B,HUDEPOHL J P,et al.Application of neural networks to software quality modeling of a very large telecommunications system[J].IEEE transactions on neural networks,1997,8(4):902-909.

[12] THWIN M M T,QUAH T S.Application of neural networks for software quality prediction using object-oriented metrics[J].Journal of systems and software,2005,76(2):147-156.

[13] BOETTICHER G D.Improving credibility of machine learner models in software engineering[C]//Advances in Machine Learning Applications in Software Engineering,IGI Global,2007:52-72.

[14] TURHAN B,BENER A.Analysis of Naive Bayes' assumptions on software fault data:an empirical study[J].Data and knowledge engineering,2009,68(2):278-290.

[15] 葛贺贺,金聪,叶俊民.基于 PSO 和朴素贝叶斯的软件缺陷预测模型[J].计算机工程,2011,37(12):36-37.

[16] 姜慧研,宗茂,刘相莹.基于 ACO-SVM 的软件缺陷预测模型的研究[J].计算机学报,2011,34(6):1148-1154.

[17] 刘旸.基于机器学习的软件缺陷预测研究[J].计算机工程与应用,2006,42(28):49-53.

[18] 王辉,杜庆峰.基于软件信息库挖掘的软件缺陷预测方法[J].计算机工程与设计,2012,33(8):3094-3098.

[19] LESSMANN S,BAESENS B,MUES C,et al.Benchmarking classification models for software defect prediction:a proposed framework and novel findings[J].IEEE transactions on software engineering,2008,34(4):485-496.

[20] MENZIES T,GREENWALD J,FRANK A.Data mining static code attributes to learn defect predictors[J].IEEE transactions on software engineering,2007,33(1):2-13.

[21] PELAYO L,DICK S.Applying novel resampling strategies to software defect prediction[C]//NAFIPS 2007—2007 Annual Meeting of the North American Fuzzy Information Processing Society.San Diego,CA,USA.IEEE,2007:69-72.

[22] SEIFFERT C,KHOSHGOFTAAR T M,VAN HULSE J,et al.An empirical study of the classification performance of learners on imbalanced and noisy software quality data[C]//2007 IEEE International Conference on Information Reuse and Integration.Las Vegas,NV,USA.IEEE,2007:651-658.

[23] DROWN D J,KHOSHGOFTAAR T M,SELIYA N.Evolutionary sampling and software quality modeling of high-assurance systems[J].IEEE transactions on systems,man,and cybernetics—Part A:systems and humans,2009,39(5):1097-1107.

[24] ZHENG J.Cost-sensitive boosting neural networks for software defect prediction[J].Expert systems with applications,2010,37(6):4537-4543.

[25] KHOSHGOFTAAR T M,GELEYN E,NGUYEN L,et al.Cost-sensitive boosting in software quality modeling[C]//7th IEEE International Symposium on High Assurance Systems Engineering, 2002. Proceedings. Tokyo,Japan.IEEE,2003:51-60.

[26] SELIYA N,KHOSHGOFTAAR T M,VAN HULSE J.Predicting faults in high assurance software [C]//2010 IEEE 12th International Symposium on High Assurance Systems Engineering.San Jose,CA,USA. IEEE,2010:26-34.

[27] KHOSHGOFTAAR T M,GELEYN E,NGUYEN L.Empirical case studies of combining software quality classification models[C]//The third International Conference on Quality Software, 2003. Proceedings. Dallas, TX,USA.IEEE,2003:40-49.

[28] SEIFFERT C, KHOSHGOFTAAR T M, VAN HULSE J. Improving software-quality predictions with data sampling and boosting[J]. IEEE transactions on systems,man,and cybernetics—Part A:systems and humans,2009,39(6):1283-1294.

[29] SEIFFERT C, KHOSHGOFTAAR T M, VAN HULSE J, et al. RUSBoost:a hybrid approach to alleviating class imbalance[J].IEEE transactions on systems, man, and cybernetics—Part A: systems and humans, 2010,40(1):185-197.

[30] CHAWLA N V,BOWYER K W,HALL L O,et al.SMOTE:synthetic minority over-sampling technique[J].Journal of artificial intelligence research,2002,16:321-357.

[31] 常瑞花,慕晓冬,宋国军,等.不平衡数据的软件缺陷预测方法[J].火力与指挥控制,2012,37(5):56-59.

[32] 李勇,黄志球,房丙午,等.代价敏感分类的软件缺陷预测方法[J].计算机科学与探索,2014,8(12):1442-1451.

[33] BREIMAN L.Bagging predictors[J].Machine learning,1996,24(2):123-140.

[34] FREUND Y,SCHAPIRE R E.Experiments with a new boosting algorithm, machine learning[J].IEEE international conference on machine learning,1996(1):1-15.

[35] GALAR M, FERNANDEZ A, BARRENECHEA E, et al. A review on ensembles for the class imbalance problem: bagging-, boosting-, and hybrid-based approaches[J]. IEEE transactions on systems, man, and cybernetics, 2012,42(4):463-484.

[36] 何亮,宋擒豹,沈钧毅.基于 Boosting 的集成 k-NN 软件缺陷预测方法[J].模式识别与人工智能,2012,25(5):792-802.

[37] 李勇.结合欠抽样与集成的软件缺陷预测[J].计算机应用,2014,34(8):2291-2294.

[38] HALL T,BEECHAM S,BOWES D,et al.A systematic literature review on fault prediction performance in software engineering[J].IEEE transactions on software engineering,2012,38(6):1276-1304.

[39] GRAY D,BOWES D,DAVEY N,et al.The misuse of the NASA Metrics Data Program data sets for automated software defect prediction[C]//15th Annual Conference on Evaluation & Assessment in Software Engineering (EASE 2011).Durham,UK.IET,2011.

[40] BRIAND L C,MELO W L,WUST J.Assessing the applicability of fault-proneness models across object-oriented software projects[J].IEEE transactions on software engineering,2002,28(7):706-720.

[41] ZIMMERMANN T,NAGAPPAN N,GALL H,et al.Cross-project defect prediction:a large scale experiment on data vs.domain vs.process[C]//Proceedings of the 7th joint meeting of the European software engineering conference and the ACM SIGSOFT symposium on the foundations of software engineering.Amsterdam the Netherlands.ACM,2009.

[42] TURHAN B,MENZIES T,BENER A B,et al.On the relative value of cross-company and within-company data for defect prediction[J].Empirical software engineering,2009,14(5):540-578.

[43] HE Z M,SHU F D,YANG Y,et al.An investigation on the feasibility of cross-project defect prediction[J].Automated software engineering,2012,19(2):167-199.

[44] MENZIES T,BUTCHER A,COK D,et al.Local versus global lessons for defect prediction and effort estimation[J].IEEE transactions on software engineering,2013,39(6):822-834.

[45] PETERS F,MENZIES T,GONG L,et al.Balancing privacy and utility in cross-company defect prediction[J].IEEE transactions on software engineering,2013,39(8):1054-1068.

[46] JING X Y,WU F,DONG X W,et al.An improved SDA based defect prediction framework for both within-project and cross-project class-imbalance problems[J].IEEE transactions on software engineering,2017,43(4):321-339.

[47] REN Y J,LIU B,WANG S H.Joint instance and feature adaptation for heterogeneous defect prediction[J].IEEE transactions on reliability,2024,73(1):741-756.

[48] TONG H N,LIU B,WANG S H.Kernel spectral embedding transfer ensemble for heterogeneous defect prediction[J].IEEE transactions on software engineering,2021,47(9):1886-1906.

[49] BAL P R,KUMAR S.A data transfer and relevant metrics matching based approach for heterogeneous defect prediction[J].IEEE transactions on software engineering,2023,49(3):1232-1245.

[50] CHEN H W,JING X Y,LI Z Q,et al.An empirical study on heterogeneous defect prediction approaches[J].IEEE transactions on software engineering,2021,47(12):2803-2822.

[51] BETTENBURG N,NAGAPPAN M,HASSAN A E.Think locally,act globally:improving defect and effort prediction models[C]//2012 9th IEEE Working Conference on Mining Software Repositories (MSR).Zurich,Switzerland.IEEE,2012:60-69.

[52] HERBOLD S,TRAUTSCH A,GRABOWSKI J.A comparative study to benchmark cross-project defect prediction approaches[J].IEEE transactions on software engineering,2018,44(9):811-833.

[53] HOSSEINI S,TURHAN B,GUNARATHNA D.A systematic literature review and meta-analysis on cross project defect prediction[J].IEEE

transactions on software engineering,2019,45(2):111-147.

[54] TURHAN B,TOSUN MSRL A,BENER A.Empirical evaluation of the effects of mixed project data on learning defect predictors[J].Information and software technology,2013,55(6):1101-1118.

[55] HOSSEINI S,TURHAN B,MÄNTYLÄ M.Search based training data selection for cross project defect prediction[C]//Proceedings of the 12th International Conference on Predictive Models and Data Analytics in Software Engineering.Ciudad Real Spain.ACM,2016.

[56] ZHANG F,MOCKUS A,KEIVANLOO I,et al.Towards building a universal defect prediction model with rank transformed predictors[J].Empirical software engineering,2016,21(5):2107-2145.

[57] KAWATA K,AMASAKI S,YOKOGAWA T.Improving relevancy filter methods for cross-project defect prediction[C]//Applied Computing and Information Technology.Cham:Springer,2016:1-12.

[58] WU F,JING X Y,DONG X W,et al.Cross-project and within-project semi-supervised software defect prediction problems study using a unified solution [C]//2017 IEEE/ACM 39th International Conference on Software Engineering Companion (ICSE-C).Buenos Aires.IEEE,2017:195-197.

[59] HE Z M,SHU F D,YANG Y,et al.An investigation on the feasibility of cross-project defect prediction[J].Automated software engineering,2012,19(2):167-199.

[60] HERBOLD S.Training data selection for cross-project defect prediction [C]//Proceedings of the 9th International Conference on Predictive Models in Software Engineering.Baltimore Maryland USA.ACM,2013.

[61] KHOSHGOFTAAR T M,REBOURS P,SELIYA N.Software quality analysis by combining multiple projects and learners[J].Software quality journal,2009,17(1):25-49.

[62] AARTI,SIKKA G,DHIR R.An investigation on the effect of cross project data for prediction accuracy[J].International journal of system assurance engineering and management,2017,8(2):352-377.

[63] CRUZ A E C,OCHIMIZU K.Towards logistic regression models for predicting fault-prone code across software projects[C]//2009 3rd International Symposium on Empirical Software Engineering and Measurement. Lake Buena Vista,FL,USA.IEEE,2009:460-463.

[64] WATANABE S,KAIYA H,KAIJIRI K.Adapting a fault prediction model to allow inter languagereuse[C]//Proceedings of the 4th International Workshop on Predictor Models in Software Engineering.Leipzig Germany.ACM,2008.

[65] JALBERT N, WEIMER W. Automated duplicate detection for bug tracking systems[C]//2008 IEEE International Conference on Dependable Systems and Networks with FTCS and DCC (DSN). Anchorage, AK, USA. IEEE, 2008: 52-61.

[66] ZIMMERMANN T,PREMRAJ R,BETTENBURG N,et al.What makes a good bug report? [J].IEEE transactions on software engineering,2010, 36(5):618-643.

[67] WEISS C,PREMRAJ R,ZIMMERMANN T,et al.How long will it take to fix this bug? [C]//Fourth International Workshop on Mining Software Repositories (MSR'07:ICSE Workshops 2007).Minneapolis,MN,USA.IEEE,2007:1.

[68] 黄伟,林劼,江育娥,等.改进的软件错误报告自动分类算法[J].计算机工程,2015,41(6):183-187.

[69] ANVIK J,HIEW L,MURPHY G C.Who should fix this bug? [C]//Proceedings of the 28th international conference on software engineering. Shanghai China.ACM,2006.

[70] MURPHY G, CUBRANIC D.Automatic bug triage using text categorization[C]//Proceedings of the 16th International Conference on Software Engineering and Knowledge Engineering.Citeseer,2004:1-6.

[71] ANVIK J,MURPHY G C.Reducing the effort of bug report triage[J]. ACM transactions on software engineering and methodology,2011,20(3):1-35.

[72] BHATTACHARYA P, NEAMTIU I. Fine-grained incremental learning and multi-feature tossing graphs to improve bug triaging[C]//2010 IEEE International Conference on Software Maintenance. Timisoara, Romania. IEEE,2010:1-10.

[73] BHATTACHARYA P,NEAMTIU I,SHELTON C R.Automated,highly-accurate,bug assignment using machine learning and tossing graphs[J].Journal of systems and software,2012,85(10):2275-2292.

[74] CHEN L G, WANG X B, LIU C. An approach to improving bug assignment with bug tossing graphs and bug similarities[J].Journal of software, 2011,6 (3):421-427.

[75] JEONG G,KIM S,ZIMMERMANN T.Improving bug triage with bug

tossing graphs[C]//Proceedings of the 7th joint meeting of the European software engineering conference and the ACM SIGSOFT symposium on the foundations of software engineering. Amsterdam the Netherlands. ACM,2009.

[76] PARK J W,LEE M W,KIM J,et al.CosTriage:a cost-aware triage algorithm for bug reporting systems[J].Proceedings of the AAAI conference on artificial intelligence,2011,25(1):139-144.

[77] XUAN J F,JIANG H,HU Y,et al.Towards effective bug triage with software data reduction techniques[J].IEEE transactions on knowledge and data engineering,2015,27(1):264-280.

[78] XIA X,LO D,WANG X Y,et al.Accurate developer recommendation for bug resolution[C]//2013 20th Working Conference on Reverse Engineering (WCRE).Koblenz,Germany.IEEE,2013:72-81.

[79] MATTER D,KUHN A,NIERSTRASZ O.Assigning bug reports using a vocabulary-based expertise model of developers[C]//2009 6th IEEE International Working Conference on Mining Software Repositories. Vancouver,BC,Canada.IEEE,2009:131-140.

[80] MOIN A,NEUMANN G.Assisting bug triage in large open source projects using approximate string matching[C]//The Seventh International Conference on Software Engineering Advances (ICSEA 2012),2013.

[81] KANWAL J,MAQBOOL O.Bug prioritization to facilitate bug report triage[J].Journal of computer science and technology,2012,27(2):397-412.

[82] ANVIK J. Automating bug report assignment[C]//Proceedings of the 28th International Conference on Software Engineering. Shanghai China. ACM,2006.

[83] XUAN J F,JIANG H,REN Z L,et al.Automatic bug triage using semi-supervised text classification[J].SEKE 2010-proceedings of the 22nd international conference on software engineering and knowledge engineering,2010:209-214.

[84] 李丽坤.基于主动学习的 bug 自动分配[D].大连:大连理工大学,2013.

[85] 张静.基于多特征缺陷再分配图的自动软件缺陷分派方法[D].南京:南京邮电大学,2013.

[86] ZOU W Q,HU Y,XUAN J F,et al.Towards training set reduction for bug triage[C]//2011 IEEE 35th Annual Computer Software and Applications Conference.Munich,Germany.IEEE,2011:576-581.

[87] 邹卫琴.基于数据集缩减的 bug 分配[D].大连:大连理工大学,2013.
[88] 黄小亮,郁抒思,关佶红.基于 LDA 主题模型的软件缺陷分派方法[J].计算机工程,2011,37(21):46-48.
[89] TAMRAWI A,NGUYEN T T,AL-KOFAHI J,et al.Fuzzy set-based automatic bug triaging (NIER track)[C]//Proceedings of the 33rd International Conference on Software Engineering. Waikiki, Honolulu HI USA. ACM,2011.
[90] TAMRAWI A,NGUYEN T T,AL-KOFAHI J M,et al.Fuzzy set and cache-based approach for bug triaging[C]//Proceedings of the 19th ACM SIGSOFT Symposium and the 13th European Conference on Foundations of Software Engineering.Szeged Hungary.ACM,2011.
[91] LIN Z P,SHU F D,YANG Y,et al.An empirical study on bug assignment automation using Chinese bug data[C]//2009 3rd International Symposium on Empirical Software Engineering and Measurement.Lake Buena Vista,FL,USA. IEEE,2009:451-455.
[92] ZHANG T,LEE B.An automated bug triage approach:a concept profile and social network based developer recommendation[C]//International Conference on Intelligent Computing.Berlin, Heidelberg:Springer,2012:505-512.
[93] 韩广乐,张文,王青.BUTTER:一种基于主题模型和异构网络的缺陷分发方法[J].计算机系统应用,2014,23(10):125-131.
[94] ZHANG T,LEE B.How to recommend appropriate developers for bug fixing? [C]//2012 IEEE 36th Annual Computer Software and Applications Conference.Izmir,Turkey.IEEE,2012:170-175.
[95] WU W J,ZHANG W,YANG Y,et al.DREX:developer recommendation with K-nearest-neighbor search and expertise ranking[C]//2011 18th Asia-Pacific Software Engineering Conference. Ho Chi Minh City, Vietnam. IEEE, 2011:389-396.
[96] XUAN J F,JIANG H,REN Z L,et al.Developer prioritization in bug repositories[C]//2012 34th International Conference on Software Engineering (ICSE).Zurich,Switzerland.IEEE,2012:25-35.
[97] ZHOU J,ZHANG H Y,LO D.Where should the bugs be fixed? More accurate information retrieval-based bug localization based on bug reports[C]//2012 34th International Conference on Software Engineering (ICSE).Zurich,Switzer-

land.IEEE,2012:14-24.

[98] WANG Q Q,PARNIN C,ORSO A.Evaluating the usefulness of IR-based fault localization techniques[C]//Proceedings of the 2015 International Symposium on Software Testing and Analysis. Baltimore MD USA. ACM,2015.

[99] 虞凯,林梦香.自动化软件错误定位技术研究进展[J].计算机学报,2011,34(8):1411-1422.

[100] BRUN Y,ERNST M D.Finding latent code errors via machine learning over program executions[C]//Proceedings of 26th International Conference on Software Engineering.Edinburgh,UK.IEEE,2004:480-490.

[101] LIU C,YAN X F,FEI L,et al.SOBER[J].ACM SIGSOFT software engineering notes,2005,30(5):286-295.

[102] WONG W E,GAO R Z,LI Y H,et al.A survey on software fault localization[J].IEEE transactions on software engineering,2016,42(8):707-740.

[103] RAO S,MEDEIROS H,KAK A.Comparing incremental latent semantic analysis algorithms for efficient retrieval from software libraries for bug localization[J]. ACM sigsoft software engineering notes,2015,40(1):1-8.

[104] 钱巨,张磊,徐宝文.一种基于差异分散化的错误定位方法[J].计算机学报,2015,38(9):1880-1892.

[105] 贺韬,王欣明,周晓聪,等.一种基于程序变异的软件错误定位技术[J].计算机学报,2013,36(11):2236-2244.

[106] 郝鹏,郑征,张震宇,等.基于谓词执行信息分析的自适应缺陷定位算法[J].计算机学报,2014,37(3):500-511.

[107] 丁晖,陈林,钱巨,等.一种基于信息量的缺陷定位方法[J].软件学报,2013,24(7):1484-1494.

[108] 曹鹤玲,姜淑娟,鞠小林.软件错误定位研究综述[J].计算机科学,2014,41(2):1-6.

[109] 王克朝,王甜甜,苏小红,等.软件错误自动定位关键科学问题及研究进展[J].计算机学报,2015,38(11):2262-2278.

[110] JONES J A,HARROLD M J.Empirical evaluation of the tarantula automatic fault-localization technique[C]//Proceedings of the 20th IEEE/ACM International Conference on Automated Software Engineering. Long Beach CA USA.ACM,2005.

[111] RENIERES M,REISS S P.Fault localization with nearest neighbor queries[C]//18th IEEE International Conference on Automated Software Engineering,2003.Proceedings.Montreal,QC,Canada.IEEE,2003:30-39.

[112] 惠战伟,黄松,嵇孟雨.基于程序特征谱整数溢出错误定位技术研究[J].计算机学报,2012,35(10):2204-2214.

[113] PYTLIK B,RENIERIS M,KRISHNAMURTHI S,et al.Automated fault localization using potential invariants[EB/OL].2003:arXiv:cs/0310040.http://arxiv.org/abs/cs/0310040.

[114] WEISER M.Programmers use slices when debugging[J].Communications of the ACM,1982,25(7):446-452.

[115] WEISER M.Program slicing[J].IEEE transactions on software engineering,1984,10(4):352-357.

[116] KOREL B. PELAS-program error-locating assistant system[J]. IEEE transactions on software engineering,1988,14(9):1253-1260.

[117] THOMAS S W,NAGAPPAN M,BLOSTEIN D,et al. The impact of classifier configuration and classifier combination on bug localization[J]. IEEE transactions on software engineering,2013,39(10):1427-1443.

[118] KIM D,TAO Y D,KIM S,et al.Where should we fix this bug? A two-phase recommendation model[J]. IEEE transactions on software engineering,2013,39(11):1597-1610.

[119] DAVIES S,ROPER M,WOOD M.Using bug report similarity to enhance bug localisation[C]//2012 19th Working Conference on Reverse Engineering. Kingston,ON,Canada.IEEE,2012:125-134.

[120] MARCUS A,SERGEYEV A,RAJLICH V,et al.An information retrieval approach to concept location in source code[C]//11th Working Conference on Reverse Engineering.Delft,Netherlands.IEEE,2004:214-223.

[121] LUKINS S K,KRAFT N A,ETZKORN L H.Source code retrieval for bug localization using latent dirichlet allocation [C]//2008 15th Working Conference on Reverse Engineering.Antwerp,Belgium.IEEE,2008:155-164.

[122] RAO S,KAK A.Retrieval from software libraries for bug localization:a comparative study of generic and composite text models[C]//Proceedings of the 8th Working Conference on Mining Software Repositories.Waikiki,Honolulu HI USA.ACM,2011.

[123] 陈理国,刘超.基于高斯过程的缺陷定位方法[J].软件学报,2014,25(6):

1169-1179.

[124] 王旭,张文,王青.基于缺陷修复历史的两阶段缺陷定位方法[J].计算机系统应用,2014,23(11):99-104.

[125] SAHA R K,LEASE M,KHURSHID S,et al.Improving bug localization using structured information retrieval[C]//2013 28th IEEE/ACM International Conference on Automated Software Engineering (ASE).Silicon Valley,CA,USA.IEEE,2013:345-355.

[126] NGUYEN A T,NGUYEN T T,AL-KOFAHI J,et al.A topic-based approach for narrowing the search space of buggy files from a bug report [C]//2011 26th IEEE/ACM International Conference on Automated Software Engineering (ASE 2011). Lawrence, KS, USA. IEEE, 2011: 263-272.

[127] CATAL C,DIRI B N.A systematic review of software fault prediction studies[J].Expert systems with applications,2009,36(4):7346-7354.

[128] KAMINSKY K,BOETTICHER G.Building a genetically engineerable evolvable program (GEEP) using breadth-based explicit knowledge for predicting software defects[C]//IEEE Annual Meeting of the Fuzzy Information,2004.Processing NAFIPS'04.Banff,AB,Canada.IEEE,2004: 10-15.

[129] MENZIES T,GREENWALD J,FRANK A.Data mining static code attributes to learn defect predictors[J].IEEE transactions on software engineering,2007,33(1):2-13.

[130] LIU Y,KHOSHGOFTAAR T M,SELIYA N.Evolutionary optimization of software quality modeling with multiple repositories[J].IEEE transactions on software engineering,2010,36(6):852-864.

[131] JURECZKO M,MADEYSKI L.Towards identifying software project clusters with regard to defect prediction[C]//Proceedings of the 6th International Conference on Predictive Models in Software Engineering.Timisoara Romania.ACM,2010.

[132] JURECZKO M,SPINELLIS D.Using object-oriented design metrics to predict software defects[C]//Proceedings of RELCOMEX 2010: Fifth International Conference on Dependability of Computer Systems DepCoS,2010:69-81.

[133] CAGLAYAN B,KOCAGUNELI E,KRALL J,et al.The PROMISE re-

pository of empirical software engineering data[J].West virginia university departmen,2012(1):152-165.

[134] SHEPPERD M,SONG Q B,SUN Z B,et al.Data quality:some comments on the NASA software defect datasets[J].IEEE transactions on software engineering,2013,39(9):1208-1215.

[135] RODRIGUEZ D,HERRAIZ I,HARRISON R,et al.Preliminary comparison of techniques for dealing with imbalance in software defect prediction [C]//Proceedings of the 18th International Conference on Evaluation and Assessment in Software Engineering.London England United Kingdom. ACM,2014.

[136] PETERS F,MENZIES T,MARCUS A.Better cross company defect prediction[C]//2013 10th Working Conference on Mining Software Repositories (MSR).San Francisco,CA,USA.IEEE,2013:409-418.

[137] INCE D C,HATTON L,GRAHAM-CUMMING J.The case for open computer programs[J].Nature,2012,482(7386):485-488.

[138] STODDEN V.The scientific method in practice:reproducibility in the computational sciences[J].SSRN electronic journal,2010:1-15.

[139] MENZIES T,SHEPPERD M.Special issue on repeatable results in software engineering prediction[J].Empirical software engineering,2012,17(1):1-17.

[140] BISHNU P S,BHATTACHERJEE V.Software fault prediction using quad tree-based K-means clustering algorithm[J].IEEE transactions on knowledge and data engineering,2012,24(6):1146-1150.

[141] KHOSHGOFTAAR T M,ALLEN E B.A practical classification-rule for software-quality models[J].IEEE transactions on reliability,2000,49(2):209-216.

[142] YANG W M,LI L S.A rough set model for software defect prediction[C]// 2008 International Conference on Intelligent Computation Technology and Automation (ICICTA).Changsha,China.IEEE,2008:747-751.

[143] OHLSSON N,ZHAO M,HELANDER M.Application of multivariate analysis for software fault prediction[J].Software quality journal,1998, 7(1):51-66.

[144] SHEPPERD M,KADODA G.Comparing software prediction techniques using simulation[J].IEEE transactions on software engineering,2001,27 (11):1014-1022.

[145] KHOSHGOFTAAR T M,ALLEN E B,DENG J Y.Using regression

trees to classify fault-prone software modules[J].IEEE transactions on reliability,2002,51(4):455-462.

[146] SELBY R W,PORTER A A.Learning from examples:generation and evaluation of decision trees for software resource analysis[J].IEEE transactions on software engineering,1988,14(12):1743-1757.

[147] MUNSON J C,KHOSHGOFTAAR T M.The detection of fault-prone programs[J].IEEE transactions on software engineering,1992,18(5):423-433.

[148] BASILI V R,BRIAND L C,MELO W L.A validation of object-oriented design metrics as quality indicators[J].IEEE transactions on software engineering,1996,22(10):751-761.

[149] ANDERSSON C.A replicated empirical study of a selection method for software reliability growth models[J].Empirical software engineering,2007,12(2):161-182.

[150] FENTON N E,OHLSSON N.Quantitative analysis of faults and failures in a complex software system[J].IEEE transactions on software engineering,2000,26(8):797-814.

[151] BATISTA G E A P A,PRATI R C,MONARD M C.A study of the behavior of several methods for balancing machine learning training data[J].ACM sigkdd explorations newsletter,2004,6(1):20-29.

[152] HE H B,GARCIA E A.Learning from imbalanced data[J].IEEE transactions on knowledge and data engineering,2009,21(9):1263-1284.

[153] ZHANG J,MANI I.KNN approach to unbalanced data distributions:a case study involving information extraction[J].Proceedings of the ICML'2003 workshop on learning from imbalanced datasets,2003:1-15.

[154] JAPKOWICZ N,STEPHEN S.The class imbalance problem:a systematic study1[J].Intelligent data analysis,2002,6(5):429-449.

[155] AKBANI R,KWEK S,JAPKOWICZ N.Applying support vector machines to imbalanced datasets[C]//European Conference on Machine Learning.Berlin,Heidelberg:Springer,2004:39-50.

[156] WU G,CHANG E Y.Class-boundary alignment for imbalanced dataset learning[J].ICML workshop on learning from imbalanced data sets Ⅱ,2003:49-56.

[157] EZAWA K J,SINGH M,NORTON S W.Learning goal oriented Bayesian

networks for telecommunications risk management[J]. One-click renewable energy,1996:1-15.

[158] SUN Y M,KAMEL M S,WONG A K C,et al.Cost-sensitive boosting for classification of imbalanced data[J]. Pattern recognition, 2007, 40 (12):3358-3378.

[159] LIU X Y, WU J X, ZHOU Z H. Exploratory undersampling for class-imbalance learning[J]. IEEE transactions on systems, man, and cybernetics, 2009,39(2):539-550.

[160] KUBAT M,HOLTE R C,MATWIN S.Machine learning for the detection of oil spills in satellite radar images[J].Machine learning,1998,30(2):195-215.

[161] FAWCETT T,PROVOST F.Adaptive fraud detection[J].Data mining and knowledge discovery,1997,1(3):291-316.

[162] WEISS G M.Mining with rarity[J].ACM SIGKDD explorations newsletter,2004,6(1):7-19.

[163] KOTSIANTIS S,KANELLOPOULOS D,PINTELAS P.Handling imbalanced datasets:a review[C]//International Conference on Current Trends Towards Converging Technologies ,2006.

[164] KNERR S,PERSONNAZ L,DREYFUS G.Single-layer learning revisited:a stepwise procedure for building and training a neural network[C]//SOULIÉ FF,HÉRAULT J.Neurocomputing.Berlin,Heidelberg:Springer,1990:41-50.

[165] JAMES G,HASTIE T.The error coding method and PICTs[J].Journal of computational and graphical statistics,1998,7(3):377-387.

[166] BERGER A.Error-correcting output coding for text classification[J].In workshop on machine learning for information filtering,2001:1-15.

[167] NILSSON N J.Learning machines[M].McGrawHill: New York,1965.

[168] ANTHONY G, GREGG H, TSHILIDZI M. Image classification using SVMs:one-against-one vs one-against-all[J]. 28th Asian conference on remote sensing,2007(2):801-806.

[169] BEYGELZIMER A, LANGFORD J, ZADROZNY B. Weighted one-against-all[C]//Proceedings of American Association for Artificial Intelligence,2005:720-725.

[170] DIETTERICH T G, BAKIRI G. Solving multiclass learning problems via error-correcting output codes[J]. Journal of artificial intelligence research, 1995,2:263-286.

[171] MILGRAM J,CHERIET M,SABOURIN R."One against one" or "one against all":which one is better for handwriting recognition with SVMs?[C]//The 10th International Workshop on Frontiers in Handwriting Recognition,2006:1-7.

[172] BOSE R C,RAY-CHAUDHURI D K.On a class of error correcting binary group codes[J].Information and control,1960,3(1):68-79.

[173] HOCQUENGHEM A.Codes correcteurs D'erreurs[J].Chiffres,1959,2(2):147-156.

[174] BAKIRI G.Converting English text to speech:a machine learning approach[D].Corvallis:Oregon State University,1991.

[175] DEBNATH R,TAKAHIDE N,TAKAHASHI H.A decision based one-against-one method for multi-class support vector machine[J].Pattern analysis and applications,2004,7(2):164-175.

[176] HSU C W,LIN C J.A comparison of methods for multiclass support vector machines[J].IEEE transactions on neural networks,2002,13(2):415-425.

[177] FRIEDMAN J H.Another approach to polychotomous classification[R].California:Stanford University,1996.

[178] HASTIE T,TIBSHIRANI R.Classification by pairwise coupling[J].The annals of statistics,1998,26(2):451-471.

[179] ALCALÁ-FDEZ J,SÁNCHEZ L,GARCÍA S,et al.KEEL:a software tool to assess evolutionary algorithms for data mining problems[J].Soft computing,2009,13(3):307-318.

[180] ALCALÁ-FDEZ J,FERNÁNDEZ A,LUENGO J,et al.KEEL data-mining software tool:data set repository,integration of algorithms and experimental analysis framework[J].Journal of multiple-valued logic and soft computing,2011,17(2/3):255-287.

[181] FISHER D,XU L,ZARD N.Ordering effects in clustering[M].Amsterdam:Elsevier,1992.

[182] DOMINGOS P.MetaCost:a general method for making classifiers cost-sensitive[C]//Proceedings of the fifth ACM SIGKDD international conference on Knowledge discovery and data mining.San Diego California USA.ACM,1999.

[183] WILCOXON F.Individual comparisons by ranking methods[J].Biometrics

bulletin,1945,1(6):80.

[184] FRIEDMAN M.The use of ranks to avoid the assumption of normality implicit in the analysis of variance[J].Journal of the American statistical association,1937,32(200):675-701.

[185] JANEZ D,SLOVENIA L.Statistical comparisons of classifiers over multiple data sets[J].Journal of machine learning research,2006,7(1):1-30.

[186] NEMENYI P B.Distribution-free multiple comparisons[D].Princeton: Princeton University,1963.

[187] KITTLER J,HATEF M,DUIN R P W,et al.On combining classifiers [J]. IEEE transactions on pattern analysis and machine intelligence, 1998,20(3):226-239.

[188] LIU A,GHOSH J,MARTIN C.Generative Oversampling for Mining Imbalanced Datasets[C]//Proceedings of the International Conference on Data Mining,2007:66-72.

[189] BARANDELA R,VALDOVINOS R M,SÁNCHEZ J S,et al.The imbalanced training sample problem:under or over sampling? [M]//Lecture Notes in Computer Science.Berlin, Heidelberg:Springer Berlin Heidelberg,2004:806-814.

[190] TAHIR M A,KITTLER J,YAN F.Inverse random under sampling for class imbalance problem and its application to multi-label classification [J].Pattern recognition,2012,45(10):3738-3750.

[191] ZHOU Y M,YANG Y B,LU H M,et al.How far we have progressed in the journey:an examination of cross-project defect prediction[J].ACM transactions on software engineering and methodology, 2018, 27 (1): 1-51.

[192] HERLOCKER J L,KONSTAN J A,BORCHERS A,et al.An algorithmic framework for performing collaborative filtering[C]//Proceedings of the 22nd annual international ACM SIGIR conference on Research and development in information retrieval.Berkeley California USA.ACM,1999.

[193] KOBAYASHI M,TAKEDA K.Information retrieval on the web[J]. ACM computing surveys,2000,32(2):144-173.

[194] HU H,ZHANG H Y,XUAN J F,et al.Effective bug triage based on historical bug-fix information[C]//2014 IEEE 25th International Symposium on Software Reliability Engineering.Naples,Italy.IEEE,2014:122-132.

[195] ZHANG T,LEE B.A hybrid bug triage algorithm for developer recommendation[C]//Proceedings of the 28th Annual ACM Symposium on Applied Computing.Coimbra Portugal.ACM,2013.

[196] KEVIC K,MÜLLER S C,FRITZ T,et al.Collaborative bug triaging using textual similarities and change set analysis[C]//2013 6th International Workshop on Cooperative and Human Aspects of Software Engineering (CHASE).San Francisco,CA,USA.IEEE,2013:17-24.

[197] ZHANG M L,ZHOU Z H.ML-KNN:a lazy learning approach to multi-label learning[J].Pattern recognition,2007,40(7):2038-2048.

[198] BERTRAM D,VOIDA A,GREENBERG S,et al.Communication,collaboration,and bugs:the social nature of issue tracking in small,collocated teams[C]//Proceedings of the 2010 ACM conference on computer supported cooperative work.Savannah Georgia USA.ACM,2010.

[199] SALTON G,WONG A,YANG C S.A vector space model for automatic indexing[J].Communications of the ACM,1975,18(11):613-620.

[200] SINGHAL A.Modern information retrieval:a brief overview[J].IEEE data engineering bulletin,2001,24(4):35-43.

[201] LEWIS D D.Naive (Bayes) at forty:the independence assumption in information retrieval[M]//NÉDELLEC C,ROUVEIROL C,eds.Lecture Notes in Computer Science.Berlin,Heidelberg:Springer Berlin Heidelberg,1998:4-15.

[202] PORTER M F.An algorithm for suffix stripping[J].Program,1980,14(3):130-137.

[203] LÜ L Y,ZHANG Y C,YEUNG C H,et al.Leaders in social networks,the delicious case[J].PLoS one,2011,6(6):e21202.

[204] WANG S W,LO D,LAWALL J.Compositional vector space models for improved bug localization[C]//2014 IEEE International Conference on Software Maintenance and Evolution.Victoria,BC,Canada.IEEE,2014:171-180.

[205] MORENO L,TREADWAY J J,MARCUS A,et al.On the use of stack traces to improve text retrieval-based bug localization[C]//2014 IEEE International Conference on Software Maintenance and Evolution.Victoria,BC,Canada.IEEE,2014:151-160.

[206] ALI N,SABANÉ A,GUÉHÉNEUC Y G,et al.Improving bug location

using binary class relationships[C]//2012 IEEE 12th International Working Conference on Source Code Analysis and Manipulation.Riva del Garda,Italy.IEEE,2012:174-183.

[207] LUKINS S K,KRAFT N A,ETZKORN L H.Bug localization using latent Dirichlet allocation[J].Information and software technology,2010,52(9):972-990.

[208] OSTRAND T J,WEYUKER E J,BELL R M.Predicting the location and number of faults in large software systems[J].IEEE transactions on software engineering,2005,31(4):340-355.

[209] ZHANG H Y.An investigation of the relationships between lines of code and defects[C]//2009 IEEE International Conference on Software Maintenance.Edmonton,AB,Canada.IEEE,2009:274-283.

[210] JAIN A,NANDAKUMAR K,ROSS A.Score normalization in multimodal biometric systems[J].Pattern recognition,2005,38(12):2270-2285.

[211] SISMAN B,KAK A C.Incorporating version histories in Information Retrieval based bug localization[C]//2012 9th IEEE Working Conference on Mining Software Repositories (MSR). Zurich, Switzerland. IEEE, 2012:50-59.

[212] SISMAN B,KAK A C.Assisting code search with automatic Query Reformulation for bug localization[C]//2013 10th Working Conference on Mining Software Repositories (MSR).San Francisco,CA,USA.IEEE,2013:309-318.

[213] YE X,BUNESCU R,LIU C.Learning to rank relevant files for bug reports using domain knowledge[C]//Proceedings of the 22nd ACM SIGSOFT International Symposium on Foundations of Software Engineering,China.ACM,2014.

[214] VOORHEES E M.The TREC-8 question answering track report[C]//Proceedings of the 8th Text Retrieval Conference,1999:77-82.